战略性新兴领域"十四五"高等教育系列教材

可视化导论

主　编　张　勇　才　智
副主编　郭旦怀　宋　然
参　编　杜晓林　朴星霖　万　聪
　　　　王　聪　李小勇

机械工业出版社

随着大数据、人工智能技术的发展，作为一种新兴的技术，数据可视化显得愈发重要，社会对数据可视化设计、研发人才的要求也进一步提高，对数据可视化分析人才的需求也在逐步扩大。本书以知识体系层次结构化与工程化案例展示相结合的方法来介绍可视化分析技术，依次详细介绍了数据可视化的意义与发展趋势、基本理论，以及需要遵守的相关设计原则；在此基础上，分类介绍了大量实用的数据可视化方法，并且详细介绍了几种常用的数据可视化工具，如 Tableau、ECharts、D3等，通过具体的操作步骤和案例演示提升读者的实战能力。此外，为了全面提升读者综合运用所学知识进行数据可视化研发的能力，本书最后部分深入浅出地介绍了两个数据可视化综合应用案例。本书通过系统化的理论讲解与丰富的实践案例的结合，帮助读者掌握数据可视化的基本理论和实用方法，同时致力于培养读者将理论知识应用于实际项目的能力，为读者在数据可视化领域的发展打下坚实的基础。

本书适合作为普通高校大数据、人工智能相关专业本科生课程的教材或参考书，也可作为相关领域技术人员的培训或自学教材。

本书配有 PPT 课件、习题答案和教学大纲等教学资源，欢迎选用本书作教材的教师登录 www.cmpedu.com 注册后下载，或发邮件至 jinacmp@163.com 索取。

图书在版编目（CIP）数据

可视化导论/张勇，才智主编. -- 北京：机械工业出版社，2024. 12. --（战略性新兴领域"十四五"高等教育系列教材）. -- ISBN 978-7-111-77645-1

Ⅰ. TP39

中国国家版本馆 CIP 数据核字第 20244Z8T05 号

机械工业出版社（北京市百万庄大街 22 号　邮政编码 100037）
策划编辑：吉　玲　　　　　　责任编辑：吉　玲　王　芳
责任校对：陈　越　李　杉　　封面设计：张　静
责任印制：张　博
北京雁林吉兆印刷有限公司印刷
2024 年 12 月第 1 版第 1 次印刷
184mm×260mm · 15 印张 · 356 千字
标准书号：ISBN 978-7-111-77645-1
定价：55.00 元

电话服务　　　　　　　　网络服务
客服电话：010-88361066　机 工 官 网：www.cmpbook.com
　　　　　010-88379833　机 工 官 博：weibo.com/cmp1952
　　　　　010-68326294　金 书 网：www.golden-book.com
封底无防伪标均为盗版　机工教育服务网：www.cmpedu.com

提到可视化，大家并不陌生，在日常生活、学习、工作中随处可见各种可视化图表。然而，随着大数据、人工智能时代的到来，传统面向结果的可视化方法已经难以满足日益增长的数据挖掘分析的需求。

目前，可视化已经成为各类数据分析的理论框架和应用中的必备要素，并且成为科学计算、商业智能、信息安全等领域的普惠技术。随着大数据、人工智能技术的发展，作为一种新兴的技术，可视化分析显得愈发重要，社会对数据可视化设计、研发人才的知识、技能、工程实践能力的综合要求也进一步提高，对数据可视化分析人才的需求也在逐步扩大。

可视化具有知识点多、实践性强的特点。本书从工程实用性出发，兼顾知识体系的完备性，全面介绍了数据可视化的原理、过程，以及设计、实现各个环节所需的基本知识，具有较强的应用价值。

本书每一章开始都设置了"导读"和"本章知识点"，分别提出了每一章的具体学习要求；每一章结尾都设置了"本章小结"和"习题"。本书通过实际的数据可视化案例进行完整的需求分析、可视化设计、编程实现和案例分析，引导读者深入学习和掌握案例涉及的知识点，实现可视化分析相关知识和工程能力的综合提升。

本书由从事大数据分析与可视化教学科研工作多年、具备丰富实践经验的一线教师北京工业大学张勇、才智、杜晓林、朴星霖、李小勇，北京化工大学郭旦怀，山东大学宋然，东北大学秦皇岛分校万聪、王聪共同编写。编写过程中得到了北京工业大学部分学生的大力支持和帮助，在此一并表示衷心的感谢。

由于数据可视化技术发展非常迅速，同时鉴于编者的学识和能力有限，书中难免存在疏漏与不足之处，恳请广大读者不吝指教和斧正。

编　者

CONTENTS 目　录

IV

V

VI

第 1 章 数据可视化概述

📖 **导读**

数据可视化并不陌生，在日常生活、学习、工作中随处可见。通常大家会把数据可视化理解为统计、分析结果的可视化。然而，大数据背景下的数据可视化不仅包括静态的图表，也不仅面向结果，而是具有更丰富的内容，面向更多类型数据。本章对数据可视化进行总体介绍，从数据概念及特性方面引出数据可视化，接着全面介绍日常生活中的数据可视化、数据可视化的分类、可视化数据分析、与其他学科和领域的关系，最后介绍数据可视化的意义等。通过本章学习，读者会对现代数据可视化技术有非常直观的认识。

📖 **本章知识点**

- 数据的两大特性：多样性和可解释性
- 数据可视化在日常生活中的应用
- 数据可视化与其他学科和领域的关系
- 数据可视化的意义

1.1 数据

数据是什么？关于这个问题，也许你会回答数据是一个表格，或者数据是一串数字。这些答案只能算是回答了问题的一小部分，并没有把数据解释清楚。为了清楚地阐述什么是数据，下面通过数据的概念和特性来进行介绍。

1.1.1 数据的概念

数据是以离散形式存在的事实或统计信息，用于描述事物、反映现象或支持推断。数据模型是用来描述数据结构和数据之间关系的抽象化工具，包含了数据的定义、类型以及对数据的操作功能。数据模型提供了对数据组织方式和特性的抽象描述，帮助用户更好地理解和管理数据。与之相对应的是概念模型，概念模型对现实世界中事物、概念或需求进行抽象的描述，强调对目标事物的状态和行为进行语义上的抽象。概念模型更关注问题领域的概念和关系，而不涉及具体的数据实现细节。

数据由数据对象和属性两个部分组成。数据对象是指现实世界中的实体或概念，在计算机系统中被抽象为数据的存储单元。在数据库中，数据对象可以是表中的一行记录、文件系统中的文件，或者面向对象编程中的对象等。属性是描述数据对象特征或特性的数据项。它们提供了关于数据对象的详细信息，用来区分不同的数据对象。在关系数据库中，属性对应于表中的列，每个属性都描述了数据对象的一个特定方面。以学生信息记录为例：学生就是一个数据对象，其中的姓名、学号、年龄、性别、班级和成绩等信息就是属性。通过数据对象和它们的属性，可以有效地组织和管理学生信息，实现对学生信息的存储、查询和分析。

在计算机科学和信息技术领域，数据是对现实世界的观察和记录，可以是文本、数字、图像、音频等形式的信息。数据经过处理、分析和转换可以产生有用的信息，帮助人们做出决策、解决问题或开展工作。在当今信息时代，数据被认为是一种宝贵的资源，在科学研究、商业运营、政府管理等方面都具有重要意义。

1.1.2 数据的多样性

数据的多样性是指数据在来源、类型、格式和内容等方面的多样性。巨大的数据规模、复杂的数据形式导致人们难以理解数据中有价值的信息，可视化应运而生，直观的图表可以使复杂多样的数据变得整洁且易于理解。

1. 数据来源的多样性

随着信息技术的发展和应用场景的不断扩大，人们面对的数据变得越来越丰富和多样化。在进行数据采集时，可以利用各种手段来获取所需的数据，比如爬虫、API（应用程序接口）、传感器等。这些手段都可以帮助人们获取到各种类型、各种形式的数据。在选择数据来源时，过去数据主要来自企业内部的系统和数据库，例如销售数据库、生产数据库等。现在，随着移动互联网的普及和信息化程度的提高，越来越多的数据通过互联网和传感器等设备产生，并以各种形式被采集和存储。比如社交媒体上的用户行为数据、移动设备上的位置数据、传感器收集的监测数据等。

数据来源多样性示意图如图 1-1 所示。

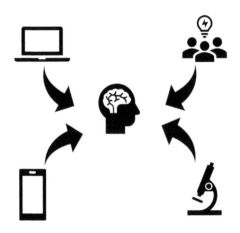

图 1-1 数据来源多样性示意图

2. 数据类型的多样性

数据可以分为结构化数据、半结构化数据以及非结构化数据，如图 1-2 所示。针对不同类型的数据，需要采用不同的处理和分析方法。结构化数据是指按照一定的数据模型和格式组织、存储和管理的数据，具有明确定义的数据类型、字段和关系，通常以表格、数据库、电子表格等形式呈现。结构化数据易于存储、查询和分析，是信息系统中最常见和最容易处理的数据类型之一，例如关系数据库中的表格数据。半结构化数据是介于结构化数据和非结构化数据之间的一种数据形式，它具有一定的结构，但不同于传统关系数据库中的结构化数据。半结构化数据通常以标记、标签或元数据的形式组织，可以更灵活地存储和处理各种类型的数据，例如 XML、JSON 格式数据。非结构化数据是指没有固定格式或明确定义的数据，通常不适合存储在传统的关系数据库中，并且不容易用传统的结构化查询方法进行处理和分析。非结构化数据通常包含各种形式的文本、图像、视频、音频等内容，其特点是信息量大、格式多样且难以解析。

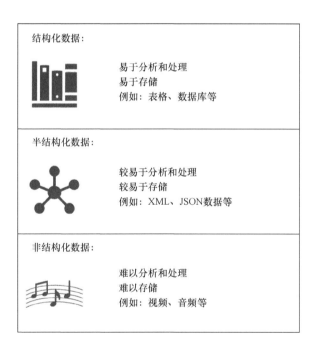

图 1-2　数据类型多样化示意图

3. 数据格式和内容的多样性

数据格式的多样性是指数据能够以各种格式存在，例如 CSV、Excel、JSON、XML、图片、音频、视频等。这些数据格式在存储和处理上有各自的特点和要求。数据内容的多样性是指数据内容涵盖了各个领域和主题，包括金融、医疗、教育、零售等行业。数据内容的多样性，可以更好地满足不同领域和不同应用场景的需求。

以考试成绩为例，已获得了一段关于考试成绩的文本信息："本次考试张三同学他的数学成绩为 86 分，语文成绩为 77 分，英语成绩为 94 分，总共考了 257 分。李四同学她的数学成绩为 63 分，语文成绩为 87 分，英语成绩为 98 分，总共考了 248 分。王五同学他的数学成绩为 92 分，语文成绩为 73 分，英语成绩为 66 分，总共考了 231 分。赵六同学他的数学成绩为 87 分，语文成绩为 84 分，英语成绩为 89 分，总共考了 260 分。周七同学她的数学成绩为 62 分，语文成绩为 57 分，英语成绩为 75 分，总共考了 194 分。"

通过对文本的提炼，可以将文本信息处理成为表格数据（见表 1-1）和图表数据（见图 1-3）。

表 1-1　表格形式成绩单

姓名	性别	数学	语文	英语	总分
张三	男	86	77	94	257
李四	女	63	87	98	248
王五	男	92	73	66	231
赵六	男	87	84	89	260
周七	女	62	57	75	194

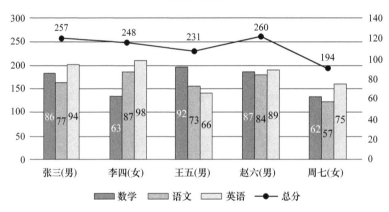

图 1-3　图形式成绩单

在表达相同事物的时候，可以选择不同的表达方式。在这个例子中，既可以使用文本也可以使用表格的形式，还可以使用柱状图、折线图的形式。但是显然表格比较适合成为这组数据的载体，通过表格可以轻松地提取本次考试的核心信息。这个例子充分展示了数据格式和内容的多样性。

1.1.3　数据的可解释性

数据的可解释性是指对数据可以进行多角度、多方面地解释。数据集包含各种类型、各种维度的数据。不同的人关注的重点不同，可能会对数据不同的层次和角度产生兴趣。下面继续以学生成绩的数据为例介绍数据的可解释性。

（1）关注总成绩　假如这是一次升学考试，关注的是总成绩。总成绩柱状图如图 1-4

所示，每一名学生的总成绩都是一根柱子，通过观察每根柱子的高度就可以清晰地判断出获得最高分的人是谁。

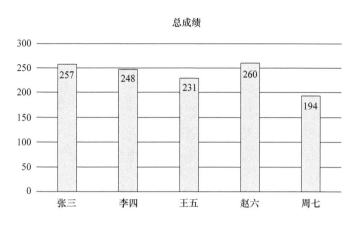

图 1-4　总成绩柱状图

这种情况下，单科成绩的数据就成了多余的信息。如果依旧将单科信息保留下来加以展示，就会为读者提供一些无效信息，导致展示效果不清晰甚至可能影响其判断。

（2）关注弱势科目　假如你是其中一名学生，你更关注单科成绩，希望可以找到短板，通过有针对性地学习来提高总成绩。以张三为例，他的语文成绩相较于其他成绩明显偏低，如果他能清楚地认识到这一点并且加强该科目的学习，他的总成绩就会得到相对较 5
高的提升。单科成绩柱状图如图 1-5 所示，每个人的单科成绩都得到展示。可以看到总成绩最高的赵六没有任何一科成绩是最高的，但是由于他没有偏科和短板，所以总成绩排名第一。

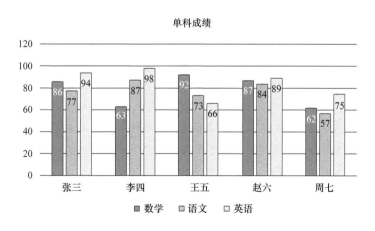

图 1-5　单科成绩柱状图

这只是粗略地对数据进行处理，由于每个科目的特性不同，所以不能单独以分数作为评判的标准。那么，是否可以通过与各科平均数进行对比，用更加合理的信息来判断弱势科目呢？100 和 50，1000 和 950，它们之间都相差 50，但是很明显可以感受到 100 和 50 的差距更大，这是因为总数是 100，在减少 50 后整体缩小了一半，而 1000 在减少 50 以后，只减少了整体的 1/20，看起来差距较小。如果将平均值的数值差距变为平均值的百分比差距，以此进行数据分析是否更加合理呢？这个问题留给大家思考。

（3）关注男女比例　如果需要分析该校男女比例的信息，可以在这段文本中，通过"他"和"她"的使用，统计出如图 1-6 所示饼图。可见，基于同一组数据，从许多不同的角度都可以提取出有价值的信息。

通过上面的分析可以发现，从一个组数据中居然可以提炼出如此丰富的信息，并且能通过可视化实现更多更直观的表达形式，这充分展示了数据可解释性在现实中的应用。

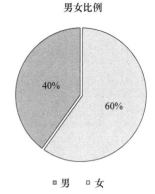

图 1-6　男女比例饼图

1.2　可视化

可视化是一种通过图表、图形、地图等手段来呈现数据和信息的方法。它是一种直观、易于理解的方法，可以帮助人们更好地理解复杂的数据和信息，发现其中的规律和趋势。在当今信息时代，可视化已经成为数据分析和传达信息的重要工具。

研究表明，人类的大脑对图形和颜色的识别和理解能力远远超过了对文字和数字的处理能力，这是因为视觉信息在大脑中的加工速度极快，同时大脑对于图像的记忆和联想能力也更加突出。与阅读文字或处理数字相比，人们更容易通过视觉方式快速捕捉和理解信息，图形和颜色所传达的意义更直观、更易于产生情感共鸣。这也解释了为什么可视化在数据表达和信息传递中如此重要，因为它能够利用人类视觉系统的特点，以更直观、更吸引人的方式呈现数据和信息，帮助人们更快速、更深入地理解复杂的内容。在可视化的设计中，设计者需要考虑以下因素：

（1）对数据的精准呈现　通过合适的图表类型和颜色搭配，可以将复杂的数据信息以清晰、简洁的方式表达出来，避免了信息过载和混乱的情况。例如，折线图可以用来展示趋势和变化，饼图可以用来展示比例和占比，地图可以用来展示地理分布等。选择合适的可视化方式，可以让数据和信息一目了然，更容易被理解和记忆。

（2）对受众的需求和习惯的考虑　不同的受众群体对于可视化的理解和接受程度是不同的，因此在进行可视化设计时，需要考虑受众的需求和习惯，设计"投其所好"的可视化作品。比如，年轻人更喜欢鲜艳的颜色和动态的图表，而老年人更喜欢简洁清晰的图形和大字体的文字。此外，不同文化背景和教育水平的受众对于可视化的理解和接受程度也有所不同。所以在设计可视化作品时，需要考虑受众群体的多样性，采用符合他们审美和认知习惯的设计元素，以确保信息传达的有效性和吸引力。随着科技发展和用户体验设计不断推陈出新，个性化、交互性强的可视化方式逐渐受到关注，为不同年龄段和群体的用户提供更加个性化、符合需求的数据呈现形式。综上所述，考虑受众的需求和习惯，设计出符合其喜好和特点的可视化作品是确保信息传达效果和用户良好体验的重要一环。

（3）对数据真实性和准确性的保障　在进行可视化呈现时，需要确保数据的来源和准确性，避免出现误导和错误的情况。同时，也需要避免过度夸大和虚假宣传，保持数据的真实性和客观性。只有在数据真实、准确的基础上，才能够进行有效的可视化呈现，让受众对数据和信息有正确的理解和判断。

充分考虑以上因素，可以设计出更有效、更直观的可视化图表和图形，帮助人们更好地理解数据和信息，从而做出更明智的决策和判断。可视化不仅是一种技术手段，更是一种沟通和表达的艺术，它的重要性不容忽视。

1.2.1　日常生活中的可视化

在当今数字化时代，数据的生成和处理已经渗透到人们的日常生活中。然而，纯粹的数字和统计信息往往显得抽象且难以理解。为了克服这一挑战，数据可视化技术应运而生，它通过图形、图像、动画等视觉形式将复杂的数据呈现出来，使得信息更加直观、易于理解。如图 1-7 所示为对用户所使用的网络带宽进行测速的结果，可视化的测速图表搭配数据展示可以令人们更加直观快速地了解网速情况。

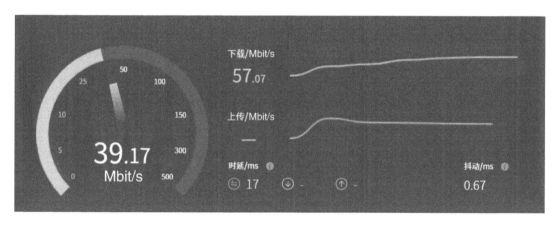

图 1-7　网络带宽测速结果
（图片来源：https://www.speedtest.cn/）

在看病就诊时，CT（Computerized Tomography，计算机断层扫描）图像是一种常见的可视化形式。通过使用 X 射线等影像技术，CT 可以生成横截面的身体组织和器官的详细图像。这些图像不仅可以帮助医生诊断疾病和判断病情，而且可以使患者更直观地了解自己的身体状况。在医疗领域，CT 图像的可视化呈现提供了关键信息，有助于指导治疗方案的制定和手术的实施。如图 1-8 所示为肝脏 CT 影像图，它是 LiTS 数据集中的一个示例，展示了对比增强腹部 CT 扫描中多种形状的病变。虽然数据集中的大多数检查只包含一个病变，但有一大部分患者出现了 2 ~ 7 个或者 10 ~ 12 个病变，图 1-8 右侧直方图为数据集中多形状病变的统计结果，便于进行进一步研究。

同样，健身锻炼数据也可以进行可视化展示。Keep 是当下比较热门的一款运动健身软件，它可以基于地理位置对用户的运动情况进行展示。Keep 的运动界面如图 1-9 所示，用户可以在跑步之后，对运动情况进行全方位分析，例如轨迹、运动时长、运动消耗，以及步频、步幅等。

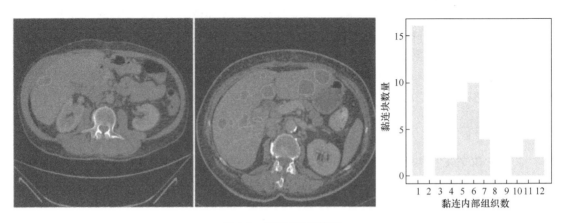

图 1-8　肝脏 CT 影像图

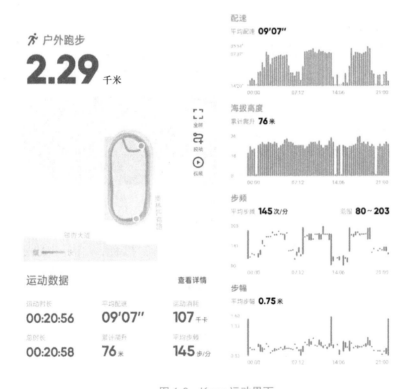

图 1-9　Keep 运动界面

在教育培训领域，可视化为教学管理模式的创新提供了可能。学生行为数据的可视化分析系统（见图 1-10），可以基于学生行为大数据，构建基于深度学习的学生学习、社交、成绩预测模型，借助大数据分析手段，实现学生社交关联分析、成绩预测、学生画像等功能，并采用可视化技术，帮助老师及时找出学习、行为异常的学生并探析原因，从而提高学生管理水平。

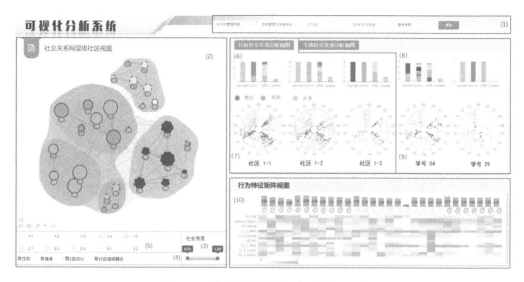

图 1-10　学生行为数据的可视化分析系统

　　在金融领域，数据可视化扮演着至关重要的角色，为投资决策提供了有力支持。通过图表展示股票价格走势、投资组合表现、风险评估等金融数据，可以帮助投资者和金融专业人士更直观地了解市场动态和投资情况。股票价格走势图可以清晰地展示股票价格的波动情况，投资组合表现图则能够展现不同资产在组合中的表现及权重分布，风险评估图则有助于评估投资组合的风险水平。这些可视化工具不仅使复杂的金融数据变得易于理解，还提供了直观的参考，帮助投资者制定更明智的投资决策、优化投资组合并管理风险。如图 1-11 所示　9为上海证券交易所某一天的行情走势图。

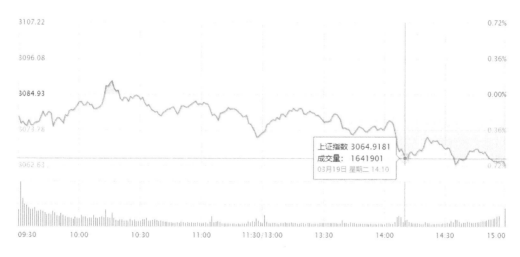

图 1-11　上海证券交易所行情走势图
（图片来源：http://www.sse.com.cn/market/price/trends/）

　　由以上实例可以看出，数据可视化已融入人们日常生活的方方面面。无论是在网络技术、医疗诊断、户外运动、教育培训、金融投资还是其他科学研究领域，数据可视化都发挥着关键作用。随着技术的不断进步和数据的逐渐积累，数据可视化将继续深入人们的日常生活，给人们带来更多便利和启发。

1.2.2　数据可视化分类

　　数据可视化的对象是各行各业中丰富多样的数据，由于不同行业领域与不同场合的需求不尽相同，可以按照展现的目的和方式，将数据可视化分为描述性可视化、探索性可视化、解释性可视化与交互式可视化。不同类型的可视化可以用于不同的目的和场景，用户可以结合实际需求选择适当的可视化方式，以更好地呈现数据的信息和意义。不同类型的数据可视化在实际应用中扮演着不同的角色，为各行各业的专业人士和决策者提供了强大的工具和见解。因此，用户在选择数据可视化方式时应根据具体的需求和场景，灵活运用不同类型的可视化手段，以便更好地理解和利用数据，从而做出更妥当的决策和行动。

1. 描述性可视化

　　描述性可视化作为数据分析中的重要工具，通过简洁直观的图形和图表展示，帮助用户快速获取数据的基本信息。描述性可视化能够以图形方式呈现数据的概貌，让用户一目了然地了解数据的整体情况，包括数据的分布、集中趋势、离散程度等。同时通过简单直观的图表帮助用户快速获取数据的关键信息，无须做深入复杂的数据分析即可对数据有初步了解。描述性可视化还可以帮助用户快速识别数据中的异常值或离群点，从而引起用户的注意并进一步调查和处理。通过展示不同变量之间的关系和趋势，描述性可视化能够帮助用户发现变量之间的相关性，为后续的探索性分析提供线索。此外，描述性可视化通常还用于验证用户对数据的假设或推断，帮助用户确认自己的想法是否与数据一致或存在偏差。常见的描述性可视化通常包括直方图、条形图、折线图、饼图、散点图等。

　　（1）直方图　展示数据的分布情况，横轴表示数值区间，纵轴表示数据的出现频次。用矩形条表示数据的频数或频率分布，通常用于展示连续型数据的分布情况。直方图能够直观地展示数据的分布形态，帮助用户了解数据的集中趋势、离散程度和分布形状，适合展示数量型数据的分布情况。

　　（2）条形图　比较不同类别的数据大小，横轴表示数据类别，纵轴表示数据大小。条形图通过长短不同的条形表示不同类别或变量的值，常用于比较各个类别之间的差异。条形图清晰简洁，易于比较不同类别的数据大小，强调类别之间的差异，适合展示分类数据以及做比较分析。

　　（3）折线图　展示数据的趋势和变化，横轴表示时间或其他连续变量，纵轴表示数据值。折线图通过连接数据点来展示趋势变化，适合展示数据随时间或顺序变化的情况。折线图能够清晰地显示数据的趋势和变化规律，便于观察数据的走势和变化趋势，适合展示时间序列数据。

　　（4）饼图　展示数据的占比和组成，用于显示各类别数据在总体中所占的比例。饼图以扇形的方式直观显示数据的占比情况，便于比较不同部分在整体中的贡献度，适合展示数据的相对比例和构成关系。

　　（5）散点图　用于展示两个连续变量之间的关系，横轴表示一个变量，纵轴表示另一个变量，每个点表示一组数据。散点图通过点的位置展示两个变量之间的关系，帮助发现变量之间的相关性和趋势。

2. 探索性可视化

探索性可视化侧重于发现数据中的模式和关联，促进新的发现和洞察。探索性可视化是数据分析中的重要步骤，旨在帮助用户深入了解数据背后的模式、趋势和关联性，以发现数据中潜藏的有价值的信息。与描述性可视化强调对数据整体特征的总结和概括不同，探索性可视化更注重对数据进行深入挖掘和探索，通过更复杂的图表和交互方式，帮助用户揭示数据背后的更深层次的见解和思路。在探索性可视化中，常用的图表类型包括热力图、平行坐标图、气泡图、箱线图等。

（1）热力图　热力图通过在二维空间中使用颜色来表示数据的密度或频率分布情况。通常情况下，热力图会使用颜色的深浅程度来反映数据点的密集程度，颜色越深代表数据点越密集，颜色越浅代表数据点越稀疏。这种可视化方式适用于展示大量数据的聚集情况，帮助用户直观地了解数据的分布规律和热点区域。在热力图中，颜色通常从一个特定的色谱范围中选择，比如从冷色调（如蓝色）到暖色调（如红色），以便清晰地展现数据的密度变化。通过观察热力图的颜色分布，用户可以快速识别出数据的聚集区域和稀疏区域，从而帮助做出更准确的数据分析和决策。除了表示数据的密度和频率分布外，热力图还可以应用于其他领域，例如地图数据可视化中显示人口密度、热点区域等信息，或者在生物信息学中展示基因表达水平的差异等。总之，热力图是一种强大的可视化工具，能够有效地帮助用户理解数据的分布特征和趋势，为数据分析和决策提供重要的参考依据。杭州市房租价格分布热力图如图 1-12 所示。热力图可以清晰地展现出杭州市各个区域的房租密度分布，暖色调区域代表房租价格较高或者出租房密集的区域，冷色调区域则代表房租价格较低或者出租房稀疏的区域。

11

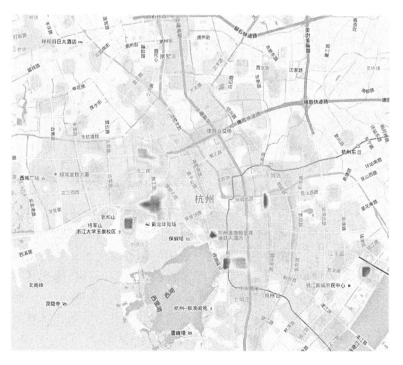

图 1-12　杭州市房租价格分布热力图
（图片来源：https://www.shanhaibi.com/baike/v1/dir8yc9xni0tqggh/）

（2）平行坐标图　平行坐标图是一种多变量数据可视化技术，通过在一个坐标系中绘制多条平行的轴线来展示各个变量之间的关系和趋势。每条轴都代表数据集中的一个属性或变量，数据点则沿着这些轴线进行连接，形成一条折线，反映不同变量之间的交互影响和特征。平行坐标图的主要优势在于能够同时展示多个维度的数据信息，帮助用户更全面地理解数据集的结构和规律。通过观察平行坐标图，用户可以快速识别出变量之间的相关性、趋势和异常值，从而更深入地理解多维数据的特征和交互影响。此外，平行坐标图还可以用于聚类分析，用户通过观察数据点在图中的分布情况，来发现数据集中的群集模式和相似性。在数据探索和分析过程中，平行坐标图为用户提供了一种直观且有效的方式来比较和理解多个变量之间的关系，帮助揭示数据背后的复杂结构和规律。通过交互操作，用户可以调整轴的顺序、筛选数据范围等，进一步深入挖掘数据集，这为数据分析和决策提供重要的支持和指导。因此，平行坐标图在数据可视化领域中具有重要的应用意义，为用户提供了一种直观且高效的多变量数据呈现方式。图 1-13 所示为基于乘客群体的移动相关性平行坐标图，该图将公共交通乘客的特征分布呈现在多样化的颜色编码中，以描绘不同出行类别乘客的相关特征。每个垂直轴表示一个关键特征，每条折线代表一个乘客，该图引入了捆绑效果突出了乘客的类别，可以清晰展示与某类出行相关的主要特征。

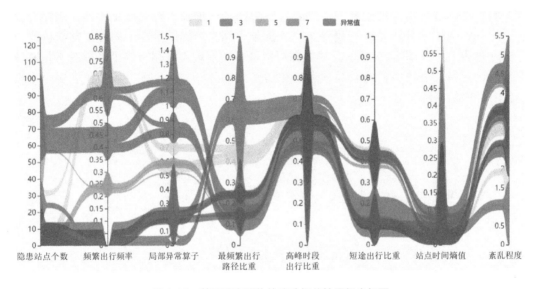

图 1-13　基于乘客群体的移动相关性平行坐标图

（3）气泡图　气泡图通过数据点的大小、颜色和位置来展示多个变量之间的关系，丰富了数据的表达方式。在气泡图中，数据点的位置通常代表两个变量的对应取值，如横轴和纵轴表示不同的度量指标，而数据点的大小和颜色则可以代表额外的变量信息，使得信息更加丰富和立体。通过观察气泡图，用户可以直观地比较不同数据点的大小、颜色和位置，从而更好地理解多个变量之间的关系。数据点的大小可以反映第三个变量的取值大小，颜色可以表示第四个变量的程度或类别，使得数据的呈现更加生动和具有层次性。这种多维度的表达方式使用户能够一目了然地把握数据的特征和规律，进一步深入分析数据集。通过调整气泡图中的参数和属性，用户可以定制化地呈现数据，突出重点信息，为数据探索和解读提供更多可能性和灵感。综合利用数据点的大小、颜色和位置，气泡图为用户提供了一种直观、高效的数据可视化方法。如图 1-14 所示，一个气泡代表一个学生，相同的颜色代表一个宿舍，通过气泡的大小与位置，结合关联线段，可以直观清晰地分析出学生之间的社交关联关系。

（4）箱线图　箱线图是一种常用的统计图表，用于展示数据的分布情况、离群点以及统计特征，能够提供数据集的五数概括（最小值、下四分位数、中位数、上四分位数、最大值）等关键统计信息。在箱线图中，箱体代表了数据的四分位距（即上四分位数至下四分位数），上下须延伸至最大值和最小值，而箱体内部的水平线则代表数据的中位数。通过观察箱线图，用户可以直观地了解数据的整体分布情况、集中程度和离散程度，发现数据集中的异常值或离群点。箱线图还可以用于比较不同类别或组之间的数据分布

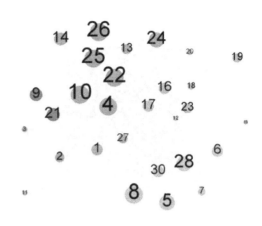

图 1-14　学生社交关联气泡图

差异，从而进行趋势分析或关联性探索。除了展示数据的分布情况，箱线图还可以结合其他统计图表或分析工具，如散点图、直方图或均值线，进一步深入挖掘数据的特征和规律。箱线图的可视化呈现，使得用户能够更加直观地理解数据的统计特征，为数据分析和决策提供重要参考依据。如图 1-15 所示的箱线图展示了多个基因表达预测模型的性能对比，每个箱线图都代表一个模型的性能分布。由图 1-15 可知，SpaIM 模型中位数最高，实现了最佳的基因预测性能。

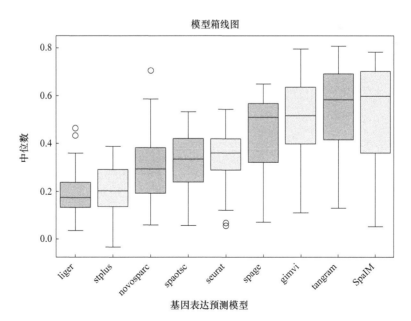

图 1-15　多个基因表达预测模型的性能对比

通过这些专业的可视化手段，探索性可视化能够帮助用户在数据中发现新的模式、规律和见解，为进一步的数据分析和挖掘提供重要线索和思路。同时，交互性也是探索性可视化的重要特点，用户可以通过交互操作自定义图表展示，深入探索数据并从中获取更深入的理解和洞察，后续将会单独对交互式可视化进行介绍。

3. 解释性可视化

解释性可视化是一种以清晰、简洁的方式呈现数据的可视化，旨在传达特定的信息或故事，同时支持特定的结论或观点。这种可视化不仅要设计精良、突出重点，还要精心选择图表和图形，以有效地传达信息并引起注意。解释性可视化通常会强调数据的关键特征，通过直观的视觉展示帮助用户理解数据的含义、发现潜在的趋势和关联，以及支持数据驱动的决策。

在解释性可视化中，图表或图形的选择至关重要，这是因为不同类型的数据和信息需要不同的呈现方式才能最有效地传达。此外，标签、注释和图例等元素也需要精心设计，以确保用户能够准确理解数据并得出正确的结论。解释性可视化的设计还应该考虑用户的背景知识和需求，以确保信息可以被准确、清晰地传达。

解释性可视化通常用于报告、演示和决策支持中，帮助用户更好地理解数据背后的含义。通过提供直观的、易于理解的数据可视化，解释性可视化有助于向用户传达复杂数据的关键信息，促进对数据分析结果的深入思考和讨论。最终，解释性可视化不仅可以帮助用户做出明智的决策，还可以加强数据驱动的沟通和交流。图1-16展示了利用决策树进行机器学习算法工程师招聘的过程，将决策的过程以可视化方式展现出来，可以帮助人们理解做出相关决策的逻辑。以决策树为基础的数据挖掘分析中，可以借助可视化使模型具有清晰的可解释性。

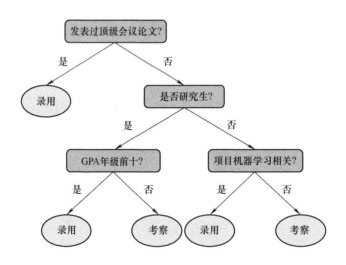

图 1-16　利用决策树进行机器学习算法工程师招聘的过程

4. 交互式可视化

交互式可视化是一种高度灵活和个性化的数据呈现方式，它不仅允许用户观察数据，还赋予用户主动探索、定制和交互的能力。通过与可视化元素互动，用户可以根据自己的兴趣和需求调整数据的呈现方式，选择感兴趣的数据维度、筛选特定的数据子集、查看详细信息，甚至改变可视化类型。

交互式可视化为用户提供了更深入的分析和理解数据的方式。用户可以通过缩放、拖动、筛选等操作，深入探索数据背后的模式、关联和异常值，从而发现隐藏在数据中的洞察和价值。此外，用户通过交互实时修改数据，并立即查看修改结果，从而更好地理解数据、发现新的见解，做出及时的决策。《华盛顿邮报》创建了一个交互式"地球仪"，生成了一个令人惊叹的数据可视化作品，如图 1-17 所示。其中，显示了过去发生过的日食路径以及未来 60 年的日食路径。用户可以输入出生年份，看看这一生中接下来的时间内会发生多少次日食，以及大部分日食发生的地点。如果用户有兴趣，就可以提前打包行李，去一睹日食发生的盛况。

图 1-17　交互式"地球仪"

（图片来源：https://public.tableau.com/app/profile/stanke/viz/FYITherewasaneclipsein2017/Eclipse）

1.2.3　可视化数据分析

在当今数字化时代，数据不断增多并渗透到人们生活的方方面面，然而，单纯地收集和存储数据并不能带来价值。关键在于如何从这些数据中提取有用的信息，发现潜在的规律，并且将这些信息有效地传达给决策者。在这个过程中，数据分析与可视化相结合起到了至关重要的作用。

在当今大数据时代的背景之下，可视化分析成为数据分析的重要方法。可视化数据分析旨在通过视觉呈现数据以加深对数据本质的理解，是一种将抽象的统计数字转化为直观图形的技术，这种技术能够使人们对数据背后的含义有更深入的理解。数据可视化不仅呈现关于数据的图形和图像，更重要的是它是一种更有效地理解、解释和呈现数据的方式。可视化数据分析在利用计算机自动化分析能力的同时，也充分挖掘人对可视化信息认知与感知的能力优势，将人、机的各自强项进行有机融合，借助人机交互式分析方法和交互技术，辅助人们更加直观和高效地洞悉大数据背后的信息、知识。如图 1-18 所示，可视分析学涉及可视化、数据分析、交互等多方面的技术，能够处理海量数据，发现模式，进行预测和分类。自动化分析方法可以帮助人们从数据中提取有价值的见解，挖掘大数据中潜在的知识，在这个过程中，人脑智能在分析推理和决策方面有着无可比拟的优势，机器智能则在处理大量数据和进行复杂计算方面表现出色，人脑智能和机器智能发挥了各自的优势，实现了优势互补。通过交互式可视化工具，用户可以自由探索数据，将人、机操作有机结合，这种交互性使得用户能够更加灵活地进行数据分析，并在探索过程中不断发现新的信息和关联，从而更深入地理解数据，发现隐藏在数据中的信息。可视化交互界面和数据处理技术的发展，使得人们能够通过可视化方式，更好地理解和利用大量数据。这种方式不仅提高了人们的认知能力，也极大地丰富了人的感知。

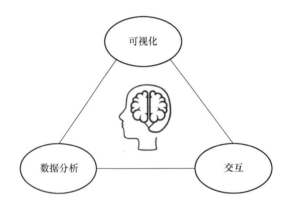

图 1-18　可视分析学的组成

　　可视化数据分析的核心思想是通过将数据以图形、图表、地图等形式呈现出来，利用人类视觉系统的特点和认知原理，帮助人们更直观地理解数据，从而发现其中的规律和趋势。在当前具有复杂、异构、大规模等特点的数据自动处理方面，传统的数据分析往往不尽人意。将数据可视化后再进行分析，注重其直观和交互性，使用户能够更深入地探索数据，发现其中的潜在关联，并在数据中进行多维度的比较和分析，是大数据时代可视化方法的典型特点。

　　可视化数据分析正在以其独特的视角和方法，为人类解决现实生活中的各种问题提供新的思路和解决方案。随着技术的不断进步和学科的不断发展，可视分析学发挥着越来越重要的作用，也为人类带来更多的智慧和启示。

1.2.4　与其他学科和领域的关系

　　数据可视化与各个学科和领域的关系密切，它作为一种跨学科的工具，为统计学、计算机科学、地理学、生物学、经济学等领域的专家提供了强大的分析和交流手段。通过数据可视化，研究者能够以直观的方式探索、理解和传达复杂数据的模式和趋势，推动众多领域的创新和发展。数据可视化不仅是一种技术工具，更是促进学科交叉合作、推动知识共享的重要桥梁，为解决现实世界中的复杂问题提供了有力支持。

1. 数据可视化与其他学科的关系

信息技术、统计分析、地理信息等各个学科的研究者都能够通过数据可视化更有效地探索数据，并从中发现新的模式和趋势，进而推动科学研究、商业决策和社会发展的进程。

（1）数据可视化与信息技术学科　信息技术是指利用计算机和通信技术来获取、处理、存储和传输信息的学科；数据可视化则是信息技术的一个重要应用领域，通过视觉化手段来呈现和分析数据。在信息技术的支持下，数据可视化得以迅速发展，并在各个领域得到广泛应用。

数据可视化与信息技术学科在数据处理方面紧密相关，信息技术提供了丰富的数据处理工具和技术，包括数据清洗、转换、聚合等操作，为数据可视化提供了基础支持。例如，数据库技术可以存储和管理大规模数据，数据挖掘算法可以发现数据中的模式和关联，这些都为数据可视化提供了数据基础。

计算机图形学是数据可视化与信息技术学科之间密切联系的领域。起初，数据可视化通常被认为是计算机图形学的一个分支学科。计算机图形学研究如何利用计算机生成和处理图像，为数据可视化提供了丰富的图形表现形式和绘制技术。在数据可视化中，利用计算机图形学的方法可以实现各种图形的绘制和渲染，如折线图、柱状图、散点图等，从而使得数据更加直观和易于理解。由于数据可视化与数据分析之间独特的联系，可视化数据分析逐渐与计算机图形学区分开来，成为一门独立的学科。

交互设计也是数据可视化与信息技术学科之间的重要交叉点。交互设计研究如何设计用户界面和交互方式，使用户能够更加方便、高效地使用软件和系统。在数据可视化中，良好的交互设计可以提高用户对数据的理解和分析能力，使得用户能够通过简单的操作实现复杂的数据探索和分析，帮助用户深入探索模拟结果。用户可以根据自己的兴趣和需求，自由地调整视角，选择感兴趣的数据维度，并与模拟系统互动。这种交互式体验可以更好地促进用户对数据的理解和探索。计算机仿真为交互设计提供了一个强大的工具，通常涉及复杂的过程和交互。通过计算机将仿真过程可视化，可以直观地展示仿真中所涉及的各种因素、对象的运动、交互和变化。例如，仿真一个流程工厂，可以通过数据可视化来展示原材料的流动、设备的运行状态以及产品的形态。

软件开发是数据可视化在信息技术学科中的重要支撑。通过软件开发可以实现各种数据可视化工具和平台，为用户提供丰富的可视化功能和灵活的数据分析工具。基于 Web 的可视化应用程序使用户能够在浏览器中进行交互式数据探索和分析，而桌面应用程序则利用本地计算机资源，实现复杂的数据处理和可视化操作。

总之，信息技术为数据可视化提供了丰富的数据处理工具和技术、图形学方法、交互设计理论和软件开发平台，使得数据可视化得以迅速发展，并在各个领域得到广泛应用。随着信息技术的不断发展和创新，数据可视化将会进一步拓展，为人类理解和利用数据提供更加强大的工具和方法。

（2）数据可视化与统计分析学科　统计学是一门研究收集、分析、解释和呈现数据的学科，数据可视化则是一种通过图形、图表、地图等形式直观呈现数据的方法。

统计学提供了丰富的数据分析方法和技术，例如假设检验、方差分析、线性回归等，这些方法可以帮助人们从数据中提取有意义的信息。数据可视化则为这些统计分析结果提供了直观的呈现方式，使得数据分析更加直观。例如：通过将回归分析的结果可视化为散点图并加上拟合曲线，可以直观地展示变量之间的关系；通过绘制箱线图，可以直观地展示数据的分布情况和离群点。

数据可视化对统计学的发展和理解也起着重要的作用，统计学家通过可视化手段可以更清晰地观察数据的分布、趋势和异常，从而提出新的统计模型和方法。例如，通过绘制散点图或密度图可以展示数据的分布情况，以便选择合适的概率分布曲线进行拟合；通过绘制时间序列图可以观察数据的趋势和周期性，进而选择合适的时间序列模型进行预测。

数据可视化与统计学在实践中常常结合起来，共同解决现实生活中的问题。例如，在商业领域，统计学方法可以用来分析销售数据、市场调研数据等，数据可视化则可以将分析结果直观地展示给决策者，帮助他们更好地理解数据并做出正确的决策。又如在科学研究中，统计学方法可以用来分析实验数据、观测数据等，数据可视化则可以帮助科学家们发现数据中的模式和趋势，从而得出新的科学结论。

（3）数据可视化与地理信息学科　首先，数据可视化为地理信息分析提供了直观的展示方式。地理信息系统通常涉及大量的空间数据，包括地图、地形、地貌、人口分布等各种地理现象。数据可视化可以将这些数据转化为图形、图表等形式，使得用户可以一目了然地观察到地理现象的分布和特征。通过将地理数据与颜色、大小等视觉属性相结合，可以在地图上显示出地区的人口密度、气候变化等信息，帮助用户更好地理解地理现象的分布规律和趋势。

其次，数据可视化为地理信息分析提供了更丰富的表达方式。地理信息系统通常涉及多种类型的空间数据，包括点、线、面等不同的地理要素。数据可视化则可以针对不同类型的地理数据采用不同的表现形式，例如点状标注、线条连接、面积填充等，使得地理信息的表达更加生动和多样化。通过合理选择和设计可视化形式，更好地突出地理现象的特点和关联性，提高地理信息的表达效果和分析价值。

另外，数据可视化为地理信息分析提供了交互式探索方式。传统的地理信息展示方式往往是静态的地图或图表，用户只能观察和分析数据。数据可视化技术可以通过交互式探索方式，使用户能够对地图和图表进行主动的选择和操作，实时地探索和分析地理数据。例如，用户可以通过放大、缩小、拖动地图等操作，实时地调整地图的视角和范围，从而更深入地了解地理现象的细节和变化。这种交互式的探索方式不仅提高了用户对地理信息分析的参与度和体验感，还可以更深入地挖掘地理数据的内在规律和关联性。

2. 数据可视化与其他领域的关系

数据可视化作为一种强大的信息传达工具，在各个领域都扮演着至关重要的角色。它与其他领域的关系紧密而广泛，涵盖了科学研究、商业与市场、医疗与生物、教育与学术、产品可视化等众多领域。

（1）科学研究领域　在科学研究中，科学家们通过数据可视化工具可以将实验结果、观测数据以图表、图形等形式直观地呈现出来，从而更好地理解数据背后的规律和趋势。使用数据可视化工具对实验结果、观测数据以及复杂的物理现象进行一定模拟与展示，科学家们可以更好地探索宇宙的奥秘。

（2）商业与市场领域　在商业和市场领域，数据可视化被广泛应用于业务分析、市场趋势分析、用户行为分析等方面。通过数据可视化，将海量的商业数据转化为可视化的图表、报表等形式，管理者可以更好地理解市场和用户需求，优化产品和服务，制定营销策略，并做出决策。比如，通过销售数据的可视化分析，企业管理者可以快速了解哪些产品畅销，哪些地区需求量大，从而调整生产和销售策略。

（3）医疗与生物领域　在医疗领域，数据可视化被用于医学影像分析、患者数据监测、疾病预测等方面。通过将医学影像数据以图像、图表等形式呈现出来，医生可以更清晰地观察和分析病情，提高诊断准确性，在检测病况数据变化和分析病情的同时，根据数据的结果推断，高效、准确地对病情风险进行提早干预，并在数据的对比下找到最佳的治疗途径；在生物领域，数据可视化被用于展示基因组数据、蛋白质结构和细胞信号通路等信息，帮助研究人员深入理解生物系统的复杂性。

（4）教育与学术领域　在教育和学术领域，数据可视化被用于教学、学生管理和学术研究。在教学方面，教师可以利用数据可视化工具将教学内容以图表、图形等形式呈现出来，使学生更容易理解和掌握知识；在学生管理方面，通过学生的学习数据可视化分析，教师可以更好地了解学生的学习情况，及时调整教学方法和内容，提高教学效果；在学术研究方面，研究人员可以利用数据可视化工具展示研究成果，与同行交流和合作。

（5）产品可视化　产品可视化往往需要依赖数据可视化来进行决策支持。在产品可视化中，数据可视化不仅是为了呈现数据本身，更重要的是提供了洞察用户行为和需求的方式。通过分析用户数据，产品设计师可以更好地理解用户的偏好和习惯，了解用户的使用行为、产品的使用效果等，从而指导产品的设计和改进，做出更符合用户需求的决策。换句话说，数据可视化为产品设计提供了数据驱动的支持，使得产品更加贴近用户的实际需求。同时，一些产品（如数据分析工具、商业智能系统等）本身就是数据可视化的载体，它们的主要功能就是将数据以可视化的方式展现给用户。

综上，数据可视化与其他领域的关系密切而广泛，在科学研究、商业与市场、医疗与生物、教育与学术和产品可视化等多个领域中都发挥着至关重要的作用。数据可视化不仅提升了信息传达的效率和效果，还为各行业的研究、决策和创新提供了强有力的支持。无论是揭示科学规律、优化商业策略、提高医疗诊断的准确性，还是改进教学方法和产品设计，数据可视化对其发展与进步都发挥了推动作用。可以说，数据可视化已经成为现代社会中不可或缺的工具，应用前景将随着数据量的增长和技术的进步而更加广阔。

1.3　数据可视化的意义

在信息化时代的浪潮中，数据已成为驱动社会进步的重要引擎。然而，随着数据量的爆炸式增长，如何高效、准确地理解和分析这些数据，成为摆在人类面前的一大挑战。数据可视化作为一种以图形、图像等视觉形式呈现数据的技术，为人们提供了全新的解决方案。它不仅提高了数据分析的效率，还增强了信息传达的效果，促进了知识的发现和传播。因此，深入探讨数据可视化的意义，对于推动数据科学的发展和应用具有重要的价值。

随着技术的发展和应用的深入，数据可视化经历了从简单图表到复杂交互可视化的演

19

变过程。早期的数据可视化主要依赖静态图表，如柱状图、折线图等，用于展示数据的分布和趋势。随着计算机技术的进步，人们开始探索更加复杂和动态的可视化方法，如可视分析系统、三维可视化、动画演示等，以便更好地揭示数据的内在规律和联系。

数据可视化的重要性在于，它能够将抽象的数据转化为具象的视觉元素，降低数据理解的门槛，提高数据分析的效率。通过数据可视化，可以更加快速地发现数据中的规律和趋势，揭示数据背后的含义，为决策提供有力支持。此外，数据可视化还能够增强信息传达的效果，促进信息的有效沟通和交流。进行数据可视化的主要意义如下：

1. 提高数据分析效率与准确性

数据可视化能够将大量复杂的数据以直观、易懂的形式呈现出来，帮助分析人员快速把握数据的整体情况和关键信息。通过可视化工具，可以轻松地对数据进行筛选、分类、聚合等操作，发现数据中的异常值和模式。同时，可视化图表还能够直观地展示数据之间的关联性和趋势，有助于人们更深入地理解数据的内在规律。

在商业分析中，通过数据可视化工具，可以将销售数据、用户行为数据等以图表的形式展示出来，从而快速地发现销售趋势、用户偏好等信息。这些信息对于制定营销策略、优化产品设计等都具有重要的指导意义。淘宝用户行为数据分析报告如图 1-19 所示。

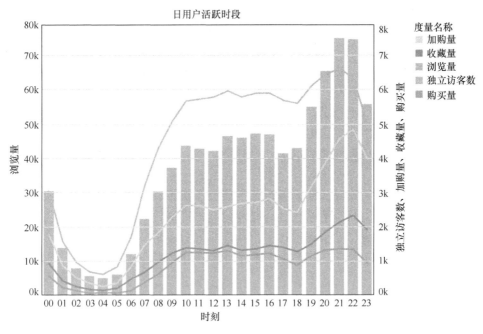

图 1-19　淘宝用户行为数据分析报告
（图片来源：https://tianchi.aliyun.com/dataset/649）

2. 增强信息的传达效果与沟通效率

数据可视化能够将抽象的数据转化为直观的图形和图像，降低了数据理解的门槛。这使得非专业人士也能够轻松地理解数据分析结果，增强了信息的传达效果和沟通效率。在团队协作和跨部门沟通中，数据可视化能够减少信息误解和沟通障碍，促进团队成员之间的合作和协同。通过共享可视化图表和报告，不同部门的人员可以更加直观地了解彼此的工作进展和成果，减少沟通障碍和误解。同时，数据可视化也可以作为一种有效的沟通工具，帮助团队成员更好地表达自己的想法和观点，促进团队的协作和创新。

弗罗伦斯·南丁格尔（Florence Nightingale）作为受人尊敬的现代护理专业的创始人，同时是一位才华横溢的数学家，也是统计学图形表示的先驱。在克里米亚战争期间，她绘制了极地面积图（Coxcomb，即南丁格尔玫瑰图，也叫鸡冠花图）。如图 1-20 所示，该图按月描绘了关于战争期间士兵死伤原因的数据，每个楔形物的面积代表了统计数据的大小。这一图表成功吸引了政府工作人员的注意，政府工作人员也终于认识到了改善战场医院护理环境的必要性，在多方努力下，伤兵的死亡率急剧下降。

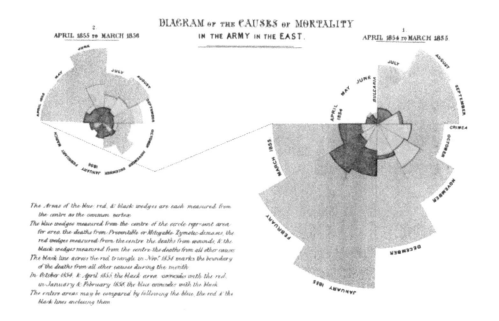

图 1-20　南丁格尔玫瑰图

（图片来源：https://www.sohu.com/a/221082306_416207）

3. 辅助决策制定与优化

数据可视化能够全面展示数据的分布、趋势和关联性，为决策者提供了丰富的信息支持。通过可视化图表，决策者可以直观地了解现状和问题，发现潜在的风险和机会。这有助于决策者制定更加科学、合理的决策方案，并优化现有策略。在决策优化方面，数据可视化同样具有不可替代的作用。通过对比不同方案的数据可视化结果，决策者可以清楚地看到各方案的优劣和差异，从而选择出最优的方案。此外，数据可视化还可以帮助决策者监测和评估决策的执行效果，及时发现问题并调整和优化。

图 1-21 为美国奥克兰地区的犯罪地图，通过该图可以直观地了解奥克兰地区的犯罪分布情况。这种可视化图表不仅能够帮助人们识别高风险区域，还能够揭示犯罪活动的时间和地理分布趋势，为公共安全决策提供重要依据。

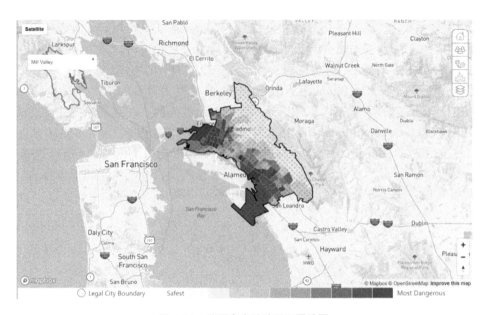

图 1-21　美国奥克兰地区犯罪地图

（图片来源：https://www.neighborhoodscout.com/ca/oakland/crime）

4. 提升用户体验与满意度

在数据驱动的时代，用户对于数据展示的需求越来越多。数据可视化通过图形化的手段将复杂的数据转化为易于理解的图表和图形。相比纯文本和表格，图形化的信息可以更直接地传达数据中的趋势、模式和异常。这种视觉上的清晰度有助于用户快速抓住重点，提高信息的可理解性和可访问性。有效的数据可视化工具能够帮助用户快速识别数据中的关键点，支持更快速和更明智的决策。例如，在商业环境中，管理层可以通过仪表盘实时监控关键绩效指标（KPI），及时发现问题并采取相应措施。这种即时性和易理解性大大提升了决策的效率和准确性，进而提升了整体的用户体验。

互动性强的数据可视化工具，如可点击的图表、可拖动的时间轴等，能够大大提高用户的参与度和满意度。用户不仅能被动地接收信息，还能主动探索数据的不同维度和层次。这种互动体验在使用户更深入地理解数据的同时，也增加了使用过程的趣味性和吸引力。通过数据可视化，可以有效降低用户的认知负荷。人类大脑对图形信息的处理能力远高于文字和数字。当数据被转化为图形时，用户不必费力地处理和理解大量的文字和数字信息，减轻了认知压力。这种轻松的体验提升了用户的舒适感和满意度。

数据可视化不仅展示数据，它更是讲述数据背后故事的强大工具。通过巧妙设计的图表，数据中的故事和意义可以被生动地呈现出来。例如，使用时间线图展示一个项目的进展，或者用地图展示地理分布信息。这种讲故事的方式不仅使数据更具吸引力，还能帮助用户更好地记住和理解信息，从而提高他们的满意度。在地球 46 亿年的历史中发生了很多事情，例如火山爆发、小行星坠毁、生命形成、无数物种进化和灭绝。著名设计师胡安·大卫·马丁内斯（Juan David Martinez）在引人入胜的图形中捕捉了这段广阔的历史（见图 1-22）。由此可见，数据可视化还可以帮助用户更好地理解数据背后的故事和意义，增强他们的参与感和认同感。

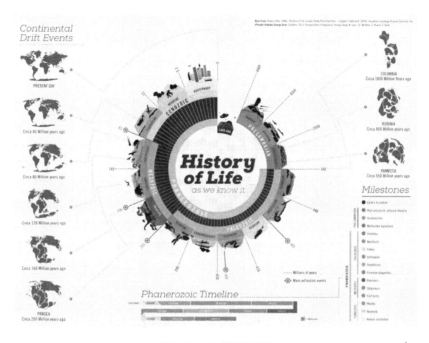

图 1-22　地球进化过程

（图片来源：https://dribbble.com/shots/3634582-History-Of-Life）

5. 激发创新思维与探索精神

23

数据可视化具有强大的交互性和探索性，它鼓励用户通过调整参数、筛选数据等方式，自由地探索数据的内在规律和模式。这种探索性的数据分析过程有助于激发创新思维和发现新的数据规律。

可视化图表可以辅助人们探索一些事物。勾股定理展示图如图 1-23 所示，通过该图初学数学的同学可以更直观地理解勾股定理的原理，并且激发其探索精神。

尽管数据可视化已经取得了显著的进展和广泛的应用，但仍然面临一些挑战。首先，随着数据的不断增多和复杂化，如何高效地处理和呈现大规模数据成为一个重要的问题。其次，不同领域的数据具有不同的特点和

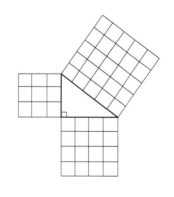

图 1-23　勾股定理展示图

需求，如何设计出适合不同领域的数据可视化方法和工具也是一个挑战。此外，数据可视化的准确性和可解释性也需要更多关注。未来，数据可视化将继续朝着更加智能化、个性化和交互化的方向发展。

1.4　数据可视化的经典案例及发展趋势

在计算机学科的分类中，利用人眼的感知能力与数据交互的可视表达来增强认知的技术，称为可视化。它将不可见或难以直接显示的数据转换为可感知的图形、符号、颜色、

纹理等，以增强数据识别效率，传递有效信息。可视化通常被理解为生成图形图像的过程。更深刻地说，可视化是认知数据的过程，即根据数据形成感知图像，强化认知理解的过程，其重点并非绘制图形本身。因此，可视化可被理解为通过可视表达增强人们处理数据的效率。数据可视化的发展历程可以说是人类对数据呈现方式不断探索和创新的过程。从古代手工绘图时代开始，人们就意识到通过图表和图形来呈现数据能够更直观地传达信息。随着时间的推移，技术的进步和社会需求的变化推动了数据可视化的不断演进。

在手工绘图时代，人们使用简单的图表和图形来记录和传达信息。我们可能永远都无法知道世界上第一个数据可视化的作品是什么样子，它早就在沧海桑田中不知所踪。地图最初用于导航，例如，古代的地图、星座图和统计图表都是通过手工绘制的。这些作品虽然简单，但却为后来的数据可视化打下了基础。随着印刷技术的发展，图表和图形的制作变得更加容易。图 1-24 所示为出土于甘肃天水放马滩战国晚期秦墓一号墓中的《放马滩地图》。1986 年，考古学家在甘肃天水放马滩发现了墓群，其中一号墓中出土了绘在四块松木板上的七幅地图。《放马滩地图》是现代考古发现的我国最早的地图实物。

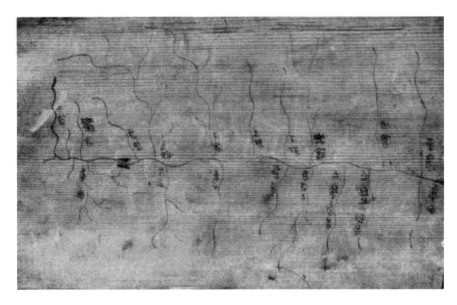

图 1-24　放马滩地图

（图片来源：https://www.sohu.com/a/435976627_114819）

公元前 366—公元前 335 年，第一张城市路线图（见图 1-25）展示了整个罗马世界，这是从维也纳到意大利，再到迦太基的地图，该图被涂在羊皮纸上，并且以 16 世纪德国收藏家的名字命名为 *Peutinger*。

公元 150 年左右，克劳迪乌斯·托勒密（Claudius Ptolemy）绘制的球形地球的地图（见图 1-26），是第一张通过天体观测来确定陆地位置的地图，同时还第一次采用了经纬线。托勒密详细揭示了如何采用两种方法将球体的地球绘制到平面上，探讨了地图投影和比例尺的问题，明确了地图应该"上北下南"，并且以扇形的方式将球形地图展开。直到今天，这些理论仍然是地形图和世界地图绘制的标杆。

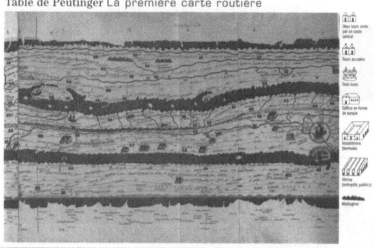

图 1-25　*Peutinger*
（图片来源：https://www.sohu.com/a/435976627_114819）

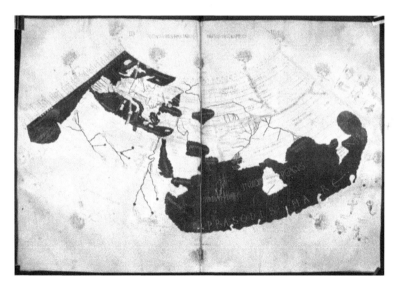

图 1-26　球形世界地图
（图片来源：https://www.sohu.com/a/435976627_114819）

　　17 世纪科学理论上有了巨大的新发展，包括解析几何的兴起、测量误差理论和概率论的诞生以及人口统计学的诞生。到 17 世纪末，数据可视化方法必不可少的要素已经具备了，一些具有重大意义的真实数据、有意义的理论及视觉表现方法出现，人类开始了可视化思考的新模式。1626 年克里斯托弗·施纳（Christopher Scheiner）画出来表达太阳黑子随时间变化的图，如图 1-27 所示。该图在一个视图上同时展示多个小图序列，是邮票图表法的雏形。

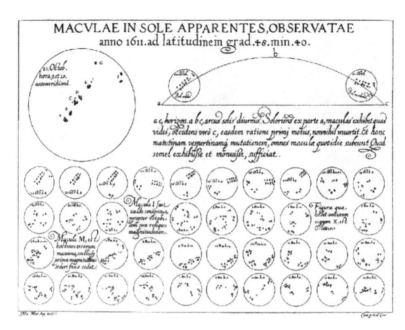

图 1-27　随时间变化的太阳黑子图
（图片来源：https://www.sohu.com/a/435976627_114819）

18 世纪，随着社会和科技的进步，数据的价值开始被人们所重视，人们不满足只在地图上展示几何图形，于是抽象图形和函数图形的功能被大大扩展，许多崭新的数据可视化形式在这个世纪诞生了。1769 年约瑟夫·普里斯特利（Joseph Priestley）绘制了通常被认为是 18 世纪最具影响力的时间表《新图》（见图 1-28），显示了帝国的兴衰。水平方向传达了成名、影响力、权力和统治力的持续时间的概念。垂直方向传达思想、事件和人的同时性印象，空隙表示知识分子的黑暗时代。这一幅作品直接促进了柱状图的诞生。

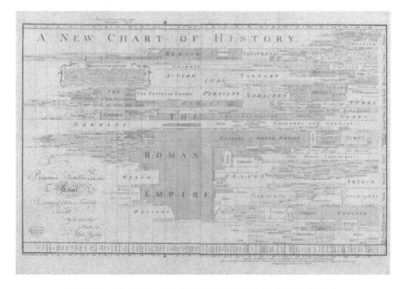

图 1-28　约瑟夫·普里斯特利所绘制的时间表《新图》
（图片来源：https://www.sohu.com/a/435976627_114819）

18 世纪是统计图形学繁荣的时期，其奠基人威廉·普莱费尔（William Playfair）发明了折线图、柱状图、饼图、环形图。他设计的图表构成了当今数据可视化的核心要素。图 1-29 显示了普莱费尔在 1781 年所绘制的苏格兰与欧洲等地区的进出口贸易图表。通过这种方式显示数据，很容易发现苏格兰与爱尔兰的紧密经济联系以及与俄罗斯的贸易不平衡。这些图表被巧妙地刻在金属印板上，可以在将纸张压向凹槽之前，通过将墨水散布到凹槽中进行复制。

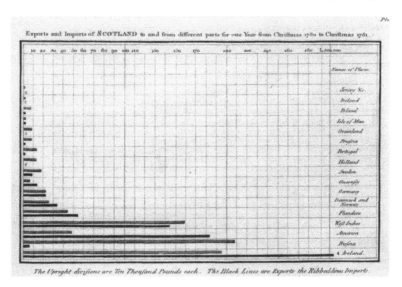

图 1-29　苏格兰与欧洲等地区的贸易平衡图
（图片来源：https://www.sohu.com/a/435976627_114819）

27

在 19 世纪初期，随着工艺设计的不断完善，现代数据图形迎来了长足发展。统计图形和专题制图成为研究和呈现数据的主要方式，其中包括了柱状图、饼图、直方图、折线图、时间线、轮廓线等多种形式。在这一时期，专题制图学得到了广泛发展，制图不再局限于单一地图的绘制，而是演化为全面的地图集，用以描绘涉及各种主题（如经济、社会、道德、医学、身体等）的数据。这种全面的制图方式为人们提供了更加丰富和多样的数据呈现方式，同时也催生了可视化思考的新方式。因此，19 世纪初期可谓是现代数据图形发展的关键时期，为后来数据可视化领域的发展奠定了坚实的基础。

1844 年，米纳德（Minard）绘制了一幅名为 *Tableau Graphique* 的图形（见图 1-30），显示了运输货物和人员的不同成本。在这幅图中，米纳德创新地使用了分块的条形图，条形块图的宽度对应路程，高度对应旅客或货物种类的比例。这幅图是当时马赛克图（Mosaic Plot）的先驱。

19 世纪 00 年代中后期是数据图形的黄金时代，可视化快速发展的所有条件已经建立。由于数字信息对社会计划、工业化、商业和运输的重要性日益提高，欧洲各地开始建立官方的国家统计局。高斯（Gauss）和拉普拉斯（Laplace）提出的统计理论给出了更多种数据的意义，数据可视化迎来了它历史上的第一个黄金时代。其中，一个著名的例子就是在 1854 年，约翰·斯诺（John Snow）使用散点在地图上标注了伦敦的霍乱发病案例，如图 1-31 所示。通过该图，可以判断出宽街（Broad Street）的水井污染是疫情暴发的根源。这是个非常经典的用数据可视化解决实际问题的案例。

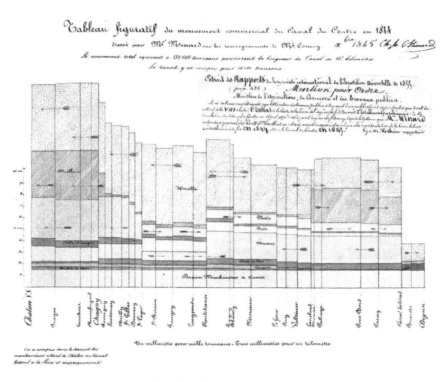

图 1-30　*Tableau Graphique*

（图片来源：https://www.sohu.com/a/435976627_114819）

28

图 1-31　用散点标记伦敦的霍乱发病案例

（图片来源：https://www.datavis.ca/gallery/historical.php）

　　1869 年，米纳德发布的 1812 年拿破仑对俄罗斯的东征事件的流图（见图 1-32），在当时被誉为有史以来最好的数据可视化。他的流图清晰地呈现了拿破仑军队的位置和行军方向，军队汇集、分散和重聚的时间、地点，减员等信息。

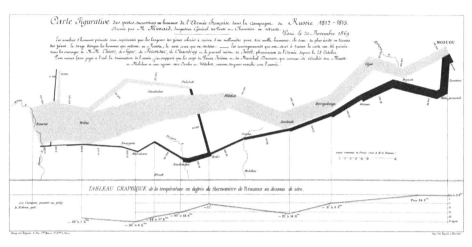

图 1-32 1812 年拿破仑对俄罗斯的东征事件流图
（图片来源：https://m.thepaper.cn/baijiahao_18420941）

20 世纪初，人们已经将表格和统计图等原始的数据可视化技术应用到公共服务、科学数据分析中，期间也有不少标志性作品诞生。图 1-33 所示为 20 世纪初伦敦的地铁线路图，直到现在，世界各地仍沿用这种绘制方式来表示地铁线路。

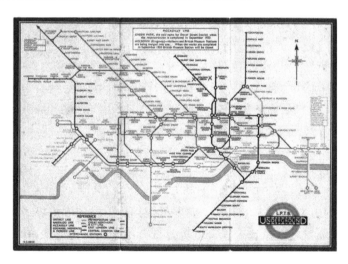

图 1-33 20 世纪初伦敦的地铁线路图
（图片来源：https://www.sohu.com/a/228167079_100110389）

1950 至 1974 年迎来了数据可视化的重生，引领这次浪潮的，首先是一个划时代的事件——现代电子计算机的诞生。电子计算机的出现彻底地改变了数据分析工作。到 20 世纪 60 年代晚期，大型计算机已广泛分布于西方的大学和研究机构，使用计算机程序绘制数据可视化图形逐渐取代手绘图形。另一个关乎数据可视化的历史事件是统计应用的发展，数理统计把数据可视化变成了科学，第二次世界大战和随后的工业和科学发展对数据处理的迫切需求，促进这门科学被运用到各行各业。在应用当中，图形表达占据了重要的地位，与参数估计假设检验相比，明快直观的图形形式更容易被人接受。

　　1971 年鲁本·加布里埃尔（Ruben Gabriel）绘制的双标图（见图 1-34）是一种在单个显示器中可视化多变量数据集中的观测值和变量的方法。观测值通常由点表示，变量由向量表示，这使得点沿向量的位置代表数据值。

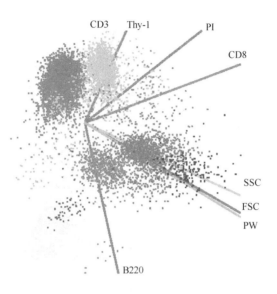

图 1-34　血液数据的双标图
（图片来源：https://m.thepaper.cn/baijiahao_18420941）

30　　从 1975 开始多维数据可视化逐渐受到重视，各种计算机系统、计算机图形学、图形显示设备、人机交互技术的发展激发了人们的可视化热情。数据密集型计算走上了舞台，也造就了对数据分析和呈现的更高需求。马赛克图作为表达多维类别行数据的可视化方法被发明，随后商业图形用户界面的出现极大地简化了图形生成和编辑的过程，彩色信息图形开始在报纸上普及，平行坐标图则用于展示高维数据。

　　20 世纪末，交互式可视化开始兴起，强调用户与数据的实时互动。科学可视化作为一个新领域被正式命名和定义，它涵盖了多个相关领域。视窗系统的出现使得信息交互更为直接。随后，一系列数据分析和可视化的交互式系统被开发并公开发行。地图可视化工具包和桌面表格技术的出现，进一步丰富了数据可视化的手段和应用场景。

　　进入 21 世纪，随着计算机相关硬件升级，现有可视化已难以应对海量、高维、多源的动态数据分析的挑战，需要综合可视化、图形学、数据挖掘理论与方法，研究新的理论模型，辅助用户从大尺度、复杂、矛盾的数据中快速挖掘出有用的信息，做出有效决策。这门新兴学科称为可视分析学。

　　数据分析的任务通常是分类、聚类、回归、关联关系等。可视化分析降低了数据理解的难度，突破了常规统计分析的局限性。值得注意的是，可视化分析的基础理论与方法仍在形成、探索。图 1-35 所示为典型的可视化分析系统，该系统基于大型开放在线课程（MOOC，也称慕课）数据进行交互式可视化挖掘分析。数据集不仅包含学习者的个人资料和学习成效，还包括每位学习者学习过程数据，例如在完成作业之前观看视频的情况。该系统通过对 MOOC 数据进行深入挖掘分析，并可视化不同学习者群体的学习顺序，更好地理解学习行为背后的原因。该系统支持用户从多个粒度级别探索学习行为。

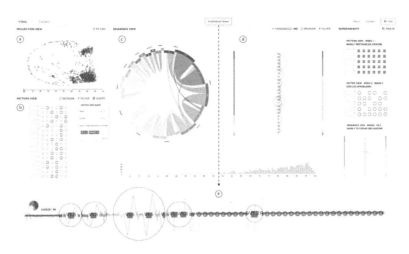

图 1-35　典型的可视化分析系统 ViSeq

　　数据可视化利用图形学理论和数据挖掘等手段，通过有效的数据清洗和特征提取，结合相关领域建模方法，使数据能够以可视化方式呈现，从而传达内涵信息。其发展历程从古代手工绘图时代开始，经历了地图制作、统计图形学繁荣时期，到现代计算机技术的革新，以及交互式可视化的兴起。数据可视化的发展趋势是数据可视化将更加广泛地融入人们的生活，数据处理能力和交互式可视化将成为关注重点。然而，并非所有数据都适合可视化，对多维数据集的整合和梳理也是发展方向之一。如今，随着数据规模的增大和复杂性的增加，可视分析学作为新兴学科，旨在综合可视化、图形学和数据挖掘，帮助用户从大规模、复杂、多源数据中快速挖掘有用信息，做出有效决策。

　　未来，数据可视化将继续发展，并趋于成熟。随着数据处理能力的提升和交互式可视化技术的发展，人们可以更有效地处理和解释数据，从而发现此前不为人知的内涵信息。此外，对多维、凌乱的数据集进行前期梳理和整合也将成为数据可视化技术的一个重要发展方向。数据可视化在推动社会进步和商业价值方面具有重大意义。

31

📖 本章小结

　　本章首先对数据可视化进行了概念性的总体介绍，包括数据的概念、数据的特性、数据可视化的分类、数据可视化与其他学科和领域的关系等一系列内容，从而引申出数据可视化的意义以及发展趋势。通过对本章内容的学习，读者能够对数据可视化的定义及内容有一定的认知，并初步奠定数据可视化学习的基础。

📖 习题

一、选择题

1. 数据的两大特性为（　　　）。

A. 多样性和可解释性　　　　B. 可变性与多重性　　　　C. 不确定性与多重性

2. 根据展现的目的和方式，数据可视化主要可以分为（　　　）等类型。

A. 描述性可视化、探索性可视化、解释性可视化、交互式可视化

B. 图表型可视化、动画型可视化、虚拟现实可视化、分析型可视化

C. 静态可视化、动态可视化、实时可视化、离线可视化

3. 在可视化数据分析中，交互设计的主要作用是（　　　）。

A. 提供复杂的数据处理算法

B. 增强用户与数据之间的互动性，提升数据探索的灵活性

C. 提高数据存储效率

二、填空题

1. 数据是以离散形式存在的事实或统计信息，用于_____、_____或_____。

2. 可视化是一种通过_____、_____、_____等手段来呈现数据和信息的方法。它是一种直观、易于理解的方法，可以帮助人们更好地理解复杂的数据和信息，发现其中的规律和趋势。

3. _____、_____和_____三个学科方向通常被看作数据可视化的三个主要分支。

三、简答题

1. 数据由数据对象和属性两个部分组成，请简要回答什么是数据对象和属性。

2. 数据可视化与哪些学科和领域关系密切？数据可视化与它们分别是什么关系？

3. 数据可视化的意义是什么？

4. 在信息技术支持下，数据可视化的发展有哪些关键因素？

第2章 数据处理可视化

导读

　　本章从数据处理流程入手，全面介绍数据获取、数据预处理（包括数据清洗、数据集成、数据变换、数据归约）、数据存储与管理、数据挖掘与数据分析几个步骤。数据处理的基本目的是从大量的、杂乱无章的、难以理解的数据中抽取并推导出对于某些特定的人群来说有价值、有意义的数据。数据处理是系统工程和自动控制的基本环节，贯穿于社会生产和生活的各个领域。数据处理技术的发展及其应用的广度和深度会极大地影响人类社会发展的进程，而可视化可以在数据处理的所有环节发挥重要的作用。本章在详细介绍数据处理流程的同时，通过丰富的实例展示了可视化在其中不可或缺的作用。

本章知识点

- 数据处理流程
- 可视化在数据处理中的作用

2.1 数据处理流程

　　数据处理的目的在于对庞大的原始数据进行提炼和转化，转化成结构化、有意义、可直接操作的数据。这一过程包括数据获取、数据预处理、数据存储与管理以及数据挖掘与分析等，数据预处理则涉及数据的清洗、集成、变换、归约等多项技术。数据可视化贯穿于整个数据处理流程中，如图 2-1 所示。

　　（1）数据获取　数据获取是数据处理的第一步。通过前端埋点、接口调用、数据库抓取、客户自己上传数据等方式获取数据，并把这些维度信息保存起来。这涉及从各个来源收集原始数据。在开始获取数据之前，首先要明确需要什么样的数据。这包括确定数据的目的、类型、格式、规模、来源等。例如，一个市场研究项目可能需要消费者行为、产品销售、竞争对手信息等数据。同时，数据可以有多种来源，包括但不限于公开的数据集、企业内部数据库、在线调查、传感器采集、社交媒体 API（应用程序接口）等。选择正确的来源对于获取准确和相关的数据至关重要。这是因为数据源会影响数据质量，包括真实性、完整性、一致性、准确性和安全性。例如，对于 Web 数据，多采用网络爬虫方式获取，而大部分网站对数据访问进行了一定的限制，因此需要对爬虫软件进行时间设置，以保障所收集数据的时效性。

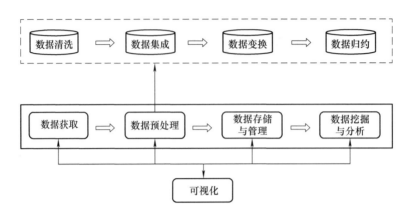

图 2-1　数据处理流程

（2）数据预处理　数据预处理主要包括数据清洗、数据集成、数据变换、数据归约等过程，是一个多步骤的过程，旨在提高数据质量，减少分析中的偏差和错误。通过数据清洗、转换、集成、简化和规范化，原始数据被转换为更适合分析的形式。这个过程可能需要根据具体的数据集和分析任务进行定制，但其核心目标始终是在确保数据质量的同时，为之后的数据特征提取和分析提供坚实的基础。正确和充分的数据预处理是确保分析结果和建模准确性的关键。数据预处理的第一步是数据清洗，目的是识别和纠正数据中的错误，涉及对数据的不一致检测、对噪声数据的识别以及数据过滤与修正等方面；数据集成是将来自多个源头的数据进行集成合并，形成集中、统一的数据库、数据立方体等，重点解决数据冗余、冲突检测的问题，确保最终数据的一致性和准确性；数据变换是指对具有不同格式或数据标准的原始数据进行转换，包括使用基于规则或元数据的转换、基于模型与学习的转换等技术，实现数据的统一；数据归约旨在通过对原始数据集进行处理和转换，减少数据的复杂性和存储量，在不损失分析结果准确性的前提下降低数据集的规模，使之简化，包括维归约、数据抽样等技术。

总而言之，数据预处理是一个多步骤的过程，旨在提高数据质量，减少分析中的偏差和错误。通过数据清洗、转换、集成、归约，使原始数据被转换为更适合分析的形式，有利于提高大数据的一致性、准确性、真实性、可用性、完整性、安全性和价值性。这个过程可能需要根据具体的数据集和分析任务进行定制，但其核心目标始终是在确保数据质量的同时，为之后的数据分析和模型开发提供坚实的基础。正确和充分的数据预处理是确保分析结果和模型预测准确性的关键。

（3）数据存储与管理　数据存储与管理是现代信息技术领域中至关重要的组成部分，涵盖了对数据进行有效组织、存储、检索和保护的全过程。在数字化时代，各类组织和企业积累了大量且多样化的数据，包括但不限于文本、图像、音频和视频。数据管理的目标是通过合理的结构和存储方案，提高数据的可访问性、可维护性和安全性。数据存储技术也在不断发展，从传统的关系数据库到非关系数据库、知识图谱，各种技术方案为不同规模和性质的数据提供了灵活高效的存储方式。

（4）数据挖掘与分析　数据挖掘与分析是数据处理流程的核心步骤。通过前面数据获取、预处理、存储与管理等环节，已经从海量异构的数据源中获得了用于分析的原始数据。用户可以根据自己的需求对这些数据进行分析处理，如数据挖掘和机器学习等。数据分析可以用于决策支持、商业智能、推荐系统、预测系统等，能够使人们掌握数据中的潜在信息。

数据挖掘与分析技术主要包括聚类与分类、关联分析、深度学习等。可挖掘数据集中数据之间的关联性，形成对事物的描述模式或属性规则；可通过构建深度学习模型，结合海量训练数据，提升数据分析与预测的准确性。数据分析决定了数据集的价值性和可用性，以及分析和预测结果的准确性。在进行数据挖掘与分析时，应根据应用情景与决策需求，选择合适的技术，提高数据分析结果的可用性、价值性和准确性。

（5）数据可视化　数据可视化是数据处理流程中的重要环节，既可以用于展示最终的分析结果，也可以贯穿整个数据处理流程的每个步骤。数据可视化通过将数据转化为图形和图像，帮助用户更直观地理解数据的特征和趋势。在数据获取阶段，可视化可以帮助确定数据的分布和缺失情况；在数据预处理阶段，可视化可以用于检测和修正数据中的异常值和错误；在数据存储与管理阶段，可视化可以用于展示数据的结构和存储状态；在数据挖掘与分析阶段，可视化可以帮助理解数据模型的表现和结果。通过数据可视化，用户可以更高效地发现数据中的规律和模式，提高数据分析的准确性和决策支持的有效性。

2.2　数据获取可视化

对于数据获取，首先要明确项目的数据需求。这包括数据类型（如结构化数据、半结构化数据或非结构化数据）、数据规模以及所需的数据质量和详细程度。理解业务需求和分析目标将指导数据获取的方向，以便寻找合适的数据源，并选配相应的数据获取技术和数据存储方式，构建完整的原始数据集。

常见的数据源主要包括以下几种：

1）数据库系统：如 MySQL、PostgreSQL、MongoDB 等。

2）网络爬虫：用于从网页抓取大量的公开数据。

3）API：如社交媒体、天气服务等提供的 API。

4）传感器数据：物联网设备生成的实时数据。

5）文件系统：如 CSV、Excel、JSON 等格式的文件。

6）内部系统：公司 CRM（客户关系管理）、ERP（企业资源计划）等内部系统中的数据。

数据获取技术主要有以下几种：

1）人工采集：人工手动收集数据。这种方式适用于一些无法自动化获取的数据，例如实地调查、问卷调查等。

2）文件读取：读取各种文件格式的数据，例如文本文件、CSV 文件、Excel 文件等。

3）数据库查询：通过查询数据库来获取数据。使用 SQL（结构查询语言）可以从关系数据库（如 MySQL、Oracle 等）中检索和提取数据。

4）爬虫技术：通过编写程序进行网页抓取，从网页中提取所需数据。常用的爬虫框架包括 Scrapy 和 Beautiful Soup。

5）API：许多网站和应用程序提供 API，通过调用 API 可以获取特定的数据，例如天气数据、地理位置数据等。

6）日志收集：通过收集系统日志、服务器日志等来获取数据。一些日志收集工具如 ELK（Elasticsearch、Logstash、Kibana）和 Splunk 等可以帮助处理和分析大量的日志数据。

7）传感器技术：通过传感器获取实时数据，例如温度传感器、湿度传感器、全球定位系统（GPS）传感器等。

大数据和人工智能蓬勃发展，尤其是 ChatGPT 的横空出世，使得数据已经成为人们关注的焦点。国内大数据行业面临诸多挑战，最迫切的任务之一便是打破数据孤岛的束缚。众所周知，大数据时代的繁荣愿景是建立在数据开放共享的基石上的。若不能从根本上解决数据的开放性问题，大数据应用的广泛实现和验证将成为空中楼阁。当前，数据获取、共享与交易中还存在不少规范尚待完善的地方，许多实践仍在不断探索与尝试中。

对于数据获取的过程，可以利用可视化手段增强其透明度和质量监控。例如，通过图形或流程图的形式，直观地展示数据源的位置及采集处理过程，使整个流程变得清晰可见，用户可以确切得知数据的来源以及经过了哪些处理步骤。同时，可以利用图表将数据质量评估的关键指标（如数据完整性、准确性和一致性等）清晰地呈现在用户面前，从而使用户一眼就能够洞察数据的可靠性。离群值和异常数据则通过散点图、箱线图或热力图等图表展现出来，有效帮助用户迅速定位数据中的异常情况，为问题的调查和纠错提供依据。此外，还可以运用直方图、折线图和面积图等图形工具，揭示数据的分布特性和动态趋势，使用户能够全面把握数据的宏观特征和变化规律，从而更好地评估数据获取的成效和质量。

36　更进一步，可视化技术还可以应用于数据获取的进度和效率监控，通过进度条、计时器和仪表盘等方式实时呈现数据获取的状态和效率，使用户对整个过程有更直观的掌握，从而提升数据获取过程的控制力和效率。借助这些高效的可视化工具，不仅能使数据获取过程和质量更加透明、易于理解和控制，还可以助力用户深入洞察数据、准确评估质量，并据此做出明智决策和不断改进。图 2-2 所示实例展示了 Dtale 针对交通流量数据的获取及

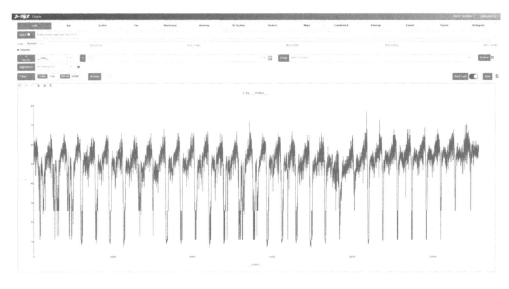

图 2-2　数据获取可视化实例

可视化情况。Dtale 是一款用于数据分析及可视化的 Pandas 的 GUI（Graphical User Inter-face，图形用户界面）工具，它提供了一个交互式的 Web 界面，能够在浏览器中展示数据集的详细信息、统计摘要、图表和可视化结果。其设计目标是简化数据探索过程，让用户能够快速了解数据的特征、分布和关系。

2.3　数据预处理可视化

在海量的原始数据集中，往往存在大量不完整、不一致、有异常值的数据，严重影响了后续数据建模和分析的效果。所以在进行正式的数据特征提取和建模之前，一定要对原始数据进行数据预处理。如前文所述，数据预处理是数据分析中至关重要的环节，使数据更适合进行分析和建模，主要包括数据清洗、数据集成、数据变换、数据归约等步骤。数据预处理既可以有效提高数据本身的质量，也可以让数据更好地适应特定的数据分析和建模方法或工具。统计结果发现，在数据分析和建模过程中，数据预处理工作量通常占整体的 60% 以上。

在数据预处理阶段，可视化工具可以为用户提供直观、高效的方式来理解、探索数据的特性和质量。通过可视化，用户能够迅速识别数据中的模式、异常、缺失和结构问题，进而做出更明智的预处理方案。具体地，可视化工具可以帮助用户直观地评估数据的完整性、一致性和准确性。例如，通过箱线图可以轻松识别出异常值，通过热力图可以快速发现数据集中的缺失值模式，这有助于在数据清洗阶段制定更有针对性的方案。此外，可视化工具可以使这些数据预处理步骤更加透明和可解释，帮助用户理解每个操作对数据集的影响，从而优化预处理流程，确保数据的准备工作既高效又准确。一般数据预处理主要任务如图 2-3 所示。

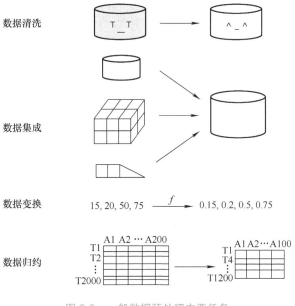

图 2-3　一般数据预处理主要任务

2.3.1 数据清洗可视化

一份庞大的原始数据集中难免会出现无效值、重复值、缺失值、异常值等情况，数据清洗主要就是处理这些不符合要求的数据，此外还有完成数据一致性检查等操作。

1. 处理缺失值

缺失数据在实际的数据集中是很常见的，可能是由于信息暂时无法获取、信息被遗漏等。因此，处理缺失值是数据预处理中的一个重要步骤，它对于提高数据分析的质量和准确性至关重要。

处理缺失值的方法可分为三类：数据插补、删除数据和不处理。常用的数据插补方法见表 2-1。

表 2-1 常用的数据插补方法

数据插补方法	方法描述
平均数 / 中位数 / 众数插补	根据属性值的类型，用该类型属性取值的平均数 / 中位数 / 众数进行插补
固定值插补	将缺失的属性值用一个常量插补。例如，北京一个工厂普通外来务工人员的"基本工资"属性的缺失值可以用 2024 年北京市普通外来务工人员工资标准 2420 元 / 月进行插补
最近邻插补	在记录中找到与缺失样本最接近的样本的该属性值，用该属性值进行插补
回归方法插补	对带有缺失值的变量，根据已有数据和与其有关的其他变量（因变量）的数据建立拟合模型来预测缺失的属性值
插值法插补	利用已知点建立合适的插值函数 $f(x)$，未知值由对应点 x_i 求出的函数值 $f(x_i)$ 近似代替

插补方法中具有代表性的是拉格朗日插值法和牛顿插值法，其他插值法还有埃尔米特插值法、分段插值法、样条插值法等。拉格朗日插值法以其公式结构的紧凑性，为理论分析提供了便利。然而，它的一个显著缺陷在于每当插值节点发生增减变动时，相应的插值多项式便需要重新计算，这在实际应用中无疑带来了不便。为了克服这一缺陷，牛顿插值法应运而生。牛顿插值法同样属于多项式插值的范畴，但在构造插值多项式的方法上呈现出不同的特点。相比拉格朗日插值法，牛顿插值法展现了出色的承袭性，且更便于处理节点的变动。从本质上看，无论是拉格朗日插值法还是牛顿插值法，它们所生成的结果都是一致的——都指向了具有相同次数和系数的多项式，只是表现形式有所差异。

此外，在缺失值样本较少的情况下可以使用删除法来清除，但是若有过多的缺失值就不适合使用删除法，因为它是以减少历史数据来换取数据完整性的，这将造成大量的资源浪费，并会丢弃隐藏在这些数据中的大量信息。特别是在数据集原来包含的记录很少的情况下，删除少量记录就可能会严重影响分析结果的客观性和正确性。有些模型可以将缺失值视为特殊值，从而允许直接对包含缺失值的数据建模。

总体而言，现实系统中数据缺失是普遍现象，相应的处理方式也越来越受到关注，这是因为一个数据集的正确性和一致性对结果的影响是很大的。目前，已经出现了面向不完整数据集的数据挖掘模型，这类模型的特点是直接使用带有缺失数据、噪声数据的数据集建模。

2. 处理异常值

异常值即在数据集中的不合理的值，又被称作离群点。例如一个人的年龄是 –15 或者一个苹果的重量为 100kg，这种类似的值都隶属于异常值。异常值并不比缺失值的辨别度高，因此在庞大的数据集中是不可能完全利用人工判断去除所有异常值的，需要利用高效率的自动判别方法比如统计分析、正态分布分析等方法，分析哪些是异常值。

对于异常值的清除，常用的方法有四种：删除数据、视为缺失值、用平均值修正、不处理。实践中异常值的清除需要视具体情况而定，有些异常值可能蕴含有用的信息，贸然清除可能会对数据集产生消极的影响。常用的处理异常值方法见表 2-2。

表 2-2　常用的处理异常值方法

处理异常值的方法	方法描述
删除含有异常值的记录	直接将含有异常值的记录删除
视为缺失值	将异常值视为缺失值，利用处理缺失值的方法处理
用平均值修正	用前后两个观测值的平均值修正该异常值
不处理	直接在含有异常值的数据集上进行挖掘建模

在面对含有异常值的数据记录时，最直接的处理方式便是将其删除。这种方法的确简单便捷，然而弊端也难以忽视。当原始数据量较少时，这种方法可能会导致样本量缩减至无法满足实际应用需求，进而扭曲原有变量的分布规律，导致后续分析结果偏离真实情况。

相较之下，将异常值视为缺失值来处理的方法则兼顾了实用性和精确度。通过这种方法，可以充分利用现有变量的丰富信息，对缺失值进行较精确的修补，从而在一定程度上避免数据分析过程中的信息损失。

然而，在实际操作中，更为严谨的做法是：首先深入分析异常值产生的原因，再依据这些分析结果来判定哪些异常值应当被保留，哪些应当被剔除。特别地，如果某一异常值实为正确数据，那么在含有该异常值的数据集上进行挖掘和建模，可能会揭示出更加丰富和深刻的信息。在众多监测系统中，异常值往往是用户高度关注的对象，其频繁出现常常提示用户必须采取应对策略，以确保系统的稳定性和可靠性。因此，识别并妥善处理异常值，对于提升数据分析的质量和效率具有重要意义。

3. 数据清洗流程

数据清洗流程如图 2-4 所示。

1）数据分析。数据分析是数据清洗的必要前提。一般会通过相应的统计方法分析数据特点，通过对数据的分析，大致确定数据的问题，为下一步定义清洗规则打好基础。

2）定义清洗规则。通过数据分析，将此类数据的各种问题加以汇总，具体问题具体解决，根据不同的错误类型定义不同的清洗规则。清洗规则主要涉及非法值、空值、不一致数据、相似重复记录的检测和处理。

3）验证清洗结果。通过定义清洗规则，抽取少量的数据样本进行测试，通过测试的结果查看未能解决的问题数据，根据未能解决的问题数据进一步修改清洗程序或者重新定义清洗规则。数据清洗的过程是一个循环的过程，要通过多次分析、验证，直至最大限度地符合清洗水平和质量要求。

4）清洗数据中的错误。选定清洗方法，编写清洗程序。一般来说，清洗规则存在先后顺序，通常为检查数据的拼写错误、剔除重复的数据、补全缺失或者不完整的数据、解决不一致的数据。

5）干净数据回流。完成数据清洗之后，用干净的数据替换脏的数据，避免重复抽取已经过处理的数据。

4. 可视化实例

图 2-5 展示了一个数据清洗可视化的实例。图 2-5a 中蓝色点表示正常样本点，绿色点表示异常样本点。通过数据清洗舍去异常样本点后，即可形成图 2-5b 中仅有的正常样本点。在两种情况下，线性拟合的直线（图中红线）明显不同。左图中拟合直线明显偏离了正常样本群，将严重影响后续对样本的分析判断，而右图中拟合直线则完全在正常样本群。该实例通过可视化技术直观地展示异常点对数据分析的影响，验证了异常数据清洗工作是保障后续任务高效实施的重要前置步骤。

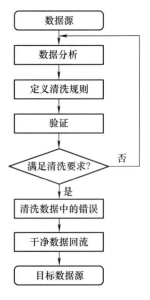

图 2-4　数据清洗流程

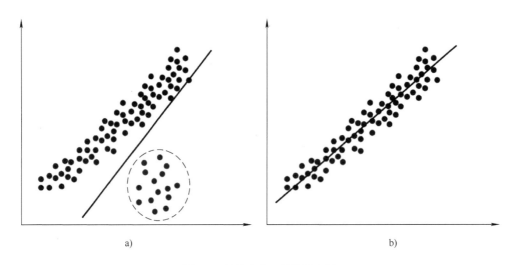

图 2-5　数据清洗可视化的实例

2.3.2　数据集成可视化

原始数据集往往是从多个不同的数据源收集而成的。数据集成是指将分散在多个异构数据源中的相关联信息，整合并存储于统一的数据存储库（例如数据仓库）中的过程。这一过程旨在实现数据透明访问，即用户无须探究底层异构数据源的整合细节，专注于数据的访问和使用方式。通过有效地减少结果数据集的冗余和不一致，数据集成不仅提升了用户对数据的访问体验，而且为后续的数据分析与挖掘工作奠定了坚实基础，显著提高了这些过程中的准确性和处理效率。这样的集成策略对于最大化数据价值、优化决策制定具有至关重要的意义。

数据集成过程中，存在三个难点：异构性、分布性、自治性。异构性是指被集成的数据源通常是独立开发的，数据模型异构给集成带来很大的困难。异构性主要体现为数据语义、相同语义数据的表达形式、数据源的使用环境等方面的异构。分布性是指数据源是异地分布的，依赖网络传输数据，这就存在网络传输的性能和安全等问题。自治性是指各个数据源可以在不通知集成系统的前提下改变自身的结构和数据，给数据集成系统的鲁棒性提出挑战。下面提出了一些具体问题以及解决方法。

1. 实体识别问题

来自多个信息源的现实世界的等价实体如何才能进行"匹配"，涉及实体识别问题。例如，数据分析或计算机如何才能确信一个数据库中的 customer_id 和另一个数据库中的 cust_number 指的是同一实体。每个属性的元数据包括名字、含义、数据类型和属性的允许取值范围，以及处理空白、零或 NULL 值的空值规则。通常，数据库和数据仓库有元数据（关于数据的数据）。这种元数据可以帮助避免模式集成的错误。元数据还可以用来帮助变换数据。

实体识别是指从不同的数据源中识别出现实世界的实体，它的任务是统一不同源数据的矛盾之处，常见形式如下。

（1）同名异义　数据源 A 中的属性 ID 和数据源 B 中的属性 ID 分别描述菜品编号、订单编号，即描述不同的实体。

（2）异名同义　数据源 A 中的 sales_dt 和数据源 B 中的 sales_date 描述的都是销售日期，应该将 A.sales_dt = B.sales_date。

（3）单位不统一　描述同一个实体分别用国际单位和中国传统的计量单位。

检测和解决上述冲突就是实体识别的任务。

2. 冗余和相关分析

冗余是数据集成的另一个重要问题。若一个属性能由另一个或另一组属性"导出"，则这个属性可能是冗余的。属性命名的不一致也可能导致数据集中的冗余。仔细整合不同源数据，能减少甚至避免数据冗余与不一致，从而提高数据挖掘的效率和质量。要先分析冗余属性，检测到其存在后再将其删除。有些冗余属性可以用相关分析检测。相关分析可以度量一个属性能在多大程度上蕴含另一个。对于给定的两个属性：对标称数据（互斥，无序但是有类别），可以使用卡方检验；对数值属性，可以使用相关系数和协方差。它们都能评估一个属性的值如何随另一个变化。

3. 可视化实例

如前文所述，随着技术的发展，数据来源越来越丰富，形成了多源异构大数据集，而数据之间蕴含了丰富、复杂的关联关系。多源数据的融合集成也成为目前数据挖掘分析的研究热点。数据集成可视化实例如图 2-6 所示，本实例展示了由斯坦福大学开发的一个针对异构数据的可视化系统，该系统使用了一种与数据源无关的数据可视化描述方法，能够在给定的可视化视图上自动展示适合于视图的数据。该系统基于（RDF）资源描述框架，将分布在不同数据源的数据进行关联并展示在一张图中，对数据进行了有效的集成管理，支持各种交互式可视化（如表格、地图、散点图等）。

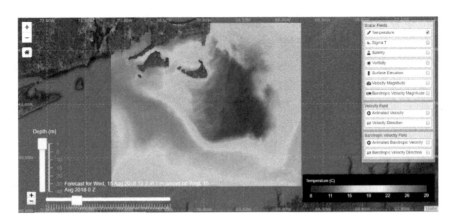

图 2-6　数据集成可视化实例

（图片来源：http://graphics.stanford.edu/papers/vishetero/）

2.3.3　数据变换可视化

数据变换是在数据处理和分析过程中的一项常见操作，目的是对原始数据进行形式或内容的调整，以满足特定的分析需求或提高数据的可处理性、可理解性。这种变换包括一系列技术，涉及对原始数据的数学运算或逻辑转换，如简单函数变换、规范化、连续属性离散化、属性构造、小波变换等。

1. 简单函数变换

简单函数变换是一种对原始数据进行数学函数操作的方法，常见的操作包括平方、开方、取对数、差分运算等。这些变换可以用于将非正态分布的数据转换为正态分布的数据。在时间序列分析中，可以通过应用对数变换或差分运算来将非平稳序列转化为平稳序列。在数据挖掘中，简单函数变换也是非常有用的。举个例子，假设个人年收入的取值范围是1万到10亿元，这是一个非常大的区间，使用对数变换可以对收入进行压缩，使其更加适合数据挖掘分析。

2. 规范化

数据规范化（归一化）处理是数据挖掘中的一项基础工作。由于不同评价指标往往具有不同的量纲，数值之间的差异可能非常大。如果不对其进行处理，这些差异就可能会影响数据分析的结果。为了消除指标之间量纲和取值范围差异的影响，需要进行数据规范化处理，即按照比例进行缩放，使数据落入一个特定的区域，从而便于进行综合分析。举例来说，可以将工资收入属性值映射到 [0,1] 或者 [−1,1] 的范围上。数据规范化处理对于基于距离的挖掘算法尤为重要。这样的处理可以确保各个指标在参与距离计算时能够拥有相近的权重，从而提高了数据分析的准确性。

（1）最小－最大规范化　最小－最大规范化也称为离差标准化，是对原始数据的线性变换，将数值映射到 [0,1] 上。

（2）零－均值规范化　零－均值规范化也称为标准差标准化，经过处理后数据的均值为 0，标准差为 1，这也是当前用得最多的数据规范化方法之一。

（3）小数定标规范化　通过移动属性值的小数位数，将属性值映射到 [-1, 1] 上，移动的小数位数取决于属性值绝对值的最大值。

3. 连续属性离散化

离散化是将连续属性转换为分类属性的过程，即连续属性离散化，常用于某些数据挖掘算法中对数据进行预处理。

（1）离散化的过程　连续属性离散化就是在数据的取值范围内设定若干个离散的划分点，先将取值范围划分为一些离散化的区间，然后用不同的符号或整数值代表落在每个区间上的数据值。因此，离散化涉及两个子任务：确定分类值以及将连续属性值映射到这些分类值。

（2）常用的离散化方法　常用的离散化方法有等宽法、等频法和一维聚类的方法。

1）等宽法。将属性的值域分成具有相同宽度的区间，区间的个数可以根据数据特点确定或由用户指定。这种方法类似于制作频率分布表，但对异常值比较敏感，可能导致不均匀地将属性值分布到各个区间。

2）等频法。等频法即将相同数量的记录放入每个区间。这种方法避免了等宽法的问题，但可能导致相同的数据值分布到不同的区间，以满足每个区间上固定的数据个数要求。

3）一维聚类的方法。一维聚类的方法包括两个步骤：首先使用聚类算法（如 K-Means 算法）对连续属性的值进行聚类，然后对聚类得到的簇进行处理，合并到一个簇的连续属性值做同一标记。这种方法需要用户指定簇的个数，从而确定产生的区间个数。

离散化方法的选择取决于具体的应用场景和数据特点。在进行离散化时，需要综合考虑数据分布、异常值和分类需求等因素，以选择合适的方法来处理连续属性。

4. 属性构造

在数据挖掘的过程中，为了提取更有用的信息、挖掘更深层次的模式、提高挖掘结果的精度，需要利用已有的属性集构造出新的属性，并将其加入现有的属性集合中。例如，进行防窃漏电诊断建模时，已有的属性包括供入电量、供出电量（线路上各用户的用电量之和）。理论上，供入电量和供出电量应该是相等的，但是由于在传输过程中存在电能损耗，因此供入电量略大于供出电量。如果该条线路上的一个或多个用户存在窃漏电行为，那么供入电量明显大于供出电量。为了判断是否存在用户窃漏电行为，可以构造一个新的指标——线损率，该过程就是属性构造。新构造的属性即线损率的计算公式为

$$线损率 = \frac{供入电量 - 供出电量}{供入电量} \times 100\% \tag{2-1}$$

线损率的正常取值范围一般为 3%～15%，如果远远超过该范围，就可以认为该条线路上的用户很可能存在窃漏电等用电异常行为。

5. 小波变换

小波变换是一种经典高效的数据分析工具，相应的理论方法在信号处理、图像处理、语音处理、模式识别等领域得到了越来越广泛的应用。小波变换具有多分辨率的特点，能够在时域和频域上刻画信号的局部特征。它通过缩放、平移等运算过程对信号进行多尺度

43

聚焦分析，提供非平稳信号的时频分析，可以通过粗略和精细的方式逐步观察信号，并从中提取有用的信息。

在探索复杂信号的特征量时，这些关键信息往往深藏于信号的某些特定分量之中。小波变换借助相关原理，通过一组特殊的基函数和多尺度分析框架，实现对信号的精细化解构，即将非平稳信号分解为表达不同层次、不同频带信息的数据序列，构建小波系数，完成对原始信号数据的特征分解和提取。

6. 可视化实例

流形学习的观点认为，人们所能观察到的数据实际上是由一个低维流形映射到高维空间中的。例如，决策部门打算把一些离得比较近的城市"聚"在一起，然后组建一个大城市。这时，"远近"这个概念显然是指地表上的距离。而对于降维算法来说，如果使用传统的欧氏距离作为距离尺度，显然会抛弃"数据的内部特征"。如果测量球面上两点之间的距离时采用欧氏距离，那么就会忽略"这是一个球面"的信息。通过"螺旋曲面流形"图（见图 2-7）可以得到更直观的感受。

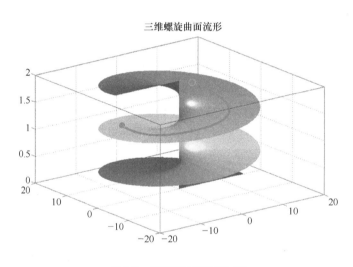

图 2-7 "螺旋曲面流形"图

在图 2-7 中，观察到的数据是三维的，但其本质是一个二维流形。图中所标注的两个小圆圈在流形上本来距离非常远，但是如果用三维空间的欧氏距离来计算，则其距离要近得多。不难看出，流形能够刻画数据的本质，通过数据变换，可以让人们从另一个角度去观察数据，以便更加直观地进行数据分析。借助可视化图表，人们很容易理解引入流形表示的原因。

2.3.4 数据归约可视化

在处理大数据集，进行复杂的数据分析建模时，通常需要花费很长时间和很多计算资源。为了提高效率，并保持原始数据的完整性，可以采用数据归约的方法，通过对原始数据进行一系列操作，筛选出具有代表性的数据样本或提取关键信息，从而生成一个较小但仍能保持原数据完整性的数据集。在数据归约后的数据集上，可以进一步提高数据分析建模的效率。由于数据量减少，计算和处理的时间也相应减少，同时仍保留了原始数据中的重要信息，因此可以更快速地进行复杂的分析和挖掘任务。数据归约的意义如下：

1）降低无效、错误数据对建模的影响，提高建模的准确性。

2）少量且具有代表性的数据将大幅缩减数据挖掘所需的时间。

3）降低存储数据的成本。

具体的数据归约方法包括属性归约和数值归约。

1. 属性归约

属性归约是一种通过合并属性维度或删除不相关属性来减少数据维度的方法，可以提高数据挖掘的效率并降低计算成本。其目标是找到最小的属性子集，在保持新数据子集概率分布接近原始数据集概率分布的前提下实现归约。属性归约的常用方法见表 2-3。

表 2-3　属性归约的常用方法

属性归约方法	方法描述	方法解析
合并属性	将一些旧属性合为新属性	初始属性集：$\{A_1, A_2, A_3, A_4, B_1, B_2, B_3, C\}$ $\{A_1, A_2, A_3, A_4\} \rightarrow$ A $\{B_1, B_2, B_3\} \rightarrow$ B $\Rightarrow$ 归约后属性集：$\{A, B, C\}$
逐步向前选择	从一个空属性集开始，每次从原来属性集合中选择一个当前最优的属性添加到当前属性子集中。直到无法选择出最优属性或满足一定阈值约束为止	初始属性集：$\{A_1, A_2, A_3, A_4, A_5, A_6\}$ $\{\} \Rightarrow \{A_1\} \Rightarrow \{A_1, A_4\}$ $\Rightarrow$ 归约后属性集：$\{A_1, A_4, A_6\}$
逐步向后删除	从一个全属性集开始，每次从当前属性子集中选择一个当前最差的属性并将其从当前属性子集中消去。直到无法选择出最差属性或满足一定阈值约束为止	初始属性集：$\{A_1, A_2, A_3, A_4, A_5, A_6\}$ $\Rightarrow \{A_1, A_3, A_4, A_5, A_6\} \Rightarrow \{A_1, A_4, A_5, A_6\}$ $\Rightarrow$ 归约后属性集：$\{A_1, A_4, A_6\}$
决策树归纳	利用决策树的归纳方法对初始数据进行分类归纳学习，获得一个初始决策树，所有没有出现在这个决策树上的属性均可认为是无关属性，因此将这些属性从初始集合中删除，就可以获得一个较优的属性子集	初始属性集：$\{A_1, A_2, A_3, A_4, A_5, A_6\}$ $\Rightarrow$ 归约后属性集：$\{A_1, A_4, A_6\}$
主成分分析	用较少的变量去解释原始数据中的大部分变量，即将许多相关性很高的变量转化成彼此相互独立或不相关的变量	主成分分析方法有很多种，实现的方法步骤也不同，这里不再一一赘述

合并属性是将一些旧属性合为新属性的方法。逐步向前选择、逐步向后删除和决策树归纳都属于直接删除不相关属性或维度的方法。主成分分析是一种用于连续属性的数据降维方法，它通过构造原始数据的一组正交变换使得新空间的基底去除了原始空间基底下数据的相关性，达到只需使用少数新变量就能够解释原始数据中大部分变异的效果。通常情况下这些比原始变量个数少但能解释大部分数据的新变量，即主成分，用来代替原始变量进行建模。

2. 数值归约

数值归约是指通过选择替代的、较小的数据来减少数据量，包括无参数方法和有参数方法。无参数方法需要存放实际数据，例如直方图、聚类、抽样等。有参数方法则使用一个模型来评估数据，只需要存放参数，不需要存放实际数据，例如回归模型（线性回归模型和多元回归模型）。这样可以大大减小数据集的规模，同时保留足够的信息以支持分析和建模。

（1）直方图　直方图使用分箱来近似数据分布，是一种流行的数据归约形式。属性 A 的直方图将 A 的数据分布划分为不相交的子集或桶。如果每个桶只代表单个属性值／频率对，则该桶称为单桶。通常，桶表示给定属性的一个连续区间。这里结合实际案例来说明如何使用直方图做数值归约。

下面的数据是某餐饮企业菜品的单价（取整，单位为元），从小到大排序为：

3，3，5，5，5，8，8，10，10，10，10，15，15，15，22，22，22
22，22，22，22，22，22，25，25，25，25，25，25，25，25，25
30，30，30，30，30，35，35，35，35，35，39，39，40，40，40

图 2-8 使用单桶显示了这些数据的直方图，每个桶代表一个价格／频率对。为进一步压缩数据，通常让每个桶表明给定属性的一个连续值域，即每个桶代表一个价格区间／频率对。在图 2-9 中，每个桶表明长度为 13 的价格区间。

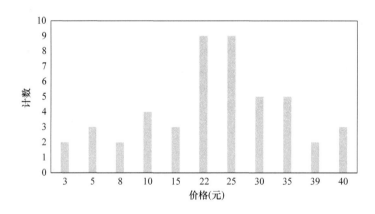

图 2-8　使用单桶的价格直方图

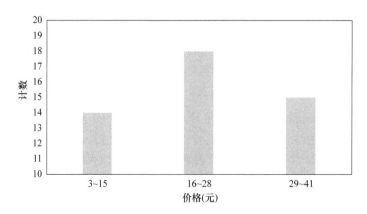

图 2-9　价格的等宽直方图

（2）聚类　聚类技术是将数据元组（即数据表中的一行）视为对象，并将这些对象划分为簇的方法。聚类的目标是使同一个簇内的对象之间"相似"，而与其他簇中的对象"相异"。在数据归约中，可以使用数据的簇来替代实际的数据。聚类技术的有效性取决于簇的定义是否能够符合数据的分布特点。如果簇的定义能够准确地捕捉到数据的内在结构和相似性，则使用聚类进行数据归约可以有效地减少数据量，同时保留数据的主要信息。

（3）抽样　抽样也是一种数据归约技术，它通过使用比原始数据小很多的随机样本（子集）来代表整个数据集。假设原始数据集 D 包含 N 个元组，可以采用抽样方法对 D 进行抽样。下面介绍常用的抽样方法：

1）s 个样本无放回简单随机抽样：从 D 的 N 个元组中抽取 s（$s < N$）个样本，其中 D 中的任意元组被抽取的概率均为 $1/N$，每个元组都有相同的机会被选中。

2）s 个样本有放回简单随机抽样：该方法类似于 s 个样本无放回简单随机抽样，不同之处在于每次一个元组从 D 中被抽取后，对其进行记录，然后放回原处。

3）聚类抽样：如果 D 中的元组分组放入 M 个互不相交的"簇"，则可以得到 s 个簇的简单随机抽样，其中 $s < M$。例如，数据库中的元组通常一次检索一页，这样每页就可以视为一个簇。

4）分层抽样：如果将 D 划分成互不相交的部分（称作层），则通过对每一层的简单随机抽样就可以得到 D 的分层样本，同时保证每一层都有适当的代表性。例如，可以得到关于顾客数据的分层样本，按照顾客的每个年龄组创建分层。

用于数据归约时，抽样最常用来估计聚集查询的结果。在指定的误差范围内，可以确定（使用中心极限定理）估计一个给定的函数所需的样本大小。通常样本大小 s 相对于 N 来说是非常小的。通过简单地增加样本大小，集合可以进一步求精。

（4）参数回归　简单线性模型和对数线性模型可以用来近似描述给定的数据。

1）简单线性模型对数据建模，使之拟合一条直线。下面先介绍一个简单线性模型的例子。

假设有一个公司的销售数据集，包含广告费用和对应的销售额。希望通过建立一个简单线性回归模型基于广告费用来预测销售额，如图 2-10 所示。数据集包含两列数据：

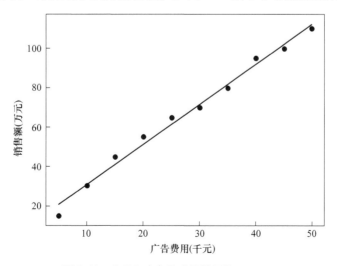

图 2-10　将已知点归约成线性函数 $y=wx+b$

广告费用（以千元为单位）：5，10，15，20，25，30，35，40，45，50

销售额（以万元为单位）：15，30，45，55，65，70，80，95，100，110

通过这个简单线性回归模型，能够有效地利用广告费用预测销售额，从而帮助公司更好地分配市场预算和制定销售策略。系数可以用最小二乘方法求解，它使数据的实际直线与估计直线之间的误差最小化。多元线性回归是简单线性回归的扩展，允许响应变量 y 建模为两个或多个解释变量的线性函数。

2）对数线性模型。对数线性模型用来描述期望频数与协变量（指与因变量有线性相关关系，并在探讨自变量与因变量的关系时通过统计技术加以控制的变量）之间的关系。考虑期望频数 m 取值在 0 与 $+\infty$ 之间，故需要进行对数变换，即 $f(m) = \ln m$，使它的取值在 $-\infty$ 与 $+\infty$ 之间。对数线性模型为

$$\ln m = \beta_0 + \beta_1 x_1 + \cdots + \beta_k x_k \tag{2-2}$$

对数线性模型一般用来近似离散的多维概率分布。在一个 n 元组的集合中，每个元组都可以看作 n 维空间中的一个点。可以使用对数线性模型基于维组合的一个较小子集，估计离散化的属性集的多维空间中每个点的概率，这使得高维数据空间可以由较低维空间构造。因此，对数线性模型也可以用于维归约（低维空间的点通常比原来的数据点占据较少的空间）和数据光滑（与较高维空间的估计相比，较低维空间的聚集估计较少受抽样方差的影响）。

3. 可视化实例

不平衡的样本数据分类问题一直是数据挖掘领域的研究热点。传统的数据挖掘算法只关注分类器对数据的总体准确率，而不关心少数类样本的准确率。提升数据中少数类样本的分类准确率是进行数据挖掘的关键一步。数据归约是解决样本分布不平衡问题的重要技术之一，主要通过增加少数类样本数量或减少多数类样本数量的方式，提高少数类样本的分类性能。图 2-11 给出了原始数据集的样本分布情况和经过数据归约处理后的样本分布情况。可以清晰地看出，数据归约降低了数据的不平衡率，增加了少数类样本的数目，从而提升了少数类样本的分类准确率。

a）原始数据集　　　　　　　　b）数据归约处理后的数据集

图 2-11　样本分布情况对比

2.4　数据存储与管理可视化

在完成数据预处理后，如何有效地存储、管理并利用这些数据成为学界和业界关注的焦点。从最初的关系数据库到非关系数据库，再到如今的知识图谱，数据存储与管理技术的演进不仅反映了数据量和数据类型的变化，也逐渐增强了人们对数据的理解和利用能力。

2.4.1　关系数据库

关系数据库以其高度组织化的结构、强大的查询能力和事务一致性保证，长期以来被广泛应用于各种商业和科研领域。它们使用表格的形式来存储数据，表中的每一行代表一个数据项，每一列代表数据项的一个属性。SQL（Structured Query Language，结构查询语言）是与关系数据库交互的标准语言，它允许用户执行复杂的查询和数据操作。

关系数据库有多种系统，这些系统虽然都遵循关系模型的基本原则，但在性能、特性和用途上各有侧重。例如，Oracle 是一款功能强大的商业数据库管理系统，广泛应用于大型企业和关键任务应用中，它支持大规模数据库管理，具有高度的可扩展性、可靠性和安全性。MySQL 是一款开源的关系数据库管理系统，因简单易用、性能高效和成本低廉而大受欢迎，并被广泛用于 Web 应用开发中。SQL Server 是 Microsoft 开发的关系数据库管理系统，提供了广泛的数据分析、数据集成和数据可视化工具，适用于企业级应用。PostgreSQL 是一款高度可扩展的开源数据库系统，支持 SQL 标准和复杂的查询。SQLite 是一款轻量级数据库，它不需要独立的服务器进程，通常适用于设备和小型应用中的数据存储。关系数据库的优势在于其强大的数据结构化、一致性保证和查询能力，关系数据库通过表格的形式组织数据，使数据结构化且易于理解。关系数据库支持 ACID（A 即原子性，C 即一致性，I 即隔离性，D 即持久性）事务，确保了数据的完整性和一致性，即使在多用户访问和操作的环境下，也能保证数据的准确性。同时，关系数据库提供了细粒度的权限控制机制，允许管理员精确地控制用户对数据的访问权限，从而保证数据的安全性，用户通过 SQL，可以执行复杂的数据查询和分析，如连接（JOIN）、子查询、聚合等操作。关系数据库技术经过几十年的发展，已经非常成熟和稳定，拥有庞大的用户基础和丰富的文档资源，以及完善的技术支持和社区。

尽管关系数据库在许多场景下表现出色，但是随着数据量的激增和数据类型的多样化，关系数据库面临性能瓶颈和灵活性限制。对于大规模的数据集（例如以短视频为主的社交网络数据），关系数据库在处理高并发请求或实时查询时可能会遇到性能问题。此外，关系数据库的固定模式（Schema）对于快速变化的数据结构来说过于僵硬，不易于快速迭代和扩展。因此，非关系数据库（NoSQL）和其他数据存储解决方案在这些领域逐渐得到应用。

2.4.2　非关系数据库

为了解决关系数据库面临的性能瓶颈、灵活性限制等问题，非关系数据库应运而生。非关系数据库通常不需要预定义的模式，使得数据模型可以根据需要灵活变化。许多非关系数据库被设计为易于水平扩展的，可以通过添加更多节点来提高性能和容量。对于特定类型的查询和数据模型，非关系数据库经过优化，可以提供更快的读写性能。此外，不同

49

类型的非关系数据库支持各种数据模型，包括键值对、文档、列族和图，为不同的应用场景提供了更广泛的解决方案。例如，非关系数据库广泛应用于需要处理海量数据和高并发访问的互联网应用中，如社交媒体、电子商务、物联网等。这些应用的数据结构复杂多样，且数据量巨大，非关系数据库的优势在于能够显著提升系统的性能和灵活性。

非关系数据库可以分为几个主要类型，每种类型都针对特定的数据模型和应用场景设计：

（1）键值数据库 键值（Key-Value）数据库将数据存储为键值对集合。其中键作为唯一标识符，可以用来定位值；值对数据库是不可见的，不能对值进行索引和查询。键是一个字符串对象，值可以是任意类型的数据，比如整型、字符型、数组、列表和集合等。键值数据库的优点是简单易用，读写速度快，易于水平扩展；缺点是功能相对有限，缺乏复杂的查询操作。常见的键值数据库包括 Redis、Amazon DynamoDB 等。

（2）文档数据库 文档数据库用于存储、检索和管理面向文档的信息。"文档"是处理信息的基本单位，相当于关系数据库中的一条记录，旨在将半结构化数据存储为文档，通常用 XML、JSON 等文档格式来封装和编码数据。一个文档可以包含非常复杂的数据结构，如嵌套对象，且每个文档可以有自己的数据结构。文档数据库的优点是数据结构灵活，易于存储复杂的层次数据，支持丰富的查询，然而数据结构的灵活性可能导致数据的不一致性。常见的文档数据库包括 MongoDB、Couchbase 等。

（3）列存储数据库 列存储数据库主要面向海量数据的分布式存储，一般采用列族数据库模型，数据库由多行构成，每行数据包含多个列族，不同行可具有不同数量的列，每行数据通过行键进行定位，行键对应多个列，列以列族为单位组织存储。列存储数据库的优点是优化了读写性能，特别是对于大数据量的操作，其缺点是数据结构设计相对复杂。常见的列存储数据库包括 Apache Cassandra、HBase 等。

（4）图数据库 图数据库是一种专门用于处理图结构数据的数据库，它将数据模型化为图，便于表达实体之间的复杂关系。在图数据库中，数据被表示为节点和边，其中节点通常代表实体，边则表示实体之间的关系。图数据库的优点是能够直观表示复杂的关系网络，高效处理网络分析和深度关联查询，其缺点是对于非图结构的数据处理不如其他类型的数据库高效。常见的图数据库包括 Neo4j、Amazon Neptune 等。

2.4.3 知识图谱可视化

随着大数据和人工智能技术的快速发展，知识图谱作为一种新型的数据存储与管理技术，逐渐成为研究和应用的热点。知识图谱通过图的方式组织和管理数据，不仅存储了大量的实体和实体间的关系，还能够存储实体的属性和属性之间的关系。这种丰富的结构化数据形式，使得知识图谱特别适合复杂的查询、数据分析和人工智能应用，如语义搜索、智能推荐和自然语言处理等。

知识图谱通常存储于图数据库中，其核心优势在于能够整合来自不同来源的数据，并通过语义技术理解数据的含义。这使得知识图谱不仅能够提供传统的数据查询功能，还能够支持复杂的推理和知识发现。通过可视化技术，知识图谱可以更直观地展示数据之间的关系，帮助用户理解复杂的数据结构和查询结果，成为连接数据与其语义层面的桥梁，为数据驱动的决策提供更加深入和全面的支持。如图 2-12 所示，针对交通路网中详细信息，包括道路、POI（Point of Interest，兴趣点）、位置信息在内的多种数据，构建知识图谱，并进行系统化的数据可视化和分析，有助于提升数据的价值和应用效率，助力城市规划、交通管理和导航系统的优化，实现更加智能和高效的城市运营。

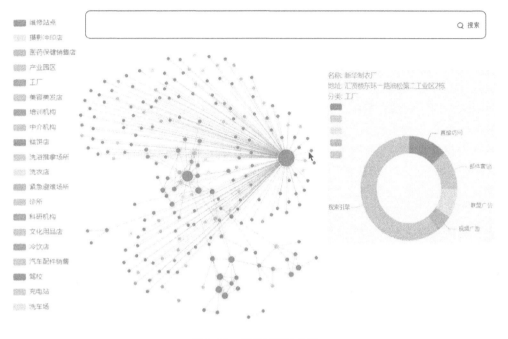

图 2-12　知识图谱可视化

2.5　数据挖掘与分析可视化

　　数据分析和数据挖掘从最终效果来说都是提取数据中一些有价值的信息，但是二者的侧重点和实现方法有所区别。数据分析倾向于应用恰当的统计方法对汇聚的大量数据进行深刻的剖析，通过归纳与理解，力图最大限度地挖掘数据的潜能，释放其蕴含的力量。其核心目标在于从纷繁复杂的原始数据中精炼出有价值的信息，深入探究数据的根本秩序与内在逻辑。这种分析过程可细分为识别、定位、区分、聚类、分类、揭示分布规律、进行比较与排序以及建立关联等多个复杂的分析活动。借助数据可视化技术展开的分析任务，则涉及信息的辨识、决策的确定、数据的视觉呈现、差异的比较、逻辑的推断、布局的优化以及精准的定位等系列环节。以数据为依据的决策分析，则遵循从明确目标、评估备选方案、精选最优方案，直至落实执行的逻辑路径。根据统计应用的多样性，数据分析被划分为描述性数据分析、探索性数据分析及验证性数据分析三大类。描述性数据分析侧重对数据进行概括和梳理，诸如计算平均数、中位数、标准差等统计指标；探索性数据分析通过视觉手段揭秘数据的隐秘关联与发展潜力；验证性数据分析则依托现有理论或假说，检验数据的真实性与正确性。

　　数据分析是从统计学发展而来的，在各个行业都体现出巨大的应用价值。描述性数据分析隶属于初级数据分析，包括对比分析法、平均分析法、交叉分析法等。探索性数据分析主要侧重于从数据之中发现新的特征，在可视化辅助下越来越受到关注。验证性数据分析则强调通过对数据的分析来验证或证伪所提出的假设。

联机分析处理是一种面向决策分析的方法，它与传统的数据库查询和统计分析方法有所不同。传统方法仅仅提供了数据库内容的信息，联机分析处理则提供了基于数据的假设验证方法。这一过程与演绎推理类似。相比之下，数据挖掘的目的是从数据中发掘未知的模式，而不是验证某个特定模型的正确性。因而，数据挖掘本质上是一个归纳过程，通过构筑模型来预测未来。数据挖掘能够揭示数据中隐含的规律和关联性，为决策制定和问题解决提供支持。总体来说，联机分析处理注重假设验证和演绎推理，数据挖掘则注重模式发现和归纳推理。两者在分析决策过程中各自发挥了不同的作用，具有不同的目标。

数据挖掘是一种更深层次的数据分析方法，又被称作知识发现。这种方法的核心是从海量数据中提炼出内在的知识信息，即从数据中挖掘知识。与其他一些数据分析方法（诸如统计分析、联机分析处理）不同，数据挖掘在没有预设立场的条件下挖掘信息、探寻知识。挖掘出的信息都是未知的，但却是高效且实用的。传统数据分析往往基于特定的目标进行，更侧重于通过对历史数据的统计学分析来得出结论。数据挖掘的工作更多是预测性的，它更关注数据之间的内在联系。数据挖掘的输入资料可以来自数据库或数据仓库，也可能来自网页、文本、图像、视频、音频等多种数据源。

无论是数据挖掘还是联机分析处理，它们都在探索如何发现模式，并进行未来的预测。两者相辅相成。当然，数据挖掘也无法完全替代传统的数据分析技术，针对不同的现实问题需要不同的解决方法。在实际应用中，数据可视化作为一种直观的思维策略和解决方案，能有效地提升探索性数据分析、联机分析处理和数据挖掘的效率。

2.5.1　探索性数据分析与可视化

统计学家是数据价值的最早发现者，他们提出了一系列精妙的数据分析方法，用以洞察数据的内在特性。数据分析不仅有助于用户选择正确的预处理和处理工具，而且可以提高用户识别复杂数据特征的能力。探索性数据分析（Exploratory Data Analysis，EDA）是统计学和数据分析结合的产物。著名的统计学家、信息可视化先驱约翰·图基（John Tukey）在其著作 *Exploratory Data Analysis* 中，将探索性数据分析定义为一种以数据可视化为主的数据分析方法，其主要目的包括洞悉数据的原理、发现潜在的数据结构、抽取重要变量、检测离群值和异常值、测试假设、发展数据精简模型、确定优化因子设置等。

探索性数据分析作为一种系统性的分析方法，旨在通过统计和图形手段深入理解数据的性质。这一过程并非简单地观察数据的表面现象，而是通过一系列分析步骤，揭示数据背后的潜在结构和模式。在数据科学和统计学领域，探索性数据分析扮演着至关重要的角色。它不仅帮助研究者识别数据的基本特征，如中心趋势、分散度和形态，而且帮助研究者发现变量间的关联性和数据中可能存在的异常。通过对数据的初步探索，研究者可以更好地理解实验或调查的结果，为建立更加精确的统计模型奠定基础。

探索性数据分析出现之后，数据分析的过程就分为两个阶段了：探索阶段和验证阶段。探索阶段侧重于发现数据中包含的模式或模型，验证阶段侧重于评估所发现的模式或模型，很多机器学习算法（分为训练和测试两步）都遵循这种思想。用户在拿到一份数据时，如果数据分析的目的不是非常明确、有针对性，就可能会感到有些茫然。此刻就更加有必要

52

进行探索性数据分析了，它能帮助用户初步地了解数据的结构及特征，甚至发现一些模式或模型，再结合行业背景知识，也许就能得到一些有用的结论。

其实从数据处理的流程上看，探索性数据分析和传统统计分析有很大不同。传统统计分析的基本流程是问题、数据、模型、分析、结论；探索性数据分析的基本流程是问题、数据、分析、模型、结论。探索性数据分析与数据挖掘在目的和方法上也有很大差别。前者强调对数据的探索和发现，聚类和异常检测被看作探索性过程的一部分；后者更加注重模型的选择和参数的调节，以便从数据中发现未知的模式和结构，并用这些模式来预测未来的趋势。

下面举个应用中的实例：基于探索性数据分析的时间序列空气质量数据研究。环境问题，特别是 PM2.5 含量等空气质量问题，是国际社会关注的一个重要热点。许多城市实时发布空气质量环境数据，监测环境的动态变化，积累了大量的环境数据。通过对这些时间序列监测数据的探索和分析，可以得到很多有趣的信息。此实例基于探索性数据分析和可视化表示，对时间序列空气质量监测数据进行了探索。分析结果可用于研究大气环境质量的时间分布及其动态变化。图 2-13 为夏季和冬季工作日和周末 NO_2 和 O_3 的日变化趋势。工作日 NO_2 浓度较高。根据 O_3 与 NO_2 的化学反应，NO_2 增加时，O_3 相应减少。冬季 NO_2 和 O_3 的关系相同。

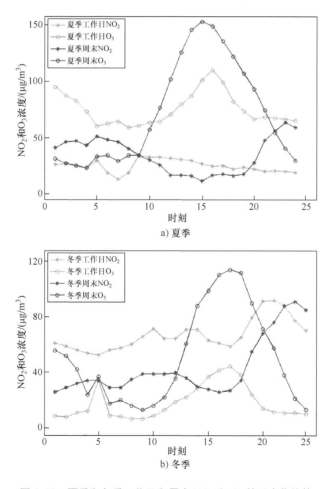

图 2-13　夏季和冬季工作日和周末 NO_2 和 O_3 的日变化趋势

也可以从更宏观角度来看空气质量的变化，图 2-14 所示为 2015 年某城市空气质量月分布。可以看出，该城市夏季空气质量较好，冬季空气质量较差。造成这一现象的主要原因是该城市夏季气温高、空气对流强、风力大，而冬季空气对流较差。

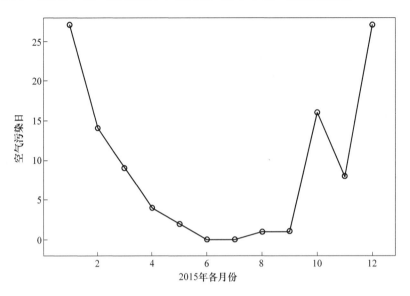

图 2-14　2015 年某城市空气质量月分布

2.5.2　数据挖掘与可视化

54

数据挖掘是一种专门设计算法的技术，旨在从庞大且复杂的数据集中探索并提取出有价值的知识或模式。这一过程构成了知识工程中知识发现的核心环节。根据数据类型的差异，可以有针对性地开发不同的数据挖掘技术，涵盖数值数据、文本、关系数据、实时流数据、网页内容、多媒体数据等。

数据挖掘涉及运用自动或半自动的技术处理大量的、不完整的、带有噪声的、模糊不清的及随机的数据。其主要目的是从这些数据中识别出潜在的、有价值的洞察，揭示其内部的模式、规律及发展趋势。此过程整合了统计学、数据库技术、人工智能、模式识别及机器学习等多元领域的理论与实践方法。与传统意义上的数据检索或网页搜索不同，数据挖掘侧重于解决高难度问题，如辨识异常数据、处理高维数据、整合异质数据以及分析跨地域数据等。

数据挖掘的基本任务可以归纳为两个方面：一方面是基于现有变量预测未来的某些变量值，这属于预测性分析，包括分类、回归分析、偏差检测等具体技术；另一方面是以可被人类理解的模式来呈现数据的全貌，这称为描述性分析，主要包括聚类分析、概念概括、关联规则挖掘等。在预测性分析中，基于数据分析构建的全局模型被应用到新的观测值后，能够预测目标属性的表现。描述性分析则强调利用局部模式来反映数据中潜藏的关系与特征，从而对数据做出更为深刻的总结与描述。

简而言之，数据挖掘专注于从大量数据中识别并整合出有效、新颖、潜在有用且易于理解的模式与知识。数据可视化则以直观、形象的形式展现数据，帮助用户通过视觉化的方式洞察数据背后所蕴含的信息与价值。两者的流程对比如图 2-15 所示。

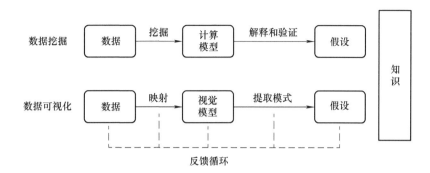

图 2-15　数据挖掘与数据可视化的流程对比

数据挖掘的主要方法如下：

（1）分类　分类是数据挖掘中的一种重要技术，它是指对给定的数据集进行标记或分类的过程。在分类过程中，通常需要将数据集分为训练集和测试集两部分。首先，分类算法利用训练集进行学习，构建一个分类模型。随后，测试集被用来检验该模型的准确性和泛化能力。分类技术的实现依赖多种不同的算法和方法，其中包括决策树、支持向量机、朴素贝叶斯分类器、神经网络等。图 2-16 展示了利用决策树进行数据分类的过程，即使用决策树模型对含有多种特征的鸢尾花数据进行分类，以区分每一种鸢尾花的种类。

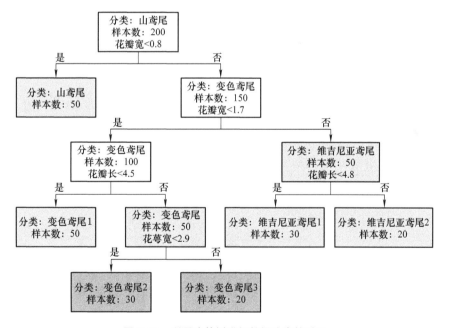

图 2-16　利用决策树进行数据分类的过程

（2）回归　回归分析是一种常用的统计学方法，旨在探究变量间的关系。通过对自变量和因变量的多项观测数据进行细致的分析，可以揭示它们之间的量化联系。其中线性回归是最常用的回归方法之一，它利用数理统计中的回归分析来建立自变量和因变量之间的线性关系模型。当自变量为非随机变量、因变量为随机变量时，对两者关系的分析称为回归分析；当自变量和因变量都是随机变量时，对两者关系的分析称为相关分析。

55

（3）偏差检测　在大型数据集中，经常会出现一些与其他数据有明显差异的异常值或离群值，统称为偏差。这些偏差包含了一些潜在的知识，如分类中的异常样本、不满足规则的特例、观测结果与模型预测值的偏差、量值随时间的变化等。偏差检测的基本方法是寻找观测结果与参照值之间有意义的差别。通过比较数据点与期望值的差异，可以发现偏差并从中获得有用的信息。偏差预测得到广泛应用，如信用卡诈骗监测、网络入侵检测、异常客流监测等。

（4）聚类　聚类是一种无监督学习的技术，将给定的数据点根据它们之间的相似度划分为不同的类别。聚类应满足的条件是位于同一类的数据点彼此之间的相似度大于与其他类数据点的相似度。聚类技术的目标是通过寻找数据点之间的共享特征或模式，将它们组织成有意义的簇。聚类在划分数据点时，不仅要考虑数据点之间的距离，还要求划分出的类别（即簇）具有某种内涵描述，从而避免传统技术的某些片面性。

（5）概念描述　概念描述是对某一类数据对象的内涵进行描述，并概括这类对象的相关特征。它分为特征性描述和区别性描述两种类型。前者用于描述该类对象的共同特征，后者则用于描述不同类对象之间的区别。生成一个类的特征性描述只涉及该类对象中所有对象的共性；而生成一个类的区别性描述则需要考虑不同类别之间的差异，它可以通过决策树法、遗传算法等方法来实现。

图 2-17 展示了分类和聚类两种方法的区别。

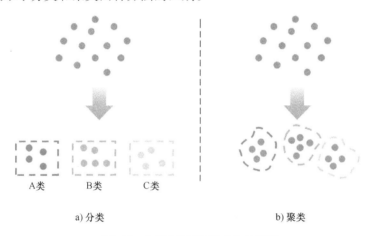

a) 分类　　　　　　　　　　　　　　　b) 聚类

图 2-17　分类和聚类两种方法的区别

（6）关联规则发现　关联规则发现是对数据集中不同数据之间的相互依存性和关联性进行描述。关联规则发现是数据挖掘中的一种重要技术，它可以帮助用户发现数据中存在的规律和关联，并从中提取有用的知识。数据关联是指在数据库中存在的一类重要的、可被发现的知识。当两个或多个变量的属性值之间存在某种规律时，称之为关联。关联可以分为简单关联、时序关联和因果关联等不同类型。如果两个或多个数据之间存在关联，那么可以通过其他数据预测其中一个数据。关联规则发现从事务、关系数据的项集合对象中发现频繁模式、关联规则、相关性或因果结构。

随着数据挖掘与可视化两种数据探索方式的飞速发展，两者的关系变得越发密切，它们在数据分析和探索方面融合的趋势越来越明显。因此，数据挖掘领域衍生出一种称为"可视数据挖掘"的技术。可视数据挖掘的目的在于，使用户能够参与对大规模数据集进行探索和分析的过程，并在参与过程中搜索感兴趣的知识。在可视数据挖掘中，可视化技术也被应用于呈现数据挖掘算法的输入数据和输出结果，使数据挖掘模型的可解释性得以增强，从而提高数据探索的效率。可视数据挖掘在一定程度上解决了如何将人的智慧和决策引入数据挖掘过程这一问题，使人能够有效地观察数据挖掘算法的结果和一部分过程。通常来说，可视数据挖掘能够增强传统数据挖掘任务的效果，如聚类（实例见图 2-18）、分类（实例见图 2-19）、相关性检测（实例见图 2-20）等。

　　在图 2-18 展示了对道路景象进行聚类的可视化结果；图 2-19 源自一个根据自然语言输入的指称进行分类的示例，是输入"左心房"指称后分类的结果；在图 2-20 中，利用皮尔逊相关系数度量特征间的相关性，得到在大学校园中进入图书馆行为与登录网关行为的相关性，进而可以设定阈值以删除冗余的特征。

图 2-18　自动驾驶场景中道路聚类可视化

57

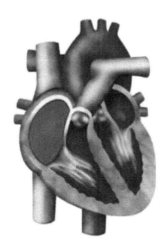

图 2-19　自然语言输入"左心房"的指称分类结果

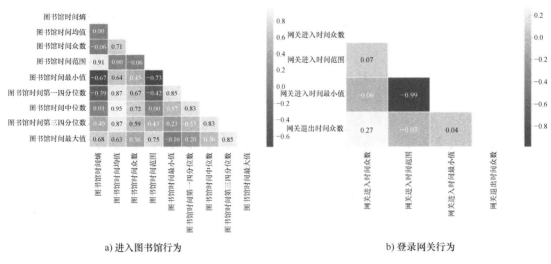

a) 进入图书馆行为　　　　　　　　　　　　b) 登录网关行为

图 2-20　学生行为数据的相关性检测

可视数据挖掘通常简单地在操作步骤上结合可视化与数据挖掘，其效用不足以解决大数据的所有问题。对于一些黑箱数据挖掘方法，可视化无法有效地展示算法的内部过程。相比于在输入、输出步骤上引入可视化，更加完善的方法是结合可视化与数据处理的每个环节，这种思路成为"可视分析"这一新兴探索性数据分析方法的理论基础。

知识发现的目标和数据挖掘存在交集，它是从数据集中提取出有效的、新颖的、潜在有用的，以及最终可理解的模式的过程。数据挖掘最早出现于统计文献中，并广泛流行于统计分析、数据分析、数据库和信息科学领域。知识发现则始于知识工程和认知科学，流行于人工智能和机器学习领域。知识发现的基本流程如图 2-21 所示。其中间处理过程主要包括：

1）选择：了解与选择知识发现的输入数据集。

2）图处理：对输入数据集进行预处理，消除错误，填补缺失信息。

3）变换：将数据变换为数据挖掘方法的处理格式。

4）数据挖掘：应用数据挖掘工具。

5）解释 / 评估：了解和评估挖掘结果。

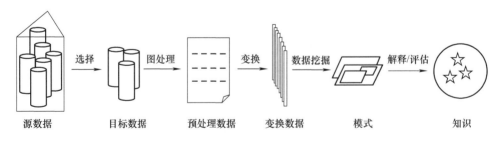

图 2-21　知识发现的基本流程

2.5.3　联机分析处理与可视化

联机分析处理（Online Analytical Processing，OLAP）是一种交互式工具，用于探索和分析大规模、多维度的数据集。不同于传统的关系数据库以表格形式存储数据，OLAP 侧重于统计学角度的多维数组处理。将表格数据转换为多维数组的步骤如下：首先，选定一组属性作为多维数组的索引项，另一组属性作为数据项。索引项属性需具备离散值特性，而数据项属性多为数值类型。在明确索引项与数据项后，依据索引项构建多维数组的结构。这样，用户便能利用多维数组的结构与数值深入分析数据，进而更全面地洞察数据集的特性和相关性。OLAP 的核心在于其多维数据模型，该模型通常被描绘为一个数据立方体，即多维数组的图示。数据立方体支持多样化的聚合操作，例如，若数据集记录多个产品在不同日期与地点的销售详情，可视为一个三维（日期、地点、产品）数组，进而可进行多种二维、一维乃至零维的聚合分析。

数据立方体不仅适用于记录包含多达十个维度和数百万数据项的数据集，还能在其上建立维度层级。用户通过调整数据立方体各维度的聚合、检索和数值运算，能从众多角度透视数据。但要注意，OLAP 所处理的数据常常维度高、规模大，因此需要设计出高度交互的方法。一种策略是预先计算并存储各个层级的聚合结果，以缩减数据量；另一种策略则是限制用户在任意时刻仅能操作一部分维度数据，从而减少处理的数据量，提升系统可用性。

OLAP 被广泛认为是一种支持策略分析和决策制定过程的方法，与数据仓库、数据挖掘和数据可视化的目标密切相关。切片是其基本操作之一，如图 2-22 所示。切片是指在数据立方体中，选择在一个或多个维度上具有给定属性值的数据项，等价于在整个数组中选取子集。

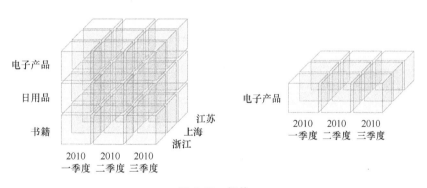

图 2-22 切片

OLAP 是交互式统计分析的一种高级形式。面对复杂的数据，OLAP 将数据可视化与数据挖掘方法相结合，并将其转化为数据的在线可视化分析方法，这是 OLAP 的发展趋势。例如，OLAP 将数据聚合的结果存储在另一个维度较低的数据表中，并对数据表进行排序，以呈现数据的规律性。这种聚合—排序—布局的方法允许用户结合数据可视化方法（如时序图、散点图、地图、树图和矩阵）理解高维数据立方体。特别是当待分析数据集的维数高达几十个时，数据可视化可以快速降低数据复杂度，提高分析效率和准确度。

Polaris（系统界面见图 2-23）是由斯坦福大学开发的、用于分析多维数据立方体的可视化工具，它针对基于表格的数据进行可视化及分析，可以认为是对表格数据（如电子表格数据、关系数据库数据等）的一种可视化扩展。它继承了经典的数据表单的基本思想，并在表格各单元中使用嵌入式可视化元素替代数值和文本。当前 Polaris 提供了各类统计可视化方法，如柱状图、饼图、甘特图、趋势线等，以帮助用户更好地理解和分析数据。Polaris 的商业版本 Tableau 已经取得了极大的成功，被广泛应用于各个行业和领域。

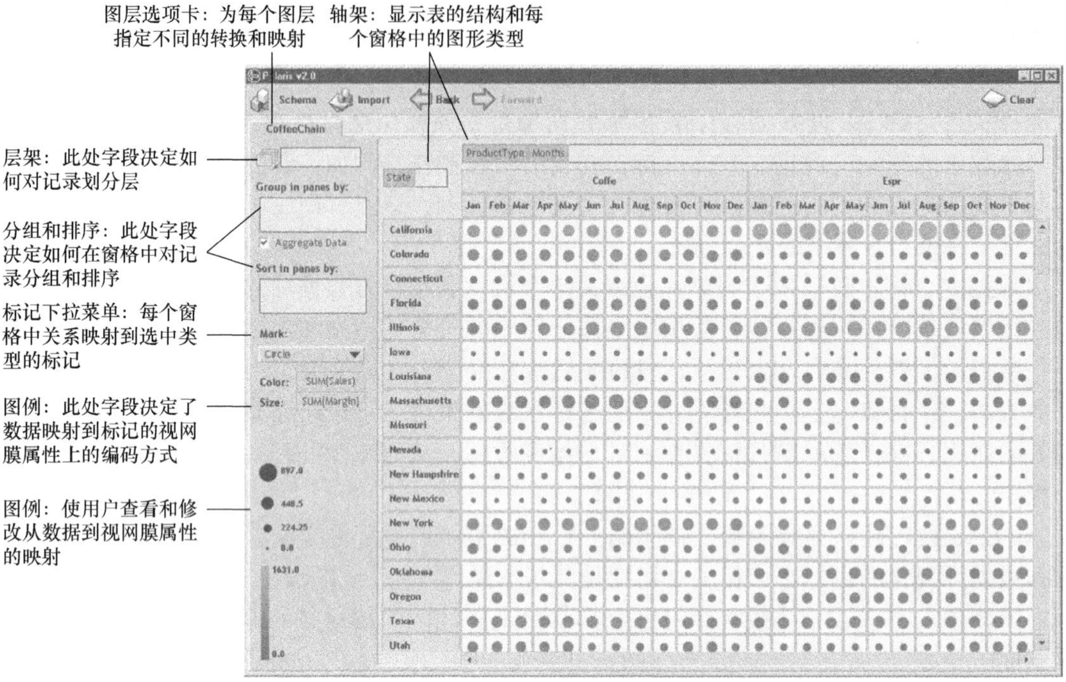

图层选项卡：为每个图层指定不同的转换和映射
轴架：显示表的结构和每个窗格中的图形类型
层架：此处字段决定如何对记录划分层
分组和排序：此处字段决定如何在窗格中对记录分组和排序
标记下拉菜单：每个窗格中关系映射到选中类型的标记
图例：此处字段决定了数据映射到标记的视网膜属性上的编码方式
图例：使用户查看和修改从数据到视网膜属性的映射
Schema
Import
Clear
CoffeeChain
Group in panes by:
Sort in panes by:
Mark:
Color:
Size:
State

图 2-23　Polaris 系统界面

（图片来源：http：//www.graphics.stanford.edu/projects/polaris/interface_full.gif）

本章小结

本章对数据处理流程（数据获取、数据预处理、数据存储与管理、数据挖掘与分析）进行了介绍，并举例说明了可视化在各步骤中的作用。其中，主要介绍了数据预处理可视化。数据预处理可视化分为数据清洗可视化、数据集成可视化、数据变换可视化、数据归约可视化四部分。之后，对数据可视化在数据挖掘与分析中的作用进行了介绍。通过对本章内容的学习，读者可以加深对数据可视化的理解，从而深刻认识到数据可视化不仅是对结果的呈现，还对数据挖掘与分析的各步骤起辅助作用。

习题

一、选择题

1. 数据预处理的主要内容包括________、数据集成、________和数据归约。（　　）

A. 数据清洗；数据提取

B. 数据清洗；数据变换

C. 数据提取；数据变换

2. 常用的离散化方法有（　　　）。

A. 等宽法、等频法、聚类

B. 等宽法、等时法、聚类

C. 等宽法、等频法、分类

3. 在数据预处理中，为了减少数据的复杂性和存储量而采取的步骤是（　　　）。

A. 数据清洗　　　　　　　B. 数据集成　　　　　　　C. 数据归约

4. 非关系数据库不适合的应用场景是（　　　）。

A. 处理海量数据和高并发访问的互联网应用

B. 存储和检索结构化数据

C. 需要高性能的读写操作

二、填空题

1. 数据处理流程包括数据获取、_____、数据存储与管理、数据挖掘与分析。

2. 数据变换主要是对数据进行_____处理，将数据转换成适当的形式，以满足_____及算法的需要。

3. 属性归约的目标是找出_____的属性子集，并确保新数据子集的概率分布尽可能地接近_____的概率分布。

4. 大型数据集中常有异常值或离群值，统称_____。

三、简答题

1. 简述数据处理流程。

2. 数据预处理流程是什么？简要介绍一个你掌握的数据变换的方法。

3. 在对数据进行特征提取之前，需要对原始数据进行哪些操作？

4. 简述数据分析的重要性。在你的日常生活中都运用到哪些数据分析技术？

5. 数据挖掘的主要方法有哪些？

61

第 3 章　数据可视化设计

📀 **导读**

通过第 2 章对数据处理流程的学习，读者了解了如何从大量数据中抽取出有意义的数据。本章通过对可视化分析模型、视觉感知原理、视觉编码方法、可视化设计方法以及基本的可视化图表的介绍，详细阐述数据可视化设计的相关理论与基本方法，为后续系统地学习可视化方法打下基础。

📀 **本章知识点**

- 可视化分析模型
- 视觉感知原理
- 格式塔理论
- 视觉编码方法
- 可视化设计方法
- 基本可视化图表

3.1　可视化分析模型

随着数据规模和模型复杂度的增加，传统的数据分析方法可能无法充分展示数据的内在特征和模型的工作原理，可视化分析模型的出现帮助用户更好地理解和解释数据和模型。前文中提到，交互式可视化分析是大数据时代数据可视化的研究热点，它通常采用一种通过图形用户界面展示的循环模型，用户可以通过这个界面与模型交互，如输入数据、调整参数或选择不同的视图来观察模型的行为和结果。这种模型常见于数据挖掘、大数据分析等领域，它可以帮助用户更好地理解模型的内部机制和输出结果。一个标准化的交互式可视化分析模型如图 3-1 所示。该模型的起点是输入的数据，终点是提炼的知识。从数据到知识有两个主要途径：交互的可视化途径和自动的数据挖掘途径。两个途径的中间结果分别是对数据的交互可视化结果和从数据中提炼的数据模型。用户既可以对可视化结果进行交互的修正，也可以调节参数以修正模型。

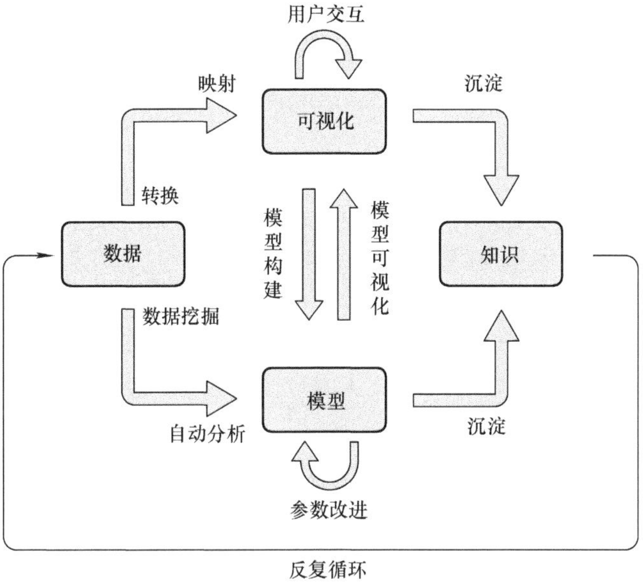

图 3-1　交互式可视化分析模型

　　一个有效的数据可视化框架是成功实施数据可视化项目的基石。它不仅能帮助分析人员更高效地处理和展示数据，还能确保结果的准确性和可解释性。一个全面的数据可视化框架应包括数据管理、图形库、用户界面、分析工具、报告生成等关键组件，如图 3-2 所示。

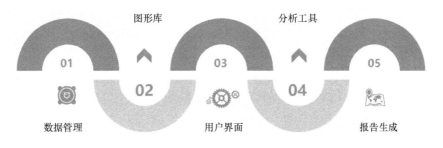

图 3-2　全面的数据可视化框架的关键组件

1. 数据管理

　　数据管理是数据可视化的基础，涉及数据的存储、访问和处理。有效的数据管理系统应支持多种数据来源和格式，并能高效处理大规模数据。例如，使用数据库管理系统（如 MySQL、PostgreSQL）或大数据平台（如 Hadoop、Spark）来管理和处理数据，确保数据的可用性和一致性。数据管理还包括数据的清洗、变换和集成，确保输入的数据是准确、完整和可靠的。

2. 图形库

　　图形库是数据可视化框架的核心，提供生成各种图表和图形的功能。常见的图形库包括 D3.js、ECharts 等。这些库提供丰富的图表类型和高度可定制的可视化选项，能满足不同的可视化需求。图形库通常可以分为两类，编程类和非编程类，将在后续的章节进行详细介绍。

3. 用户界面

用户界面（User Interface，UI）是用户与数据可视化系统交互的窗口。一个好的用户界面应具有直观的操作流程和友好的用户体验，支持用户进行交互式数据探索和分析。用户界面通常包含以下功能：

（1）仪表盘　通过创建交互式仪表盘，用户可以实时查看和分析数据。例如，使用 Tableau 或 Power BI 创建的仪表盘，可以让用户通过简单的点击和拖放操作，动态调整图表和数据视图。

（2）过滤和选择　提供数据过滤和选择功能，使用户能够根据特定条件筛选数据。例如，通过时间范围选择器、类别过滤器等，让用户自定义数据视图。

（3）交互性　确保图表具有良好的交互性，例如悬停显示详细信息、点击事件触发更多信息展示等。这些功能可以增强用户的分析体验和数据洞察能力。

4. 分析工具

数据可视化框架应集成各种数据分析工具，支持统计分析、预测模型和机器学习等功能。这些工具能帮助用户深入挖掘数据价值，可视化和数据挖掘与分析工具的深度耦合是现代可视化分析系统的典型特点。常用分析工具有以下几类：

（1）统计分析　集成统计分析工具（如 R、Python 中的 Pandas 和 SciPy），支持常规数据分析任务，如描述性统计、假设检验等。

（2）预测模型　利用机器学习框架（如 TensorFlow、Scikit-learn），构建和应用预测模型。例如，使用时间序列模型预测未来销售趋势，使用分类模型识别客户群体。

（3）数据挖掘　通过数据挖掘技术（如聚类、分类、回归、关联分析），发现数据中的隐藏模式和关系。例如，利用聚类分析将客户分群，根据不同群体的特征制定有针对性的营销策略。

5. 报告生成

报告生成工具能将数据可视化结果转化为格式化的报告，包括图表、文字解释和参考资料。自动化的报告生成工具能提高工作效率，保证报告的一致性和准确性。具有以下特点：

（1）自动化报告　使用 LaTeX、Markdown 或其他报告生成工具自动生成可打印的报告或在线展示的互动报告。例如，使用 R Markdown 或 Jupyter Notebook 生成包含代码、图表和解释的综合报告。

（2）模板化设计　设计标准化的报告模板，确保报告格式一致，内容易读。模板化设计可以帮助团队成员快速创建高质量的报告，减少重复工作。

（3）动态更新　实现报告的动态更新功能，确保报告内容实时反映最新数据。例如，连接实时数据源，通过简单的刷新操作自动更新报告内容。

3.2 视觉感知原理

在可视化与可视分析的过程中，用户始终处于核心地位。他们通过视觉感知器官捕获可视信息，经过大脑编码后形成认知，并在交互分析中探寻问题的解决方案。在这一过程中，个体的感知和认知能力对信息的获取和处理效率产生直接影响，进而决定了他们如何响应外部环境。

现实世界和虚拟空间不断产生海量数据，但人类处理这些数据的能力却远未跟上数据产生的速度。值得注意的是，人眼作为一种高度并行的处理系统，赋予了人类视觉无与伦比的处理能力。视觉功能可分为低阶和高阶两个阶段，尽管人工智能已在低阶视觉模拟方面取得进展，但在高阶视觉模拟上仍面临挑战。人类视觉在解读非形象化信息（如数字和文本）时效率较低，远不如对形象化视觉符号的直观理解效率高。例如，浏览数字化报表以了解商品月销量时，人们需要逐行阅读并记忆数据。然而，若将数据以柱状图的形式展现，用户便能迅速把握各月销量的对比和变化趋势。

数据可视化技术正是为了弥补这一差距而诞生的。它将数据转换为易于被人类感知和认知的可视化形式，涉及数据处理、可视化编码、呈现及交互等多个环节。在每个环节中，设计者都需根据人类感知和认知的基本原理进行优化，以确保信息的高效传递和用户体验的提升。

3.2.1 视觉感知过程

根据心理学中的双重编码理论可知，人类的感知系统由两个子系统组成：一个负责语言事物，另一个负责非语言事物，包括视觉、听觉和触觉等方面。首先，这两个子系统在人类认知过程中具有同等重要性。人类的认知是独特的，它能够同时处理语言和非语言的事物和事件。其次，语言系统具有特殊性，它直接处理语言的输入和输出，并以口头和书面的形式存在，同时它还保留着与非语言事物、事件和行为相关的象征功能。任何表征理论都必须适应这种双重功能。此外，还存在两种不同的表征单元：图像单元和语言单元。图像单元适用于心理映像的组织，而语言单元则适用于语言实体的组织。这两种单元在组织形式上有所不同，前者基于部分与整体的关系进行组织，后者则基于联想和层级进行组织。例如，人们既可以通过词语"汽车"想象出一辆汽车的心理映像，也可以通过心理映像来想象一辆汽车。在相互关系上，人们既可以先想象出一辆汽车，然后用语言描述它，也可以先读或听关于汽车的描述，再构造出汽车的心理映像。实验研究表明，当以极快的速度向被试者呈现一系列图画或字词时，他们回忆出的图画数量远多于字词数量。这表明非语言信息（特别是视觉信息）的加工在速度和效果上优于语言信息的加工。这也是可视化在数据信息表达方面具有优势的重要理论基础之一。

在感知心理学中，视觉通常分为低阶视觉和高阶视觉两种类型。低阶视觉与物体的基本物理属性相关，如深度、形状、边界和表面材质等；高阶视觉则涉及对物体的识别和分类等更高级的认知活动。在信息可视化和可视分析的研究中，低阶视觉的应用已经进行了广泛验证和深入研究。此外，Ware 等人对前注意视觉进行了广泛讨论，解释视觉突出现象的原因和机制。如图 3-3 所示，在某些情况下，特定的视觉元素（如颜色、大小或形状等）可以在非常短的时间内（通常低于 100ms）吸引用户的注意力并使其快速做出反应。这种

65

现象在信息可视化和用户界面设计中具有重要的应用价值，可以帮助用户更高效地理解和处理大量复杂的信息。

MTHIVLWYADCEQGHKILKMTWYN
ARDCAIREQGHLVKMFPSTWYARN
GFPSVCEILQGKMFPSNDRCEQDIFP
SGHLMFHKMVPSTWYACEOTWRN
MTHI**V**LWYADCEQGHKILKMTWYN
ARDCAIREQGHL**V**KMFPSTWYARN
GFPS**V**CEILQGKMFPSNDRCEQDIFP
SGHLMFHKM**V**PSTWYACEQTWRN

图 3-3   前注意视觉 – 视觉突出
注：后四行复制前四行数字，但是字母 "V" 用红色显示。

3.2.2　颜色刺激理论

在信息可视化和视觉设计领域中，色彩占据着举足轻重的地位。作为一种极富表现力的元素，色彩能够承载丰富的信息内容，尤其适用于数据的编码过程：将数据信息转化为特定的色彩表达。色彩与形状和布局等要素共同构成了数据编码的基础手段，在传递信息时发挥着重要的作用。同时，可视化设计的最终产物是一幅呈现在显示屏（或其他输出设备）上的彩色图像。因此，可视化设计的传达效果和视觉美感在很大程度上取决于设计者如何精准地运用色彩。

1. 人眼与可见光

可见光，即那些能够被人眼捕捉并在脑海中形成颜色感知的电磁波，实际上可见光在整个电磁波谱中只占据了微不足道的地位。复色光经过色散系统（如棱镜）的分解后，会按照光的波长或频率的大小，井然有序地排列，形成一幅绚丽的彩色图案，如图 3-4 所示。

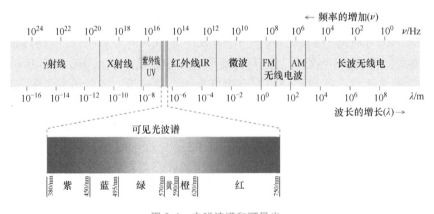

图 3-4   电磁波谱和可见光
（图片来源：Ufoismey3k/Wikipedia）

著名的太阳光色散实验是由英国杰出的科学家艾萨克·牛顿（Isaac Newton）爵士在

66

1665 年完成的，这一实验首次揭示了光的客观且可量化的特性。通常，人眼能够感知的可见光波长范围在 380 至 750nm。然而，尽管可见光波谱广阔，却并未涵盖人眼所能分辨的所有颜色。例如，粉红、洋红等颜色并未在可见光波谱中显现，这些颜色被称为合成色。它们并非自然存在于光谱之中，而是可以通过不同波长的光谱色，即那些纯净的、单一的颜色，经过合成而得到。

　　在了解了光的特性后，可以进一步探讨人眼如何感知这些光。人眼作为人类感知环境的主要窗口，结构如图 3-5 所示，可在光线穿越角膜、虹膜、瞳孔和晶状体，最终抵达视网膜后，完成视觉信息的捕捉。这一过程得益于六块精细的肌肉，它们不仅固定着眼球，还调控着眼球的方向，确保人们在观察环境时能够稳定且精准地聚焦目标。人眼的光学机制与日常所用的照相机颇为相似。角膜，作为最外层的保护屏障，不仅聚焦光线于晶状体，还守护着眼内其他结构的安全。瞳孔，受径向肌肉的调控，其大小变化如同照相机中的光圈，控制着光线的进入量。晶状体，则扮演着凸透镜的角色，其焦距由睫状肌灵活调整，使人类能够清晰地看到不同距离的物体。光线最终落在视网膜上，这里分布着数以亿计的光感受细胞，它们将捕获的视觉信息通过视觉总神经传递给大脑，形成人类所见的形状、颜色等视觉感知。

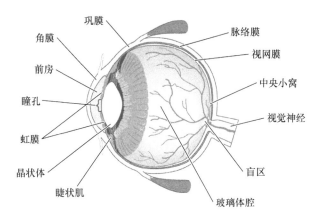

图 3-5　人眼结构

（图片来源：https://zhuanlan.zhihu.com/p/351480822?utm_psn=1787574621505187840）

　　生理学研究表明，视网膜上的光感受细胞主要有两种：杆状细胞和锥状细胞。杆状细胞数量众多，对光刺激极为敏感，是暗视觉的主要贡献者。它们在弱光环境下表现出色，但在强光下则可能因超饱和而失去作用。与之相反，锥状细胞只在明亮光线下活跃，形成明视觉。它们单独与视觉神经相连，因此具有极高的视觉清晰度。人眼有三种类型的锥状细胞，它们分别对长、中、短波长的光敏感，从而使得人类能够分辨出丰富的颜色。视网膜上光感受细胞的数量有限，因此在任何给定时间内，人眼所能接收的视觉信息量都是有限的，正是这有限的视觉信息，构成了丰富多彩的感知世界。

2. 颜色与视觉

　　从物理学的角度来看，光实际上是一种电磁波，本身并不带有任何色彩。所谓的颜色，只是人类视觉系统对接收到的光信号所进行的一种主观的、心理上的感知。物体所展现的颜色，其实是由其材料特性、光源中不同波长的分布以及个人的心理认知共同决定的，因此，每个人对颜色的感知都可能存在细微的差异。颜色既是人们心理与生理相互作用的产物，也是心理与物理相互交织的结果。

关于颜色视觉的形成，主要有两个互补的理论：三色视觉理论与补色过程理论。三色视觉理论指出，人眼中的三种锥状细胞（见图 3-6）——L 锥状细胞、M 锥状细胞和 S 锥状细胞，各自对特定波长的光线有着高度的敏感性。当这些细胞受到相应波长的光刺激时，它们会协同工作，最终合成出人们所感知的颜色。补色过程理论则提出了一个不同的观点，它认为人类的视觉系统是通过对比的方式来感知颜色的：红色与绿色相对，蓝色与黄色相对，黑色与白色相对。这两种理论从不同的角度揭示了人眼如何形成对颜色的感知。

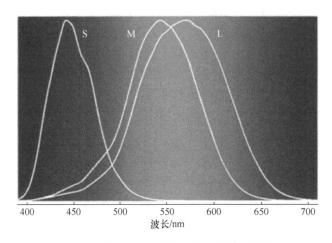

图 3-6　S、M 和 L 锥状细胞的光谱灵敏度

（图片来源：https：//chaturvedimayank.wordpress.com/tag/interference/）

3.2.3　色彩空间

色彩空间，也称色彩模型或色彩系统，是一个抽象化的数学模型，它通过一组数值（通常三到四个）来描绘颜色的特性。鉴于人眼视网膜上分布着三种不同的光感受器（即三种锥状细胞），理论上，三个参数就足以刻画颜色的全貌。以三原色加法模型为例，如 RGB 色彩模型，当某种颜色与通过混合不同比例的三种原色得到的颜色视觉上一致时，这三种原色的比例就被视为该颜色的三色刺激值。

在设计工作或可视化系统的应用中，常常需要为视觉元素选定恰当的颜色，以便通过颜色来编码和传达数据信息。这时，一个友好且直观的界面就显得尤为重要，它使用户能够直接操作、选择所需的各种颜色。然而，由于历史原因，不同的应用场景下，颜色的定义方式各异，因此所使用的色彩空间也各具特色。举例来说，日常使用的显示器常基于 sRGB 色彩空间来展示颜色，而打印机则倾向于使用 CMYK 色彩空间。事实上，大部分色彩空间所能表达的颜色数量往往无法完全覆盖人眼所能分辨的颜色范围，不同的色彩空间之间也存在有损或无损的数学转换关系。目前，广泛应用的色彩空间包括 CIE XYZ 色彩空间、CIE Lab 色彩空间、RGB 色彩空间、CMYK 色彩空间、HSV 色彩空间和 HSL 色彩空间等，它们各具特色，为色彩的科学表达与应用提供了丰富的选择。

1. CIE XYZ 和 CIE Lab

CIE 1931 XYZ 色彩模型源于一系列精心设计的实验，它采用一种抽象的数学模型来定义色彩。实验中，研究者使用了一个具有 2° 视角的圆形屏幕，屏幕的一半显示测试的颜色，另一半则呈现观察者可以调整的颜色。观察者可以调整的颜色是由三种具有固定色度但明度可调的原色混合而成的。观察者的任务是通过改变这些原色的明度，达到与测试颜色完全相同的视觉感知。然而，并非所有颜色都能通过这种方式完美匹配。当遇到无法匹配的情况时，观察者会添加一种原色到测试颜色上，随后用剩下的两种原色混合以使它们尽量接近。在这种情况下，添加到测试颜色上的原色明度值会被视为负值。

这一系列实验构成了 CIE 规定的标准观察者测试的核心。当测试颜色为单色，即处于光谱上的某一特定波长时，研究者会记录下三种原色的明度值（刺激值），并将它们绘制成关于波长的三个函数。这三个函数被称为针对这一特定观察实验的"颜色匹配函数"（见图 3-7）。在标准观察者实验中，三种原色的波长被规定为 700nm（红色）、546.1nm（绿色）和 435.8nm（蓝色）。

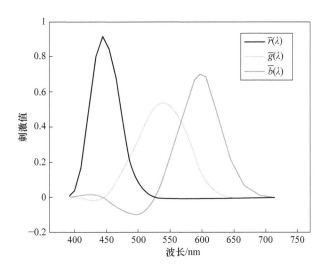

图 3-7　CIE RGB 颜色匹配函数

（图片来源：https：//zhuanlan.zhihu.com/p/664755861）

然而，由于实际中不存在负的光强，国际照明委员会（Commission Internationale de L'Eclairage，CIE）在 1931 年根据 CIE RGB 颜色空间的规定，构造了 CIE XYZ 颜色系统。这一系统引入了三种假想的标准原色——X（红）、Y（绿）、Z（蓝），确保所得的颜色匹配函数都是正值。

需要注意的是，CIE 1931 XYZ 色彩空间并未直接提供估算颜色差异的方法。在这个空间中，两种颜色之间的 X、Y、Z 值的欧氏距离并不直接代表它们之间的感知差异。为了弥补这一不足，人们开发了 CIE Lab 色彩空间（见图 3-8）。这一空间完全基于人类的视觉感知设计，致力于保持感知的均匀性。其中，L 值的分布与人类对亮度的感知紧密匹配，使得人们能够通过调整 a 和 b 分量来精确调节颜色。此外，CIE Lab 色彩空间的色域超出了人类视觉的范围，这意味着它所表示的一些"颜色"在物理世界中并不存在。

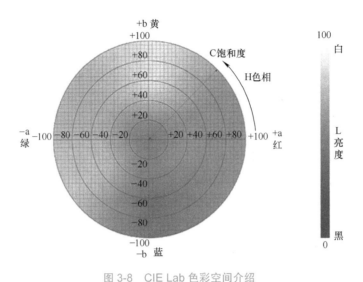

图 3-8　CIE Lab 色彩空间介绍

（图片来源：http：//www.great-winner.cn/zh-tw/great-winner_Affiche_834205.html）

2. RGB 和 CMYK

RGB 色彩模型基于笛卡儿坐标系，其三个坐标轴分别对应红色（R）、绿色（G）和蓝色（B）三个色彩分量（见图 3-9a）。在这个色彩空间中，坐标原点表示黑色，而空间中的任意一点所代表的颜色，都由从原点指向该点的向量来定义。RGB 色彩模型属于加法原色模型，通过混合不同强度的红、绿、蓝三种光，可以在黑色背景上创造出各种颜色。在现今主流的电子显示技术，如 LCD（液晶显示）和 OLED（有机发光二极管）中，每个像素都由红、绿、蓝三个子像素构成，通过控制这些子像素的亮度，可以呈现出丰富多彩的颜色。几乎所有电子设备显示屏，如计算机显示器和移动设备屏幕，都依赖 RGB 色彩空间来呈现色彩（见图 3-9b）。然而，RGB 色彩空间具有设备依赖性，同一组 R、G、B 数值在不同的显示设备上可能呈现出不同的颜色效果。

然而在印刷行业中，CMYK 色彩模型则占据了主导地位。CMYK 的 4 个字母分别代表青色（C）、品红色（M）、黄色（Y）和黑色（K）。在印刷过程中，理论上 C、M、Y 三种颜色的组合能够产生黑色，但由于油墨中的杂质和其他因素，实际得到的往往是一种深褐色或深灰色。此外，使用三种颜色进行印刷不利于纸张的快速干燥，且需要精确的套印技术。因此，通常使用黑色油墨来替代，这不仅能节省成本，还能提高印刷效率。CMYK 模型是一种减法原色模型（见图 3-9c），通过在白色背景上叠加不同数量的青色、品红色和黄色油墨来吸收特定波长的光以反射出颜色。

由于印刷和计算机屏幕显示使用不同的色彩模型，因此，在计算机屏幕上看到的图像色调与印刷出来的效果往往有所差异（见图 3-9d）。这主要是因为两种色彩模型所覆盖的色域不同。在进行可视化设计时，如果设计成果需要被打印到纸质媒介上，必须考虑到颜色在不同色彩空间转换时可能产生的畸变，从而避免不必要的色差。近年来，为了提高显示设备的亮度和降低能耗，一些公司研发出了没有颜色过滤物料的子像素，形成了 RGBW 技术。这种技术在 RGB 的基础上增加一个白色子像素，能够更高效地呈现出纯白色，从而提高整体亮度和降低能耗。例如，三星的 PenTile 和索尼的 WhiteMagic 就采用了这种技术。

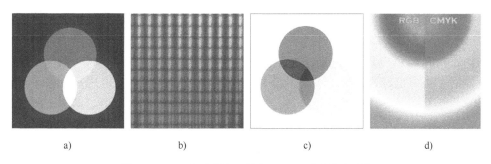

a)　　　　　　　b)　　　　　　　c)　　　　　　　d)

图 3-9　RGB 加法原色系统和 CMYK 减法原色系统

3. HSV 和 HSL

RGB 色彩空间和 CMYK 色彩空间分别通过加法原色模型和减法原色模型来定义色彩，这种定义方式并不符合人类的感知习惯。一般来说，人类感知颜色时，会关注三个主要方面：颜色种类、深浅程度和明暗程度。艺术家在创作时，也往往更倾向于使用那些能够直观描述颜色的概念，而非难以用语言准确表达的原色模型（见图 3-10）。以 RGB 色彩空间为例，虽然它可以通过三个分量的组合来呈现各种颜色，但当人们面对如 $(r,g,b)=$ $(1/5,3/5,4/5)$ 这样的数值时，很难立刻联想到它所代表的"天空蓝"这一颜色感知。反之，若要人们根据某种颜色去确定其 RGB 分量值，也绝非易事。

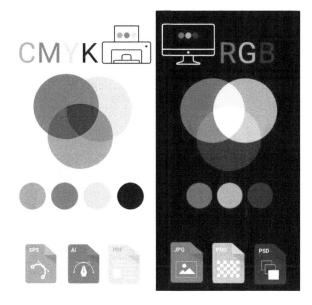

71

图 3-10　RGB 和 CMYK 色彩空间对比

（图片来源：https∶//www.thevisualpro.com/blog/color-questions-what-is-cymk-what-is-rgb/）

在艺术创作中，艺术家们更倾向于使用色泽、色深和色相等概念来调配颜色。他们通过在基础颜色中加入白色来调整色泽，加入黑色来调整色深，进而得到不同的色调。因此，为了更贴近人类的感知方式，Alvy Ray Smith 于 1978 年开发了 HSV 色彩空间（见图 3-11b），而 Joblove 和 Greenberg 则共同设计了 HSL 色彩空间（见图 3-11a）。1979 年，计算机图形学标准委员会更是推荐将 HSL 色彩空间用于颜色设计。HSV 和 HSL 色彩空间之所以在计算机图形学领域备受青睐，不仅因为它们比 RGB 色彩空间更直观，更符合人类对颜色的语言描述，还因为它们与 RGB 色彩空间之间的转换非常迅速。以 Windows 操作系统中的画图程序为例，其颜色选择界面就采用了这种更直观的色彩空间，使得用户能够更轻松地选择所需的颜色（见图 3-12）。

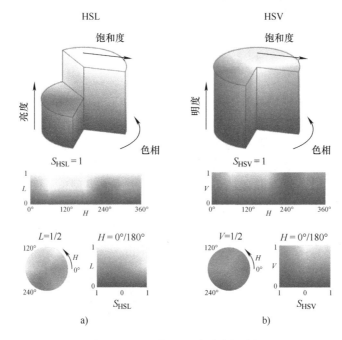

图 3-11　HSL 和 HSV 色彩空间介绍
（图片来源：维基百科）

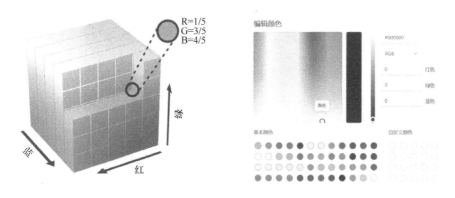

图 3-12　Windows 操作系统中的画图程序

　　HSV 和 HSL 色彩空间虽然有所不同，但它们都通过圆柱体坐标系来表示。在这个坐标系中，角度代表色相，从红色开始，经过绿色、蓝色，最终回到红色，形成一个完整的循环。圆柱体的中轴则代表无色相的灰色，从黑色到白色，表示颜色的明度或亮度变化。然而，在 HSL 色彩空间中，非常亮和非常暗的颜色具有相同的饱和度，这与人类的直观感知略有出入。为了弥补这一不足，引入了色度的概念，并使用双圆锥体来表示 HSL 色彩空间。同样，HSV 色彩空间（见图 3-13）也可以用圆柱体来表示，以便更直观地展现色相、饱和度和明度之间的关系。

4. 绝对色彩空间与相对色彩空间

色彩空间分为绝对色彩空间和相对色彩空间两种类型。绝对色彩空间是指那些不依赖外部因素，仅凭一组特定的值就能准确表示颜色的空间。相对色彩空间则无法通过一组特定的值来准确表示颜色，因为相同的数值在不同的观察条件下可能会产生不同的色彩感知。

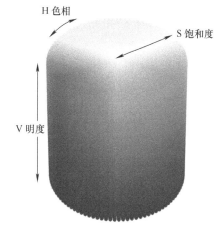

图 3-13　HSV 色彩空间的圆柱体表示

CIE Lab 就是一个典型的绝对色彩空间。在这个空间中，每一组数值 $<L,a^*,b^*>$ 都对应着一种精确的颜色。这意味着，只要遵循该色彩空间所规定的观察条件，那么这一组数值所代表的颜色就是唯一且确定的，不会因外部因素的变化而产生差异。相对而言，RGB 色彩空间则属于相对色彩空间的范畴。虽然它可以通过红、绿、蓝三种颜色的混合来生成各种颜色，但这些颜色并没有一个精确固定的定义。也就是说，在两台不同的计算机显示器或其他 RGB 显示设备上，显示同一个 RGB 图像时，由于设备之间的差异，人们可能会看到截然不同的颜色效果。

为了解决这个问题，业界采取了一种将 RGB 色彩空间转换为绝对色彩空间的方法，即定义一个 ICC（International Color Consortium，国际色彩联盟）色彩配置文件。通过这个文件，可以规定红、绿、蓝三种颜色的精确属性，从而确保在不同设备上显示的颜色能够保持一致。目前，已被广泛采纳的绝对 RGB 色彩空间包括 sRGB 色彩空间和 Adobe RGB 色彩空间等。这种方法已经成为业界的标准方法，为色彩管理提供了更加准确和可靠的依据。

3.2.4　格式塔理论

格式塔（Gestalt）这一术语，在英文中近似地对应于 "Shape"（形状）或 "Form"（构成）。格式塔心理学诞生于 1912 年，独树一帜地成为心理学领域中的理性主义理论之一。它摒弃了当时盛行的构造主义元素学说和行为主义的 "刺激–反应" 模式，转而强调经验和行为的整体性。

格式塔心理学主张，整体并非各部分的总和，意识并非感觉元素的简单堆砌，行为也不是单纯的反射循环。举例来说，当人们向窗外望去，他们所见的是树木、天空、建筑等构成的整体景象，而非如构造主义元素学说所主张的那样，仅仅是亮度、色调等感觉元素的集合。在格式塔心理学家看来，人们所感知的事物远超肉眼所见（见图 3-14）。任何经验现象中，每个组成部分都与其他部分相互关联，它们的特性源于这种相互关联。因此，整体的结构并非由其个别元素决定，而局部过程则受到整体内在特性的影响。完整的现象拥有其独特的完整性，无法被简单地分解为单个元素，其特性也不仅仅蕴含于元素之中。格式塔心理学感知理论的核心法则是简单精炼法则，它认为人们在观察时，倾向于将视觉内容解读为常规的、简洁的、连贯的、对称的或有序的结构。同样，人们在获取视觉信息时，也更倾向于将事物视作一个整体，而非将事物拆解为构成其总和的各个部分。该理论包括多个关键原则，每个原则都有助于解释人类感知如何组织和理解视觉信息。下面介绍格式塔理论中的关键原则。

图 3-14　感知的事物大于眼睛见到的事物
（图片来源：https：//www.360kuai.com/）

1. 图形与背景的关系原则（Figure-Ground）

74　图形与背景的关系原则强调了在视觉感知过程中，人眼自然而然地会将某些物体或图形视为焦点，即"图形"，而将其余部分视为衬托或背景。这种区分并非客观存在，而是由认知系统所构建的，体现了如何解读和组织视觉信息，如图 3-15 所示。

2. 贴近原则（Proximity）

当视觉元素即那些能够被明确识别的视觉对象在空间中彼此靠近时，人眼往往会自然地将它们视作一个整体或一组。例如，在图 3-16 中，直觉会倾向于将三个圆视作一组或者将六个圆视作另一组。这种自然的分组倾向是在视觉感知中不自觉采用的一种组织方式，有助于更有效地理解和解读复杂的视觉信息。

图 3-15　花瓶还是人脸
（图片来源：Lou Harrison's Music for Western Instruments and Gamelan：Even More Western than It Sounds）

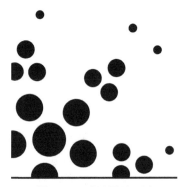

图 3-16　贴近原则示例
（图片来源：https：//www.pinterest.com/）

3. 相似原则（Similarity）

当人们观察事物时，会根据事物的相似性自然而然地将其进行感知分组，尽管事物本身并没有分组的意图。这种分组往往基于形状、颜色、光照或其他属性的感知。以图 3-17 为例，人们更容易将其视作一行一行排列的，而非一列一列。显然，贴近原则与相似原则在数据分组上的区别在于，前者侧重空间距离的接近性，而后者则依赖属性的相似性。

4. 连续原则（Continuity）

连续原则指出，在观察事物时，人们倾向于将不连续的物体视为一个连续的整体，沿着物体的边界进行视觉上的连接和延伸。这种连续性感知并非偶然，而是人们大脑在处理视觉信息时的一种自然倾向。当人们的眼睛接触到一系列物体或图形时，大脑会自动寻找它们之间的潜在联系和连续性，将它们整合成一个完整的视觉体验。例如，在图 3-18 中，人眼会认为这是两个圆形部分的重叠。

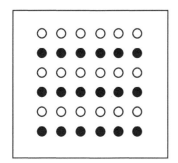

图 3-17　相似原则示例

（图片来源：https://zh.wikipedia.org/）

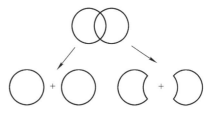

图 3-18　连续原则示例

75

5. 闭合原则（Closure）

在某些视觉映像中，物体可能呈现出不完整或非闭合的状态。然而，格式塔心理学指出，只要物体的形状足够表达其本质特征，人们便能轻易感知到整个物体，并忽略其未闭合的部分。以图 3-19 为例，尽管正方形缺失了四个角，但人们仍然能够将其识别为一个完整的正方形。这表明在一定程度上，未闭合的特征并不会妨碍对事物的识别和感知。格式塔心理学的这一观点，揭示了视觉感知过程中的灵活性和适应性。

6. 共势原则（Common Fate）

共势原则是指当一组物体展现出沿着相似且光滑的路径运动或呈现出相似的排列模式时，人眼会自动将它们视为同一类物体。举例来说，当观察到一堆点同时向下运动，而另一堆点同时向上运动时，人们会自然地分辨出这两组点分别属于不同的物体集合。同样，在图 3-20 中，那些在海中畅游的鱼群，由于具有相似的运动趋势和排列模式，因此会被人们视为一个整体。这些现象都展示了共

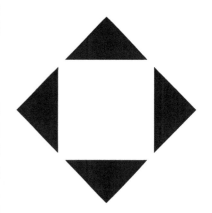

图 3-19　闭合原则示例

（图片来源：https://www.flaticon.com/）

势原则在视觉感知中的重要作用。

图 3-20　共势原则示例
（图片来源：https://www.alaskapollock.org/）

7. 经验原则（Past Experience）

经验原则表明，在特定情况下，视觉感知与人们过去的经验紧密相关。当两个物体在视觉上显得距离相近，或者它们之间的时间间隔较短时，人们通常会将它们识别为同一类别。这一原则揭示了人们在感知和理解视觉信息时，会受到先前经验和认知模式的影响。在图 3-21 中，人们通常会将它们识别为同一类别，看成"A BIRD IN THE BUSH"。

8. 恒常性原则（Perceptual Constancy）

感知到的简单几何组件能够形成独立的旋转、平移、大小变化以及其他一些变形，如弹性变形、不同灯光下的表现以及不同组件的功能。人们总是倾向于将世界感知为一个相对恒定且不变的场所。同一个物体从不同的角度观察，它在视网膜上产生的影像也会有所不同，但我们并不会认为这个物体本身发生了变形。这种恒常性包括了明度、颜色、大小和形状的恒常性。以图 3-22 中的"门"为例，尽管观察角度或光线的变化可能导致其在视觉上的表现有所不同，但仍然能够识别它为一扇"门"，这是因为人类的感知系统能够对这些变化进行解释和校正，从而保持对物体本质属性的稳定认知。

图 3-21　经验原则示例
（图片来源：https://www.betterfasterwriter.com/）

图 3-22　恒常性原则示例
（图片来源：https://www.sgss8.net/tpdq/13490050/）

通过上述描述可以清晰地看到格式塔理论（也称完形理论）的核心思想：视觉形象首先被认知为一个统一的整体，随后才被分解为各个部分。这意味着，人们在观察时首先"感知"到的是整体的构图，随后才会"辨识"出构成这个整体的各个元素。在信息可视化过程中，视图设计者需要采用直观且易于被广大用户理解的数据与可视化元素的映射关系，对需要可视化的信息进行编码。这其中涉及用户对可视化视觉图像的心理感知和认知过程。格式塔心理学为人们提供了对心理感知和认知的全面研究，并形成了一套完备的理论。尽管其部分原理并未直接作用于可视化设计，但在视觉传达设计的理论和实践方面，格式塔理论及其研究成果均得到了广泛的应用。

3.3　视觉编码方法

视觉编码方法是数据可视化的基础，将数据转换为易于理解和分析的各种视觉元素。它的工作原理就是大脑倾向于寻找模式，从而在图形和它所代表的数字之间切换。必须确定数据的本质并没有在多次切换中丢失，如果不能映射回数据，可视化图表就只是一堆无用的图形。

视觉编码主要由两方面组成：标记（图元）和视觉通道（用于控制标记的视觉特征）。标记是常用的基本几何图元，包括点、线、面、体等。本节将探讨视觉通道、视觉隐喻、坐标系、标尺和背景信息几个关键方面，帮助读者掌握如何有效地编码和展示数据。

3.3.1　视觉通道

77

标记本身具有分类属性，视觉通道则用于控制标记的展现特征，通常可用的视觉通道包括标记的位置、长度、角度、方向、形状、面积、体积、饱和度、色相等。图 3-23 展示了常用的视觉通道。

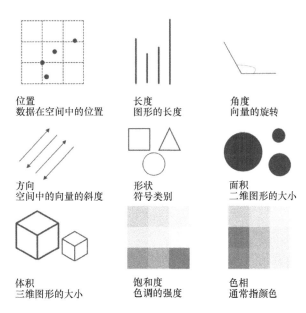

图 3-23　常用的视觉通道

（1）位置　用于比较给定空间或坐标系中数值的位置。如图 3-24 所示，观察散点图时，通过数据点的 x 坐标和 y 坐标以及其与其他点的相对位置来判断。使用位置作为视觉通道往往比其他视觉通道占用的空间更少，这是因为可以在二维坐标平面内绘制所有数据，每个点代表一个数据。与通过尺寸大小等来比较数值不同，坐标系中的所有点大小相同。然而，绘制大量数据后，可以直观地看出趋势、聚类和离群值。

但是，在观察散点图中大量数据点时，难以分辨每个点表示的具体内容。即使在交互图中，仍需将鼠标悬停在某个点上以获取更多信息，而在点重叠时获取信息会更加困难。

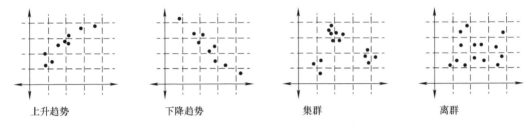

上升趋势　　　　下降趋势　　　　集群　　　　离群

图 3-24　用位置作为视觉通道的散点图示例

（2）长度　通常用于条形图中，条形越长，绝对数值越大。不同方向上或圆的不同角度上都是如此。

长度是从图形的一端到另一端的距离。因此，为了准确比较长度数值，必须能够清晰地看到线条的两端，否则所得的最大值、最小值及其间的所有数值都会存在偏差。图 3-25 给出了一家主流新闻媒体在电视上展示的一幅税率调整前后的条形图。从图 3-25a 中可以看出两个数值差异较大，因为数值从 34% 开始，所以右边条形图长度几乎是左边的五倍；而图 3-25b 中坐标轴从 0 开始，因此数值差异显得不那么显著。

78

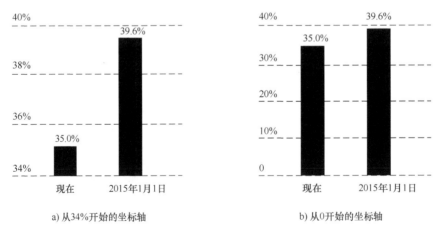

a) 从34%开始的坐标轴　　　　　　　　b) 从0开始的坐标轴

图 3-25　用长度作为视觉通道的条形图示例

（3）角度　角度的取值范围从 0° 到 360°，构成一个完整的圆。角度可以分为锐角、直角、钝角和直线，任意角度都隐含着一个与其组成完整圆形的对应角，称为共轭角。这就是通常用角度来表示整体中部分的原因。

尽管环形图常被认为是饼图的近亲，但是因为环形图的圆心被切除了，所以其视觉通道是弧长，而不是角度。

（4）方向　角度是相交于一个点的两个向量，方向则是坐标系中一个向量的方向，可以看到上下左右及其他所有方向，以帮助测定斜率。图 3-26 中可以看到增长、下降和波动。

1950年以来德国和法国的收入

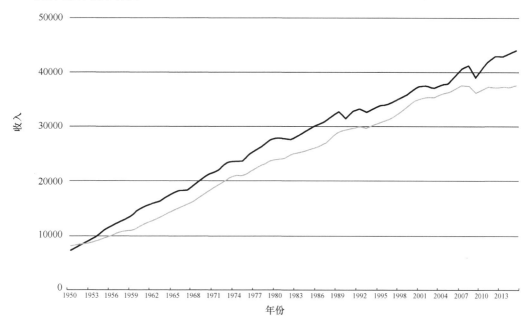

图 3-26　斜率和时序
（图片来源：https://www.echartsjs.com/）

对变化大小的感知在很大程度上取决于标尺。可以通过调整比例使微小变化显著，或使巨大变化显得不明显。经验法则是将可视化图表的波动方向调整至 45° 左右。如果变化虽小但重要，应放大比例以突出差异；反之，如变化不重要，则无须放大比例。

（5）形状　形状和符号通常被用在地图中，以区分不同的对象和分类。地图上的任意一个位置都可以直接映射到现实世界，所以用图标来表示是合理的。例如，可以用一些树表示森林，用一些房子表示住宅区。如图 3-27 所示，三角形和正方形都可以用在散点图中，不同的形状比点能提供更多信息。

（6）面积和体积　大的物体代表大的数值。长度、面积和体积都可以用在二维和三维空间中，表示数值的大小。二维空间通常用圆形和矩形，三维空间一般用立方体或球体，也可以更加详细地标出图标和图示的大小。

在进行长度比较时，必须注意所使用的是几维空间。例如，若以长方形来表示数据，长方形具有长和宽两个维度，数值越大，长方形的面积

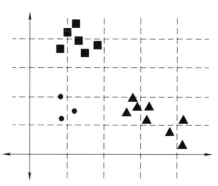

图 3-27　散点图中的不同形状

也越大。如果一个数值比另一个大 50%，则期望长方形的面积也相应增加 50%。然而，一些软件的默认行为是将长方形的长和宽均增加 50%，而不是面积，这样会导致面积增加 125%，而不是 50%。对于三维物体，同样的问题更加明显。如果将一个立方体的长、宽、高各增加 50%，则其体积将增加 237.5%。

（7）饱和度和色相　颜色的视觉通道分为两类，即色相和饱和度，这两者既可以单独使用，也可以结合起来使用。色相是指颜色本身，如红色、绿色、蓝色等，通常用于表示分类数据，每种颜色代表一个分组。饱和度则表示颜色的浓淡程度。例如，在选择红色时，高饱和度的红色会显得非常浓烈，而随着饱和度的降低，红色则会逐渐变淡。

结合使用色相和饱和度，可以通过多种颜色表示不同的分类，并为每个分类分配多个等级。对颜色的选择能够为数据增添背景信息。由于颜色不依赖大小和位置，因此可以一次性编码大量数据。然而，必须考虑到色盲人群的需求。例如，如果仅用红绿两种颜色编码数据，红绿色盲将难以理解可视化图表。通过组合使用多种视觉通道，可以确保所有人都能够正确辨识和理解图表内容。

上述视觉通道，按照人们理解（不包括形状）的精确程度从最精确到最不精确的排序如下：

位置→长度→角度→方向→面积→体积→饱和度→色相

3.3.2　视觉隐喻

视觉隐喻是指用熟悉的图像或符号来表达数据的特征和关系，使复杂的信息变得直观和易于理解，在可视化中起着至关重要的作用。通过将数据与现实世界的视觉元素关联，视觉隐喻可以增强信息的可读性和记忆性。接下来将讨论如何选择合适的隐喻，根据数据的特性和目标受众，选择与数据逻辑相关联的视觉符号，并确保在整个可视化过程中保持隐喻的一致性。结合文化背景也非常重要，以确保隐喻能够被广泛理解。图 3-28 就清晰准确地显示了某城市 2015 年—2016 年公共交通工具的数量。

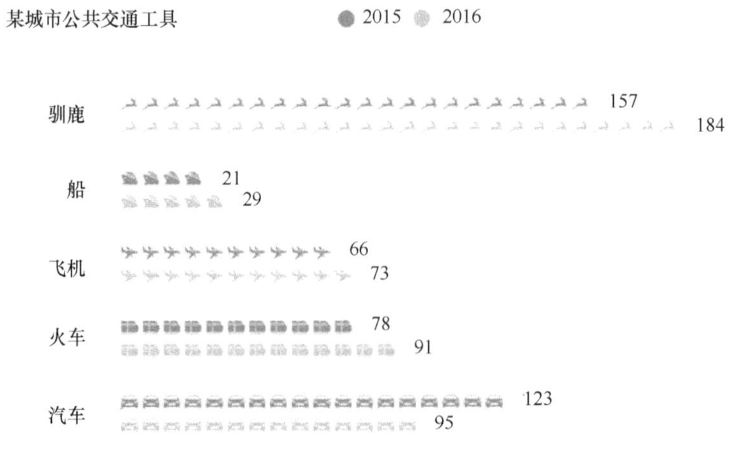

图 3-28　某城市 2015 年—2016 年公共交通工具的数量
（图片来源：https：//echarts.apache.org/examples/zh/editor.html?c=pictorialBar-bar-transition）

根据数据的特性和目标受众，选择与数据逻辑相关联的视觉符号是视觉隐喻成功应用的关键。在选择合适的隐喻时，需要考虑数据的特性、目标受众、隐喻的一致性等方面。

1. 考虑数据特性的视觉隐喻

选择适当的隐喻符号不仅能准确传达数据的含义，还能使数据的展示更具吸引力和说服力。例如，表示层级关系时，树图（也称树形图、树状图）是一种常用的视觉隐喻，树图能够清晰地展示各个节点之间的从属关系，非常适用于展示组织结构图或分类系统，如图 3-29 所示。类似地，表示密度或强度时，热力图是一种有效的视觉隐喻，热力图通过颜色的深浅来表示数据的密度或强度，适用于地理信息系统中的人口密度或网络流量展示，如图 3-30 所示。

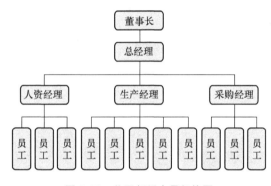

图 3-29　公司部门人员架构图

81

图 3-30　串串香在成都的分布热力图
（图片来源：https://zhuanlan.zhihu.com/p/27098130）

不同类型的数据具有不同的特性，因此需要选择能够准确传达这些特性的隐喻符号。例如，时间序列数据通常具有连续性和趋势性，因此适合用折线图或面积图来展示。

2. 面向目标受众的视觉隐喻

  了解目标受众的背景和认知能力是选择合适隐喻符号的重要因素。不同的受众对某些隐喻符号的熟悉程度和理解能力可能有所不同。例如，金融行业的专业人士对 K 线图等金融数据可视化图表非常熟悉，因此在向他们展示金融数据时，可以选择这些专业性较强的图表形式，以提高数据展示的效果，如图 3-31 所示。相比之下，普通大众可能更熟悉一些简单直观的图表形式，如直方图、饼图等，如图 3-32 所示。

图 3-31　某日股票 K 线图

（图片来源：https：//www.528btc.com/college/49943.html）

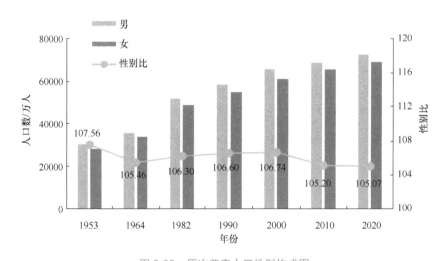

图 3-32　历次普查人口性别构成图

（图片来源：https：//www.stats.gov.cn/sj/pcsj/rkpc/d7c/202303/P020230301403217959330.pdf）

  应考虑受众的文化背景，以确保隐喻能被广泛理解。不同文化背景下的用户对某些视觉符号的理解可能存在差异，这些差异需要在设计时予以考虑。了解目标受众的文化背景，选择他们熟悉和易于理解的视觉符号，可以提高数据展示的效果。结合文化背景的原则包括：

（1）颜色的文化意义　结合文化背景选择适当的颜色可以提高数据可视化的效果。颜色在不同文化中的象征意义可能有所不同，因此在选择颜色时，需要考虑目标受众的文化背景。例如，在一些西方文化中，红色通常表示警告、危险或紧急情况；在某些东方文化中，红色则代表好运、幸福和庆祝。因此，在展示数据时，如果目标受众主要来自某特定文化背景，应选择符合他们文化意义的颜色，以提高数据展示的理解性和接受度。

（2）符号的文化意义　符号的文化意义也是选择视觉隐喻时需要考虑的重要因素。在不同文化中，某些符号的含义可能有所不同。例如，在西方文化中，心形符号通常表示爱和关心；常用于表示情感和关系，而在某些东方文化中，心形符号可能不具有同样的意义。因此，在选择符号时，需要考虑目标受众的文化背景，以确保符号的选择符合他们的理解和预期。如果符号的选择不符合目标受众的文化背景，可能会导致误解和困惑，降低数据展示的效果。

（3）图像的文化背景　图像的文化背景也是选择视觉隐喻时需要考虑的因素之一。在不同文化中，某些图像的象征意义和接受程度可能有所不同。例如，使用某种动物的图像来表示某种特性时，需要考虑该动物在不同文化中的象征意义和接受程度。在一些文化中，狮子象征勇敢和力量，因此在展示数据时可以使用狮子的图像来表示这些特性；而在另一些文化中，狮子的象征意义可能不同。因此，在选择图像时需要谨慎考虑。

视觉隐喻的成功应用需要充分理解数据的特性和目标受众的需求，根据具体情况选择合适的隐喻符号，并在整个数据可视化项目中保持一致性和文化适应性。

83

3. 视觉隐喻的一致性

统一的视觉表达可以帮助用户快速掌握图表的逻辑和含义，增强整体的理解效果。在同一数据可视化项目中，应尽量保持视觉隐喻的一致性，以免用户在理解数据时产生混淆。例如，使用同一种颜色表示相同类型的数据，避免在同一图表中使用多种不同的隐喻符号。具体如下：

（1）颜色的一致性　颜色是数据可视化中最常用的视觉元素之一，通过颜色的变化可以直观地展示数据的不同特性和含义。例如，在展示风险数据时，通常使用红色表示高风险，使用黄色表示中等风险，使用绿色表示低风险。通过保持颜色的一致性，可以帮助用户快速理解数据的含义，并在多个图表中进行比较。如果在同一数据可视化项目中使用不同的颜色表示相同的含义，可能会导致用户的混淆和误解。

（2）符号的一致性　符号的一致性也是确保数据可视化一致性的重要方面。在网络图、流程图等复杂图表中，通常使用不同的符号表示不同类型的数据或关系。例如，在展示组织结构图时，可以使用不同形状的节点表示不同职位，使用不同类型的连线表示不同的从属关系。通过保持符号的一致性，可以帮助用户快速理解图表的结构和逻辑，增强图表的可读性和理解性。如果在同一图表中使用不同的符号表示相同的含义，也会导致用户的混淆和误解。

（3）布局的一致性　在多个图表中使用一致的布局和排列方式，可以使用户快速找到关键信息并进行比较。例如，在展示时间序列数据时，可以将所有图表的时间轴放置在相同的位置，使用户能够轻松比较不同时间点的数据变化。通过保持布局的一致性，可以提高数据展示的效率和准确性，增强用户的体验和满意度。地铁线路图的可视化就有效地遵循了一致性原则，基本与 20 世纪初伦敦的地铁图采用了一致的布局、绘制方式。北京市地铁线路图如图 3-33 所示。

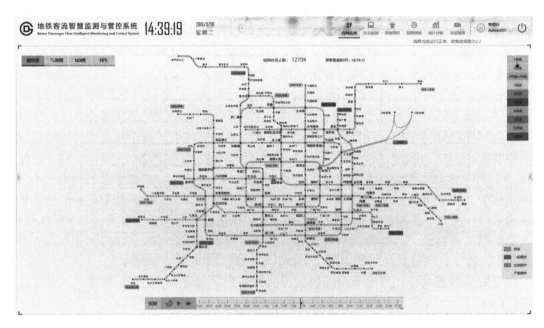

图 3-33　北京市地铁线路图

3.3.3　坐标系

坐标系在数据可视化中起着至关重要的作用。它是图形绘制的基础，通过提供数据点在图形上的位置，帮助用户理解数据点之间的关系、趋势和模式。它在几何、物理、计算机图形学等领域得到广泛应用，可以描述空间中任意点的位置，是研究和解决问题时常用到的工具。在几何学中，笛卡儿坐标系和直角坐标系被用来表示图形的位置和形状，计算图形的长度、面积和体积等。在物理学中，笛卡儿坐标系和直角坐标系被用来描述物体的运动和力学问题，求解物体的速度、加速度以及受力情况等。

在数据可视化中，不同类型的坐标系具有不同的特点和适用场景，以下是几种常见的坐标系及其应用：

1. 笛卡儿坐标系

笛卡儿坐标系（Cartesian Coordinate System）是一种用于描述平面或空间中点的位置的坐标系，由法国数学家和哲学家勒内·笛卡儿（René Descartes）在 17 世纪提出。这一坐标系通过两个或三个相互垂直的坐标轴来确定每个点的位置，为现代数学、物理学和工程学的研究和应用提供了重要工具。

在二维空间中，笛卡儿坐标系由两个相互垂直的直线（坐标轴）构成。

（1）x 轴（横轴）　通常水平放置，表示水平方向。

（2）y 轴（纵轴）　通常垂直放置，表示竖直方向。

这两条坐标轴在一个点交汇，这个点称为原点（O），标记为（0，0），同时将空间分为四个象限，分别记为第一象限、第二象限、第三象限和第四象限，如图 3-34 所示。

在三维空间中，笛卡儿坐标系由三个相互垂直的直线（坐标轴）构成。

（1）x 轴　表示水平方向。

（2）y 轴　表示另一个水平但垂直于 x 轴的方向。

（3）z 轴　表示垂直于 xy 平面的方向。

每个点的位置由一个有序三元组（x，y，z）表示，其中 x 表示点在 x 轴上的位置，y 表示点在 y 轴上的位置，z 表示点在 z 轴上的位置。在三维笛卡儿坐标系中，三个平面，即 xy 平面、yz 平面、xz 平面、将三维空间分成了八个部分，如图 3-35 所示。

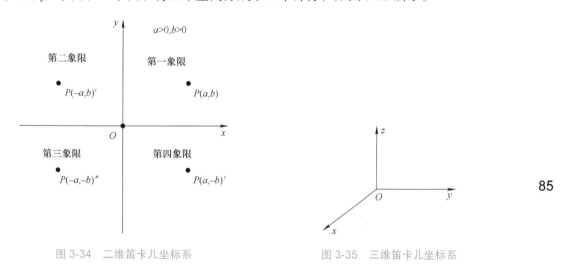

图 3-34　二维笛卡儿坐标系　　　　　　　图 3-35　三维笛卡儿坐标系

2. 极坐标系

极坐标系（Polar Coordinate System）的概念可以追溯到古希腊时期，但其正式的发展和推广是在 17 世纪由瑞士数学家雅各布·伯努利（Jacob Bernoulli）和英国数学家艾萨克·牛顿（Isaac Newton）等人完成的。随着解析几何的发展，极坐标系成为描述和分析几何图形的重要方法之一。

极坐标系是一种用于描述平面中点位置的坐标系统。与笛卡儿坐标系不同，极坐标系通过距离和角度来确定每个点的位置。极坐标系在处理圆形或旋转对称问题时特别有用，是数学、物理学和工程学中重要的工具。航海领域经常使用角度来测量位置，在物理学的某些领域大量使用半径和圆周的比来进行运算，所以更倾向于使用弧度。极坐标系尽管不如直角坐标系常用，但是在使用角度和方向这两种视觉通道时更有优势。

极坐标系通过一个固定点（极点）和一条固定半直线（极轴）来定义。

1）极点（Pole）：相当于笛卡儿坐标系中的原点。

2）极轴（Polar Axis）：通常与笛卡儿坐标系的 x 轴重合。

极坐标系以极点为中心，通过极径和极角来表示数据点的位置。在极坐标系中，每个点的位置都由一个有序对（r,θ）表示，其中r（径向距离）表示该点到极点的距离，θ（极角）表示从极轴到该点所在射线的逆时针旋转角度，通常用弧度表示。

例如，在图 3-36 中，点（3，60°）表示从极点沿极轴方向旋转 60° 弧度，然后在该方向上移动 3 个单位。点（4，210°）表示从极点沿极轴方向旋转 210° 弧度，然后在该方向上移动 4 个单位。

3. 地理坐标系

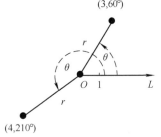

图 3-36 极坐标系示例

地理坐标系（Geographic Coordinate System）的概念可以追溯到古希腊时期，当时的天文学家和地理学家，如埃拉托色尼（Eratosthenes）和托勒密（Ptolemy），已经开始使用经纬度来描述地理位置。随着航海和探险活动的发展，地理坐标系在 15 世纪和 16 世纪得到了进一步完善和广泛应用。

地理坐标系是一种用于描述地球表面位置的坐标系统。它利用经度和纬度两个角度坐标来表示地球上的任何一个点。地理坐标系广泛应用于地图绘制、导航、地理信息系统等领域，提供了一种精确描述地理位置的方法。地理坐标系基于地球的形状和旋转轴来定义位置。它使用两个主要的坐标：经度（Longitude）和纬度（Latitude）。其中经度是指地球上某点与本初子午线（Prime Meridian）的角距离。经度线（子午线）是从北极到南极的半圆，每条经度线表示相同的经度值。经度范围从本初子午线的 0° 到东经 180° 和西经 180°。纬度是指地球上某点与赤道的角距离。纬度线是与赤道平行的圆圈，每条纬度线表示相同的纬度值。纬度范围从赤道的 0° 到北极的 90°N 和南极的 90°S。

地理坐标系可以确定地球上任何一点的位置，地理坐标系中的位置通常表示为经度和纬度的组合，格式为（纬度，经度）。目前，二维可视化仍是主流的可视化方式，地理坐标系在可视化时，通常需要进行投影，将三维投影到二维平面上进行可视化展示，图 3-37 中给出了几种常用的地图投影方式。

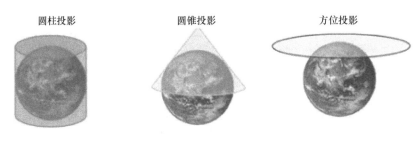

图 3-37 地图投影

（图片来源：https://baike.baidu.com/item/ 几何投影 /3393159）

坐标系作为数据可视化的基础构成之一，在数据展示和分析中起着至关重要的作用。不同类型的坐标系具有各自的特点和适用场景。在实际应用中需要根据数据的特性和展示需求来选择合适的坐标系。例如，在展示时间序列数据时，笛卡儿坐标系的折线图能够清晰地显示趋势变化；在展示多个变量的相对关系时，极坐标系的雷达图可视化效果更好。在地理数据可视化方面，地理坐标系能够准确地表示地理位置信息，使得地图展示更加直观。然而，不同坐标系之间也存在一些区别，例如极坐标系在表达线性关系方面不如笛卡儿坐标系直观。因此，在选择坐标系时需要综合考虑数据特性和展示需求。

3.3.4　标尺

在数据可视化中，标尺是不可或缺的元素，作为数据的参照标准，能够有效地传达数据的量级和分布，为用户提供了对数据图表的理解和解读。

标尺的设计需要遵循一些基本原则，以确保其清晰可见、易于理解和使用。首先，标尺的刻度和标签应该清晰可见，以便用户能够准确地读取数据。在设计标尺时，需要选择合适的字体大小和样式，确保刻度和标签与图表中其他元素相协调，保持一致性和统一性。其次，适当的刻度间距和统一性也是设计标尺的重要考虑因素。刻度间距应该根据数据的特性和范围进行调整，以确保标尺的清晰度和可读性。标尺的刻度值应该与数据的量级相匹配，避免过大或过小，以免给用户造成困扰和误解。此外，在多图比较时，保持标尺的一致性十分重要。这样用户更容易进行对比分析，从而得出准确的结论。

除了设计原则外，标尺的使用技巧也至关重要。在数据可视化中，动态调整标尺以适应交互式可视化是一种常见的技巧。通过允许用户根据需要自由缩放和调整标尺的范围，可以使用户更加灵活地探索数据，并深入了解数据的细节和特征。此外，标尺的注释和说明也是有效的技巧。通过为标尺添加文字说明或注释，可以帮助用户理解数据的含义和背景，从而更好地理解和解读数据图表。此外，用户还可以通过交互方式悬停在标尺上查看详细信息，进一步提升体验和数据理解能力。

通过合理的设计和灵活的使用，标尺能够为用户提供更加直观和有效的数据展示，帮助他们更好地理解和分析数据。不同重量和价格的钻石品质如图 3-38 所示。

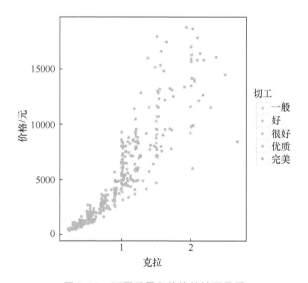

图 3-38　不同重量和价格的钻石品质
（图片来源：https：//blog.csdn.net/u014801157/article/details/24372521）

3.3.5　背景信息

在数据可视化中，背景信息扮演着至关重要的角色。它不仅提供数据的上下文，帮助用户理解数据的来源、意义和背景，还能显著增强图表的可读性。有效地整合背景信息是创建清晰、信息丰富且用户友好的数据可视化作品的关键。背景信息的类型多种多样，包括图例、注释、标题和数据来源说明等，它们共同作用，为用户提供全面的理解框架。

首先，图例是背景信息的一个重要组成部分，特别是在复杂图表中。图例通过解释图表中的符号、颜色和线条，帮助用户快速识别和理解不同数据系列或类别。一个清晰、简洁的图例可以大大提高图表的可读性和用户体验。其次，注释是提供额外背景信息的有效手段。注释可以是对数据点的详细解释、数据趋势的分析或对异常值的说明。通过注释，用户可以更深入地理解数据的具体含义和背后的故事。标题和副标题也是背景信息的关键元素。它们为图表提供了明确的主题和方向，使用户第一眼就能理解图表的主要内容和目的。一个好的标题不仅要简洁明了，还要具有信息性，能够准确传达图表所展示的数据故事。副标题则可以补充更多细节，进一步解释图表的背景和数据来源。数据来源说明是确保数据可信度的基础。明确的数据来源说明可以增强用户对数据的信任，特别是在涉及敏感或关键数据的场合。数据来源说明通常包括数据收集的方法、时间范围以及数据提供者的信息。通过这些细节，用户可以评估数据的可靠性和适用性。

在实际应用中，如何有效整合背景信息是一个需要仔细考虑的问题。首先，背景信息应当简洁明了，避免过度复杂。过多的信息会增加图表的视觉负担，使用户难以聚焦于主要数据。因此，在设计图表时，应优先考虑信息的简洁性和易读性。其次，背景信息的位置安排应合理，确保与图表内容紧密相关。例如：图例通常放置在图表的旁边或下方，以方便用户快速参考；注释应当靠近相关数据点，以便用户能轻松找到和理解；标题和副标题通常放置在图表的上方，是用户首先看到的部分，因此需要醒目且具有吸引力；数据来源说明则可以放置在图表的底部或侧边，确保用户能够找到但不至于干扰主要内容的展示。背景信息在图表中的作用如图 3-39 所示。

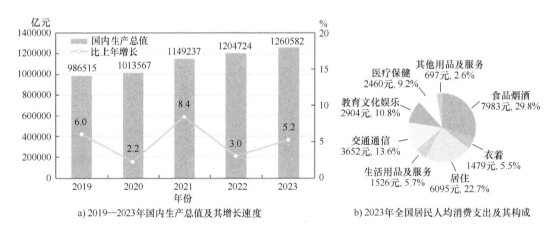

a) 2019—2023年国内生产总值及其增长速度　　b) 2023年全国居民人均消费支出及其构成

图 3-39　背景信息在图表中的作用

（图片来源：https：//www.stats.gov.cn/sj/zxfb/202402/t20240228_1947915.html）

利用工具提示（Tooltip）和交互注释是提供额外背景信息的有效方法。工具提示是一种动态标签，当用户将鼠标悬停在图表的特定部分时，会弹出一个窗口显示详细信息。这种方式可以在不增加图表视觉负担的情况下，提供丰富的背景信息。交互注释则允许用户点击或触摸特定部分以获取更多信息,增强用户的参与感和互动性。

在实践中,背景信息的整合需要结合具体的应用场景和用户需求。例如:在商业报告中,图表通常需要包含详细的注释和数据来源说明,以确保报告的专业性和可信度;在教育和培训场景中,背景信息应更加直观和易懂,通过简洁的图例和注释帮助学习者快速掌握关键内容;在新闻媒体中,数据可视化作品需要迅速传达信息,因此背景信息的设计应注重简洁性和视觉冲击力。

3.4 可视化设计方法

可视化的首要任务是准确地展示和传达数据中包含的信息。在此前提下,针对特定的用户对象,设计者可以根据用户的预期和需求,提供有效辅助手段,以方便用户理解数据,从而完成有效的可视化。

目前已经有很多不同的技术方法能将数据映射到图形元素并进行可视化,同样也存在不少用户交互技术方便用户对数据进行浏览与探索。要以图形方式展示研究结果,就必须确保受众能很容易地理解图表,应该设计更清晰、简单易懂的图表。有时候数据集是复杂的,可视化也会变得复杂,不过,只要能比电子表格提供更多有用信息,它就是有意义的。无论使用哪种可视化方法,制作图表都是为了帮助受众理解抽象的数据,尽力不要让他们对数据感到困惑。

过于复杂的可视化会给用户在理解方面带来麻烦,甚至可能引起用户对设计者意图的误解和对原始数据信息的误读,而缺少直观交互控制的可视化可能会阻碍用户以更加直观的方式获得可视化所包含的信息。此外,美学因素也能影响用户对可视化设计的喜好或厌恶,从而影响可视化作为信息传播和表达手段的功能。总之,良好的可视化提高了人们获取信息的能力,但是也有诸多因素会导致信息可视化的效率低下甚至失败。89

因此,在可视化设计过程中,需要突出重点信息和数据,让用户的视线聚焦在可视化结果中最重要的部分,向用户提供有层次的可视化结果,帮助用户找到正确阅读可视化结果的方法。本节将提供一些用于设计有效可视化的指导思路,以便可视化设计人员在实际的可视化设计中能够有所遵循并从中获益。

3.4.1 增强图表的可读性

作家通过词汇来描绘他们笔下的世界,帮助读者想象发生的情景。如果语言描述不清晰,读者就会难以理解,词汇也就失去了意义。同样,用视觉元素编码数据时,必须确保图表的内容能够被正确解读。可视化设计面临的一个关键挑战是确定视图中包含的信息量。优秀的可视化应展示适量的信息,而不是信息越多越好。合理的信息展示能够帮助用户清晰地理解可视化所传递的故事。合理的信息展示需要做到:筛选信息密度,确保展示的信息量适中;区分信息主次,确保信息层次分明。

(1)避免两种极端情况

1)可视化展示了过少的数据信息。如图 3-40 所示,如果没有清楚地描述数据,画出可读性强的数据图表,形状和颜色就失去了价值。例如,图表和相关数据之间的联系被切断,改为其结果仅仅是一个几何图形。

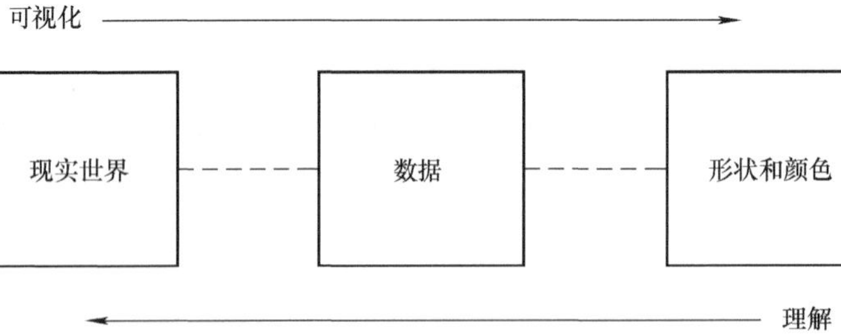

图 3-40　视觉暗示和数据所表达内容的联系

此外，在实际中，很多数据仅包含 2～3 个不同属性的数值，甚至这些数值可能是互补的，即可由其中一个属性的数值推导出另外一个属性的数值，例如男性和女性的比例（两者和是 100%）。在这些情况下，通过表格或文字描述就能够高效地传达完整的信息，且能节省大量版面空间，因此无须使用可视化手段。然而，在处理涉及更多属性的高维大数据时，使用可视化分析工具显得尤为必要。需要注意的是，可视化作为辅助工具，有助于用户深入理解和认知数据。相比之下，仅提供有限的数据信息无法有效促进用户对数据的全面理解和认知。

2）设计者如果试图表达和传递过多的数据信息，会显著增加可视化的视觉复杂度，导致结果混乱。这样会使用户难以理解图表，重要信息被掩盖，甚至无法确定应该关注的部分。当大量的图表和文字挤在一起时，图表会显得杂乱无章。在图表之间留一些空白，则可以使图表更易于阅读。在图表中，留白既可以用于分隔不同的图形，也可以用于划分多个图表，形成模块化布局。适当的留白能够使可视化图表更易于浏览，并便于逐步处理信息。

综上所述，必须维护好视觉隐喻和数据之间的纽带，应向用户有限度的展示关键信息。

（2）优秀可视化的要点

1）建立视觉层次。建立视觉层次是解决问题的核心方法之一，最初基于格式塔理论。格式塔理论考察了人对相互关联元素的视觉感知，并演示了人是如何将视觉元素分类的。具有层次感的图表更易于理解，使用户能够更快地捕捉到关键信息。相比之下，扁平图表缺乏流动感，用户可能难以理解。用户第一次查看可视化图表时，他们通常会快速浏览，试图找到引人注目的部分，如明亮的颜色、较大的物体，以及曲线长尾端的内容。例如，高速公路上使用橙色锥筒和黄色警示标志提醒人们注意事故多发地或施工处，这是因为在单调的深色公路背景中，这两种颜色非常引人注目。这些特性可以用来增强数据的可视化效果。

即使图表的绘制目的是研究或对数据进行概览，而不是查看具体的数据点或信息，仍然可以通过视觉层次将图表结构化。按类别细分数据有助于减轻视觉冲击，同时保持可读性。有时，视觉层次可以用来反映研究数据的过程，例如在研究阶段生成了大量的图表，可以使用几张图表展示全景，然后在其中标注细节，并使用其他图表展示对应的详细信息。这种方法可以引导多个用户一同分析数据。最重要的是，具有视觉层次的图表更易于理解，能够引导用户关注关键信息。

2）允许数据点之间进行比较。允许数据点之间进行比较是数据可视化的核心目标。

在传统表格中，数据只能逐项比较，而通过可视化展示，用户能够直观地理解各数据点之间的关系。数据可视化的主要价值在于提供更直观、更全面的理解方式。如果无法体现这个价值，数据可视化就失去其意义。在数据可视化中，比较性至关重要，它使用户能够准确地得出各种结论，例如数值是否相等。

　　3）高亮显示重点内容。高亮显示在数据可视化中的作用是引导用户快速抓住关键信息，特别是在大量数据中。它不仅能够加深用户对已观察信息的印象，还能够突出需要关注的信息。为了引导用户的视觉焦点，可以采用明亮的颜色、加粗的边框和其他视觉元素，使特定数据点或区域在整体图表中脱颖而出。通过这种方式，用户能够迅速识别并专注于重要的数据。例如，在展示时序数据时，可以通过高亮显示关键年份来吸引用户的注意力，使其成为图表的焦点。如图 3-41 所示，通过简单的衡量指标对比美式橄榄球联盟球队数十年的表现，并高亮显示表现最好的年份，以便用户迅速捕捉到关键信息。

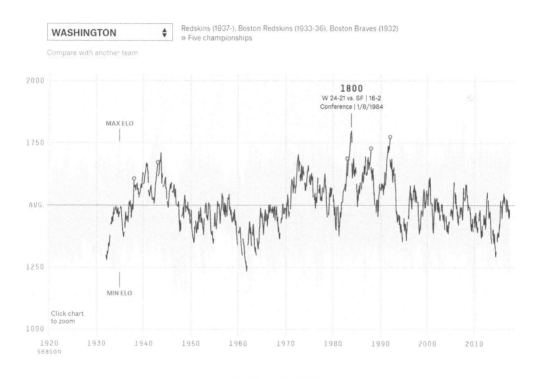

图 3-41　橄榄球队表现

（图片来源：https：//projects.fivethirtyeight.com/complete-history-of-the-nfl/#wsh）

3.4.2　去除不必要的非数据元素

　　在数据可视化中，去除不必要的非数据元素可以提高信息传递效率，突出数据的重要性，简化图表设计，并节省空间和资源。因此，在数据可视化中，有一个重要的概念被称为"数据墨水比"。数据墨水比强调了图表中用于展示数据的墨水量与总墨水量之间的比例，即

$$数据墨水比 = 图表中的数据墨水量 / 总墨水量$$
$$= 图表中用于数据信息显示的必要墨水比$$
$$= 1- 可被去除而不损失数据信息的墨水比$$

对于一张图表而言,曲线、柱形、条形、扇区等用来显示数据量的元素对数据墨水比起至关重要的作用,而网格线、坐标轴、填充色等元素并不是必不可少的。因此,应最大化数据墨水比,去除或淡化不必要的非数据元素,强调重要的数据元素,以达到最佳的视觉可视化效果。包含九个数据点的柱状图如图 3-42 所示,可以看出,该图的数据墨水比很差,包含网格线、背景色、方框线和坐标轴这些不必要的非数据信息。

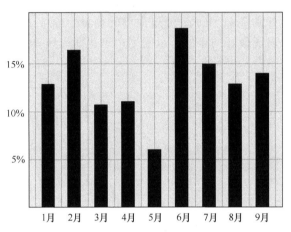

图 3-42　包含九个数据点的柱状图

（图片来源：http://www.tbray.org/ongoing/data-ink/di1）

可以对图 3-42 做一些改进,增大其数据墨水比,使其更有视觉层次。在图 3-43 中去掉了网格线,这样不仅没有影响图所要表达的信息,而且看上去不再杂乱,更能突出数据。

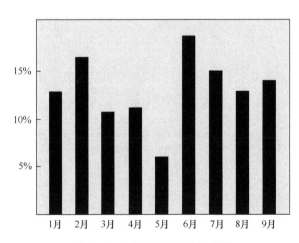

图 3-43　去掉了网格线的柱状图

（图片来源：http://www.tbray.org/ongoing/data-ink/di2）

将网格线去掉可使柱状图在视觉上更加突出,但图中的背景填充色没有任何意义。很多人第一次看到这个图时，注意都会自然地被吸引到浓重的背景色上。从数据墨水比的角度分析，背景色完全是非数据信息，没有显示任何有用的信息，反而更容易让读者分心。在图 3-44 中去掉了背景色，使数据更为突出，并且使柱状图更为简洁。

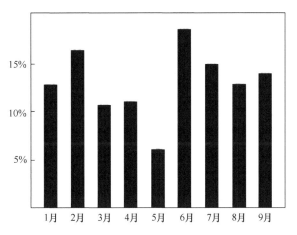

图 3-44　去掉了背景色的柱状图

（图片来源：http：//www.tbray.org/ongoing/data-ink/di3）

看图和看一大段文字一样，常规顺序是从上到下、从左到右。如图 3-45 所示，将图中的方框线和坐标轴去掉，进一步降低"数据墨水比"来展示数据。显然，描述性更强的水平线比坐标轴的效果好，能更明确地表达图中的数据信息。这样一步一步地化繁为简，去掉非数据信息，最终实现的柱状图虽然没有绚丽的外观，但最大限度地实现了数据信息的表达。

93

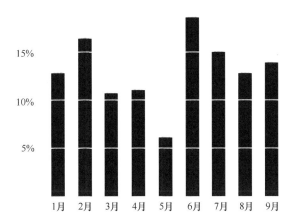

图 3-45　去掉了方框线、坐标轴，并采用水平线的柱状图

（图片来源：http：//www.tbray.org/ongoing/data-ink/di6）

需要注意的是，在实际的可视化设计中，不要过分地追求较低数据墨水比，也要考虑到可视化作品的美感、具体的分析任务等方面。

3.4.3　选择交互能力强的视图

对于简单的数据，使用一个基本的可视化视图就可以展现数据的所有信息；对于复杂的数据，需要使用较为复杂的可视化视图，甚至为此发明新的视图，才能有效地展示数据中所包含的信息。一般而言，一个成功的可视化首先需要考虑的是被用户广泛认可并熟悉的视图设计。此外，可视化系统还必须提供一系列交互手段，使用户可以按照自己满意的方式改变视图的呈现形式。不管可视化设计是使用一个视图还是使用多个视图，对每个视图都必须用简单而有效的方式（如通过标题标注）进行命名和归类。视图的交互主要包括以下几个方面：

（1）滚动与缩放　当数据无法在当前有限的分辨率下完整展示时，滚动与缩放是有效的交互方式。

（2）颜色映射的控制　调色盘是可视化系统的基本配置，同样，允许用户修改或者制作新的调色盘也能增强可视化系统的易用性和灵活性。

（3）数据映射方式的控制　在进行可视化设计时，设计者首先需要确定一个直观且易于理解的从数据到可视化的映射。但在实际使用过程中，用户仍有可能需要转换到另一种映射方式来观察他们感兴趣的其他特征。因此，完善的可视化系统在提供默认的数据映射方式的前提下，仍然需要保留用户对数据映射方式的控制和交互。使用两种不同的数据映射方式展示了同一个数据集的可视化，如图 3-46 所示。

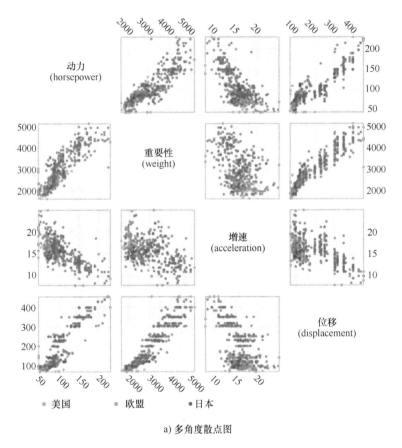

a) 多角度散点图

图 3-46　使用两种不同的数据映射方式展示同一个数据集的可视化
（图片来源：http：//hci.stanford.edu/jheer/files/zoo/）

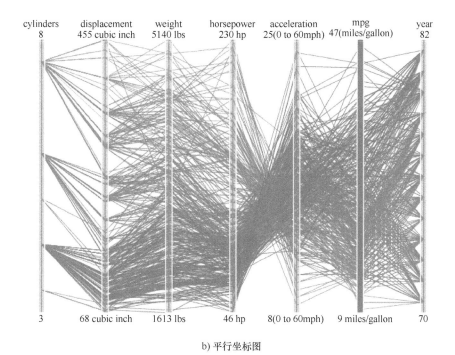

b) 平行坐标图

图 3-46　使用两种不同的数据映射方式展示同一个数据集的可视化（续）

（图片来源：http://hci.stanford.edu/jheer/files/zoo/）

（4）数据缩放和裁剪工具　在对数据进行可视化映射之前，用户通常会对数据进行缩放，并对可视化数据的范围进行必要的裁剪，从而控制最终可视化的内容。

（5）LOD 控制　LOD（Level of Detail，细节层次）控制有助于在不同的条件下隐藏或者突出数据的细节部分。

从总体上，设计者必须保证交互操作的直观性、易理解性和易记忆性。直接在可视化结果上进行操作比使用命令行更加方便、有效。例如，按住并移动鼠标可以很自然地映射为一个平移操作，而滚轮可以映射为一个缩放操作。

3.4.4　采用动画与过渡

信息可视化的结果主要以两种形式存在：可视化视图与可视化系统。前者通常是图像，是相关人员进行交流的载体形式；后者则创建了一个用户（包括设计者和一般用户）与数据进行交互的系统环境，使得用户可以根据自己的意图选择合适的可视化映射和可视化信息密度，并通过系统提供的交互方式生成最终的可视化视图或可视化视图序列。动画与过渡是可视化系统中常用的技术，通常用于增强可视化视图的丰富性与可理解性，或增强用户交互的反馈效果，使交互操作自然、连贯。此外，动画与过渡还可以增强重点信息或者整体画面的表现力，吸引用户的关注，以加深印象。例如，对于时变的科学数据，采用科学可视化方法逐帧绘制每个时刻的数据，可重现动态的物理或化学演化规律。在可视化系统中，动画与过渡的功能可概括如下：

1）用时间换取空间，在有限的屏幕空间中展示更多的数据。在时序数据的可视化中，数据值随时间变化。如果每一时刻仅包含一个维度，则该维度和时间维度可以组成一个二

95

维空间，用类似于坐标轴的方式编码数据值，其中横轴代表时间的渐变。当数据包含多个维度时，需要通过多个视觉通道编码不同的维度信息。此时，如果采用动画的方式编码随着时间演进而产生的数据值变化，则可以在有限的视图空间中展示更多的信息，同时也能确保任何单一时刻可视化结果对有限视图空间的充分利用。此外，即使采用静态可视化编码时序数据也不是问题，因为动画效果能在一定程度上展示时序效果，并引起观察者的注意。图 3-47 展示了 GapMinder 软件可视化效果的动画序列的其中 1 帧，呈现了不同层次不同国家时间范围和国内生产总值的关系。显然，如果在有限的视图空间中展示这些数据，得到的可视化结果将显得非常拥挤，甚至产生大量的重叠。

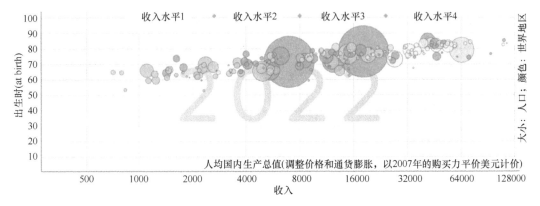

图 3-47 人均国内生产总值
（图片来源：http://www.gapminder.org/tools）

2）辅助不同可视化视图之间的转换与跟踪，或者辅助不同可视化视觉通道的变换。如果数据包含的信息量大且是必需的，那么设计者通常会设计多个视图，用于展示数据的信息。用户在浏览可视化数据的过程中，需要在不同的视图之间切换，使用动画效果辅助视图切换过程有助于用户跟踪在不同可视化视图中出现的相同元素。此外，当设计者希望在两个时刻采用同一个具有较强表现力的视觉通道，以强调不同的数据属性，且不同的数据属性之间互为上下文信息，此时如果采用动画切换技术，则可以减轻视图变换给用户带来的"冲击"，避免用户在转换的过程中迷失，方便用户跟踪数据的信息。图 3-48 展示了从柱状图过渡到环形图的动画序列的几帧截图。通过动画过渡技术，用户可以容易地察觉到柱状图中的每个柱条与环形图中相应块之间的对应，并因此避免了两种可视化编码切换所带来的视觉"冲击"。

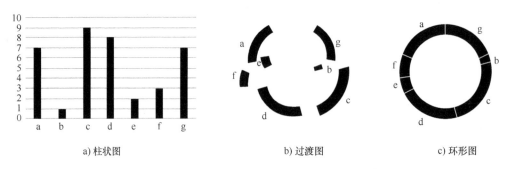

a) 柱状图　　　　　　　　　　b) 过渡图　　　　　　　　　　c) 环形图

图 3-48 从柱状图过渡到环形图的动画序列的几帧截图

3）增强用户在可视化系统中交互的反馈效果。在可视化系统中，用户交互时总是期望获得系统的反馈。不管用户交互所带来的系统计算量是大还是小，实时的反馈效果都有助于用户获得对其所做操作的确认，以避免用户盲目地重复操作。例如，对于计算量非常大的操作，一个简单的进度条即可让用户获得确认。当用户移动鼠标经过散点图的某个点时，物体在很短的时间（如 200ms）内产生一个光晕动画，则这通常表示该物体能被点选或进行其他操作。

4）引起观察者的注意。动画作为一种视觉通道，涵盖了运动方向、运动速度以及闪烁频率等要素，可用于突出重要的信息。然而，尽管动画具有引人注目的效果，设计者在可视化中使用动画时必须慎重考虑，应在吸引用户注意力的同时避免引发混淆。研究结果表明，虽然动画具有多种功能，但在可视化系统中过度使用动画可能对整体表达产生负面影响，甚至可能降低用户获取信息的速度和精度。因此，在可视化设计中使用动画和过渡技术时需要谨慎。

用户主要分为两类：一类是数据的探索者，他们通常不清楚数据情况，期望通过直接控制可视化系统进行交互，进行多维度分析以发现隐藏的信息；另一类是数据的展示者，他们已经熟悉数据，并且通常已对数据进行了处理，此时更多是被动地接收信息。这两类用户对可视化系统的需求存在差异，前者需要更多的交互和分析工具，通常不希望动画干扰自身数据分析的过程，而后者更注重信息的呈现和表达观点。因此，在可视化系统设计中需要平衡不同用户的需求。使用适当的动画可以增强用户的理解；如果使用不当，则会适得其反。巧用动画与过渡，需要做到以下三点：

1）适量原则，即动画（尤其是自动播放的动画）不宜过多，避免陷入过度设计的危机中。

2）统一原则，即相同动画语义统一，相同行为与动画保持一致，保持一致的用户体验。

3）易理解原则，即简单的形变、适量的时长、易判断、易捕捉，避免增加用户的认知负担。

3.5 基本的可视化图表

在数据可视化领域，图表是最常用的工具之一。不同类型的图表适用于展示不同类型的数据，并能够帮助用户从不同的角度解读信息。本节将介绍几种基本的可视化图表，包括柱状图、直方图、饼图、折线图和散点图。每种图表都有自身的特点和适用场景，理解它们的使用方法和局限性对于有效地传达数据至关重要。

3.5.1 柱状图

柱状图，又称长条图、柱状统计图、条图、条状图、棒形图，是一种以长方形的长度为变量的统计图表。柱子越矮，则数值越小；柱子越高，则数值越大。柱状图通过柱子的高度清晰地反映数据的差异，通常用于不同时期或不同类别数据之间的比较。图 3-49 通过柱状图展示了 2017 年至 2021 年的收入。

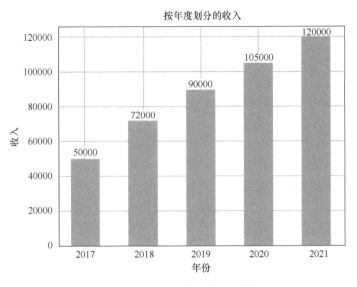

图 3-49　不同时期柱状图实例

通常来说，柱状图的 X 轴是时间维，用户习惯性认为存在时间趋势。如果遇到 X 轴不是时间维度的情况，建议用颜色区分每根柱子，改变用户对时间趋势的关注。

柱状图用条形表示分类数据项的计数，条形的长度表示计数。柱状图表示二维数据，其中关键属性是分类属性，另一个属性是定量属性，图 3-50a 直观地体现了不同水果的供应数量。柱状图也可以延展细分为分组（或分簇）柱状图和堆积（含百分比）柱状图；图 3-50b 以时间为单位，展示了某品牌共享单车在一年四个季度"会员"与"非会员"平均的骑行时间，以便管理者与运营商直观地区分差异；图 3-50c 通过堆积柱形图可以有效地传递单个项目与整体之间的关系，比较各个类别的数值所占总数值的大小，尤其是总数值对每个类别都相同时（如总额或总占比），不仅可以体现每月三种水果的销量占比，而且可以通过 Y 轴随着时间变化看到某种水果的销售占比随时间变化情况，从而直观地体现数据内在关联信息。

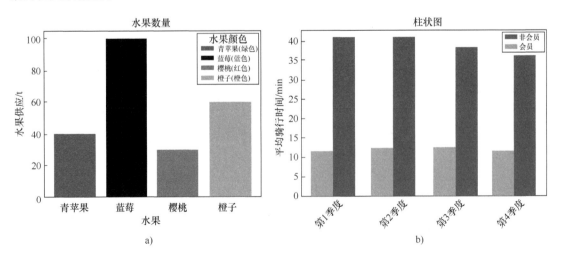

图 3-50　不同类别柱状图实例

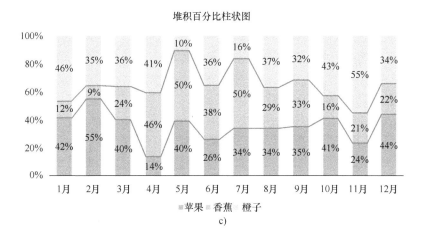

图 3-50 不同类别柱状图实例（续）

3.5.2 直方图

直方图是一种用于展示数据分布的图表，也是一种二维统计图表，用于汇总在区间尺度上测量的离散或连续数据。它常用于便捷地展示数据分布的主要特征，尤其适用于处理超过 100 个观测值的大型数据集。直方图还可以帮助检测异常观测值（离群值）或数据中的空隙。

直方图将数据集的可能值范围划分为若干类别或组。对于每个组，构建一个矩形，其底边长度等于该组的值范围，高度等于落入该组的观测值数量。直方图可以看作柱状图的一种变体。它使用柱子的长度来编码值的频率或频率密度。虽然与柱状图的呈现方式相似，但直方图用于表示数据集中变量的频率分布，柱状图通常用于表示离散或类别变量的图形比较，也就是说直方图的关键属性是连续的而不是离散的。一般来说，直方图的柱子宽度相等。图 3-51 通过直方图展示了学生身高分布情况。

99

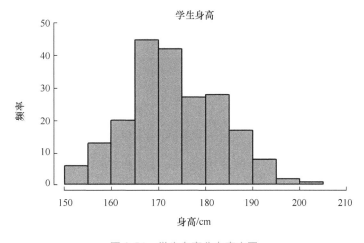

图 3-51 学生身高分布直方图

直方图和柱状图都是数据的图形工具，它们虽然在呈现形式上相似，但在图表意义、适用数据、图表绘制等方面存在显著的区别，主要体现在：

（1）图表内在意义　直方图主要用于展示数据的分布情况，通过将数据分组并展示每个组内的频数，使用户可以直观地看出数据的分布状态。柱状图则主要用于比较数据的大小，通常用于展示不同类别之间的数量差异。

（2）适用数据差异　直方图适用于展示数值型数据，其 X 轴为定量数据，表示连续的数值区间。柱状图适用于展示分类数据，其 X 轴为分类数据，如不同的类别或类型。

（3）图表分组绘制　在制作直方图时，需要将数据分组，合理分组是关键。直方图是根据数据分布情况，画成以组距为底边、以频数为高度的一系列连接起来的直方型矩形图。柱状图的柱子之间存在间隔，且柱子可以根据需要按照分类数据的名称或数值的大小进行排列。

（4）柱子间隔间距　直方图由于其连续的间隔区间，各个柱子间可以无间隔或间距较小。柱状图的柱子之间需要有间隔才可以有效区分不同的类别。

3.5.3　饼图

饼图，又称环形图，是一种用于展示数据各组成部分在总体中所占比例的圆形统计图表。饼图最初设计受比萨的启发，将一个"饼"划分为若干扇形，每个扇形代表一个数据项，其面积与该数据项在总数据集中所占的比例成正比。通过饼图可以展示数据集中各数据项的大小以及其与各数据项总和的比例。饼图的使用非常普遍，因为圆圈提供了整体（100%）的视觉概念，通过人眼的视觉感知能力，用户可以轻松地获得数据之间的比例信息。图 3-52 清楚地显示了地球七大洲的面积占比。通过饼图以及图中的文字信息，读者很快就能了解各个大洲的面积占比：亚洲最大（29.4%）、南极洲（9.4%）、大洋洲（6.0%）、南美洲（12.2%）、北美洲（16.2%）、非洲（20.2%）、欧洲（6.8%）。

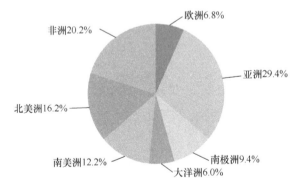

图 3-52　各大洲占比饼图

尽管饼图很受欢迎，但在以下两种情况下应谨慎使用：当数据项过多时，尽量不要用饼图来展示，否则图形展示可能由于过于复杂而难以理解；当数据项之间的值太相似时，利用饼图来展示数据之间的比例分配没有意义，因为很难通过肉眼直接看出扇区之间的差异。从图 3-53 所示的饼图中可以了解到，在某网站的访问方式中，通过"视频广告"方式访问网站占比最大，但由于"搜索引擎""直接访问""Email""综合广告"这四种方式的数据值过于接近，无法直接了解更详细的信息。

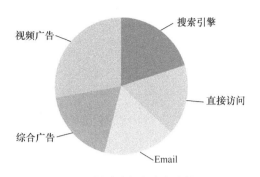

图 3-53　网站访问方式占比饼图

3.5.4　折线图

　　折线图是一种用于显示数据随时间变化趋势的图表。折线图是对两个变量如何相互关联或变化的视觉比较。它通过在网格上的所有点之间绘制一条连续的线来显示相关信息，即通过点与点之间的连线展示数据在不同时间点的数值变化情况。根据数据变化的上升和下降斜率，用户可以轻松感知时间趋势和其他感兴趣的模式。折线图在统计和科学领域特别有用，备受欢迎，这是因为其视觉特征可以清晰地揭示数据趋势，而且很容易创建。

　　折线图包含两个变量：一个沿 x 轴（水平）绘制，另一个沿 y 轴（垂直）绘制。折线图中的 y 轴通常表示数量（例如美元、升）或百分比，而水平 x 轴通常表示时间单位。因此，折线图通常被视为时间序列图。虽然它们不能像表格那样呈现具体数据，但折线图能够比表格更清楚地显示关系。折线图也可以描绘多个序列，因此通常是时间序列数据和频率分布的最佳候选。

100
101

　　图 3-54 展示了一个明显的趋势，即 1 月至 7 月学生人数的波动。学生人数在 1 月为 252 人，2 月为 252 人，3 月为 255 人，4 月为 256 人，5 月为 282 人，6 月为 290 人，7 月为 319 人。进一步检查后，折线图表明，学生人数在前四个月（1 月至 4 月）处于稳定状态，而在接下来的三个月（5 月至 7 月）中，人数稳步增加。

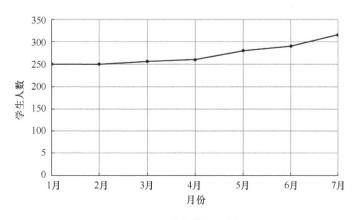

图 3-54　单折线图示例

线条的颜色和节点的形状可用于帮助用户快速识别和比较不同维度的趋势。多折线图可以有效地比较同一时间段内的相似项目。例如，地点站点客流在时间和空间上均具有一定规律性，如在休息日和工作日客流量差别较大，而且在工作日客流也有明显的早晚高峰、平峰等规律（见图 3-55）。

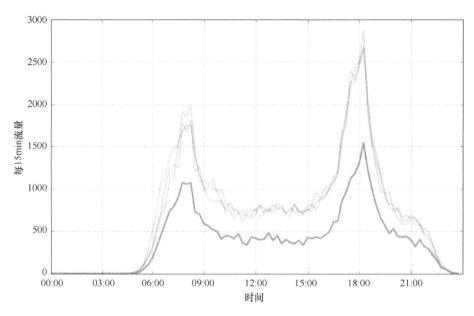

图 3-55　某地铁站点某段时间客流对比

综上，折线图有以下用途：

1）展示时间序列数据的趋势和变化。

2）观察数据在不同时间点的波动情况。

3）比较多个数据集的时间变化趋势。

3.5.5　散点图

散点图被广泛用于表示两个或多个相关变量的测量值，如图 3-56 所示。当 y 轴变量的值被认为取决于 x 轴变量的值时，散点图特别有用。在散点图中，数据点被绘制但不连接。结果模式表明两个或多个变量之间的关系类型和强度。散点图上数据点的模式揭示了变量之间的关系。散点图可以说明各种模式和关系，例如：

1）显示两个变量之间的相关关系。

2）识别数据中的模式、趋势和异常值。

3）分析数据的离散情况和分布特征。

传统散点图适用于数百个数据项。当数据规模和复杂性增加时，需要改善传统散点图的设计以应对新的挑战：当数据点数量增加时，就会出现视觉混乱，即标记相互重叠；可通过减少数据、简化视觉表示和修改绘图空间来应对挑战。散点图在数据挖掘中经常被使用，尤其是用于聚类、分类任务的结果展示。

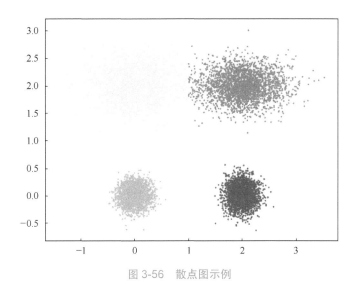

图 3-56　散点图示例

本章小结

　　在本章中，深入介绍了数据可视化设计的关键概念和技术。首先，详细介绍了可视化分析模型，强调将原始数据转化为可视化形式，并通过设计交互过程实现更直观的表达，提升用户体验。其次，深入探讨了视觉感知原理，解释了人们如何通过视觉感知器官获取可视信息，并通过大脑的分析与理解实现对数据的认知。引入了格式塔理论，展示了在可视化设计中如何运用这一理论，以建立清晰的视觉层次结构，突出关键信息，使用户更容易理解和记忆。接着，介绍了视觉编码方法和可视化设计方法，在可视化通道基础上，介绍如何实现既具有美感又符合用户需求的可视化图表。最后，介绍了几种基本可视化图表，并详细分析了各种图表的优缺点。通过本章的讲解，为读者实际应用数据可视化提供全面的理论基础和实用技能。

习题

一、选择题

1. 散点图通过（　　）坐标系中的一组点来展示变量之间的关系。

A. 一维　　　　　　　B. 二维　　　　　　　C. 三维　　　　　　　D. 多维

2. 以下不适合用于精确的数据比较的图是（　　）。

A. 柱状图　　　　　　B. 饼图　　　　　　　C. 折线图　　　　　　D. 直方图

3. 以下可以用于显示数据随时间变化的趋势的图是（　　）。

A. 散点图　　　　　　B. 折线图　　　　　　C. 饼图　　　　　　　D. 热力图

4. 以下不是在可视化系统中使用动画时需要注意的原则是（　　）。

A. 适量原则　　　　　B. 统一原则　　　　　C. 易理解原则　　　　D. 复杂原则

5. 以下视觉通道按照人们理解的精确程度从最精确到最不精确的排序是（　　　）。

A. 长度→位置→角度→方向→面积→体积→饱和度→色相

B. 位置→长度→方向→角度→面积→体积→色相→饱和度

C. 位置→长度→角度→方向→面积→体积→饱和度→色相

D. 长度→位置→角度→方向→体积→面积→色相→饱和度

二、填空题

1. 人们理解视觉通道（不包括形状）的精确程度从最精确到最不精确的排序为：_____，_____，_____，_____，_____，_____，_____，_____。

2. 视图的交互主要包括以下几个方面：_____，_____，_____，_____，_____。

三、简答题

1. 简述数据可视化分析模型的核心要素。

2. 格式塔理论包括哪些原则？试分别概述这些原则。

3. 举例说明基本的数据可视化方法适用的应用场景。

第 4 章　可视化方法

导读

　　在用数据展示想要传递的信息时，好的可视化方法可以起到事半功倍的作用。如果用户不知道自己想要了解什么，设计者不知道自己想要传达什么，那么数据不过是文字和数字的堆砌，没有任何实际的用处与意义。可视化的好处就是能够帮助人们更容易地理解数据背后所蕴含的意义，了解数据背后更深层次的问题。当用数据展示想要表达的内容时，可视化方法的选择显得尤为重要。本章基于数据之间的关系来对可视化方法进行分类，深入介绍几类主要的可视化方法，结合丰富的可视化应用实例，使读者能够掌握各种可视化方法的特点，进而能够根据需求选择合适的可视化方法。

本章知识点

- 文本可视化
- 空间数据可视化
- 时变数据可视化
- 层次和网络数据可视化
- 跨媒体数据可视化
- 面向领域的可视化

4.1　文本可视化

　　互联网的出现大大降低了获取信息的门槛，任何人都能够轻松获取海量数据。然而，这些数据并不能够被良好地展示出来，难以成为有价值的信息。尽管研究人员付出了很多努力来进行资源整理、挖掘，但是大部分数据依旧以无组织的自由格式文本的形式存在。虽然新技术使信息随时都可以被检索到，但是就获取价值的能力而言，当今的互联网依然不能满足需求。这种情况使文本可视化技术凸显出巨大的价值，文本可视化是一种将文本数据转换为视觉形式的技术，以便用户更直观地理解和分析文本内容。它在自然语言处理、数据分析、市场研究、社交媒体分析等领域得到广泛的应用。

4.1.1　文本可视化流程

文本可视化流程的主要步骤如图 4-1 所示。

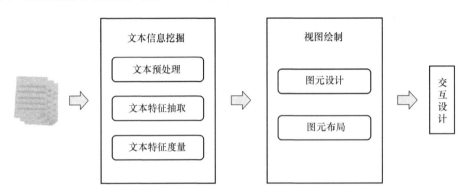

图 4-1　文本可视化流程

1. 文本预处理

数据收集是文本可视化的起点，涉及从各种来源收集文本数据，如社交媒体、新闻文章、客户反馈、电子邮件、论坛帖子等。收集的数据往往是非结构化的，需要进行预处理以使其适合后续的分析和可视化，预处理步骤包括：

1）去除噪声：如 HTML 标签、脚本代码、标点符号、特殊字符等。标记通常包括字母和连字符，还包括数字（例如"3.5"）、句点（例如"google.com"）、撇号（例如"N'Djamena"）、美元符号和其他货币符号、其他符号。

2）标准化文本格式：将所有文本转化为统一的格式，如小写字母。标记规范化可以包括大小写（"commerce""Commerce""COMMERCE"）、连字符（例如"database"和"data-base"）和数字（"1,000"和"1000"）的规范化、缩写/首字母缩略词扩展、拼写规范化/更正、基于同义词库的替换等。

3）分词：将文本拆分为独立的词汇或短语。

4）去停用词：去除如"的""是""在"等无实质意义的高频词。

5）处理缺失值：填补或删除数据中的空白和缺失部分。

通过这些步骤，可以获得干净且结构化的文本数据，为后续的特征抽取和分析奠定基础。

2. 文本特征抽取

文本预处理的下一步就是从文本中提取有用的特征。这些特征可以量化文本数据的内容，为后续的可视化提供数据支持。常见的特征提取方法包括：

1）词频：统计每个词在文本中出现的次数。

2）TF-IDF（词频 – 逆文档频率）：衡量一个词在文档中的重要性，考虑词频和词在整个文档集中的逆文档频率。

3）词嵌入（Word Embedding）：使用模型（如 Word2Vec、Glove、BERT）将词汇转化为高维向量，捕捉词汇的语义关系。

4）N-gram：提取文本中连续的 n 个词组（如二元词组、三元词组），捕捉词汇的顺序和搭配关系。

5）情感分析：使用情感词典或机器学习模型对文本进行情感分类，如积极、消极、中性。

这些特征构成了文本的向量表示，用于进一步分析和可视化。

3. 文本特征度量

文本特征度量是对抽取的特征进行量化和分析，以便在可视化中准确展示这些特征的相对重要性和分布情况。

（1）降维　即使是中等规模的文档集合，其中存在的唯一术语数量也可能达到数万个，因此通常使用降维方法（例如主成分分析法）来消除噪声术语并将文档向量的长度减小到可处理的大小，通常在 50～250 维。常用的降维方法包括：

1）主成分分析（Principal Component Analysis，PCA）：通过线性变换，将高维数据投影到低维空间，保留数据的主要信息。

2）T－分布随机邻域嵌入（T-Distributed Stochastic Neighbor Embedding，T-SNE）：一种非线性降维方法，适用于高维数据的可视化，特别是捕捉局部结构。

3）统一流形逼近与投影（Uniform Manifold Approximation and Projection，UMAP）：一种新的非线性降维方法，能够保留更多的全局结构信息。

（2）聚类　除了降维，聚类分析也是常用的技术，用于发现文本数据中的潜在模式和结构。常见的聚类方法有：

1）k-means 聚类：将数据分为 k 个簇，最小化簇内的平方误差。

2）层次聚类：创建层次结构的树图，展示数据的嵌套关系。

3）基于密度的聚类方法（Density-based Spatial Clustering of Applications with Noise，DBSCAN）：根据数据点的密度进行聚类，能够发现任意形状的簇。

通过降维和聚类，可以将高维的文本特征映射到低维空间，并识别出数据中的聚类结构，为可视化提供支持。

4. 图元设计

选择合适的可视化技术和工具，将处理后的文本数据转化为图表或图形，如词云、主题模型图、关系网络图等。此步骤需要综合考虑数据特点和用户需求，以设计出清晰、易懂的可视化结果。

5. 图元布局

图元布局是指合理排列和展示设计好的图元，以形成最终的可视化图表的过程。这个过程不仅涉及图元的简单放置，还包括考虑图元之间的关系、空间分布以及视觉效果。合理的图元布局可以使数据更直观、更易于理解，帮助用户从图表中快速获取信息和洞察。布局过程中需要关注图元的大小、位置、颜色以及标注等元素的协调，以确保整个图表美观且功能性强。优秀的图元布局还应具备一定的灵活性，以适应不同的展示需求和数据变化。

4.1.2　文本内容可视化

文本内容可视化研究主要包括关键词可视化、时序文本可视化和文本分布可视化。

1. 关键词可视化

（1）词云　词云是一种非常直观的文本可视化方法，可以帮助用户快速识别文本中的主要主题和高频词汇。它通过将文本中的关键词以不同大小和颜色展示，反映出词频的高低，词频越高的词在词云中的字体越大。

词云被广泛应用于社交媒体分析、客户反馈分析和新闻文本分析等领域。例如，在分析一篇新闻报道时，可以通过词云快速了解该报道的核心内容和主要关键词。根据介绍强化学习的文档资料生成的词云如图 4-2 所示。

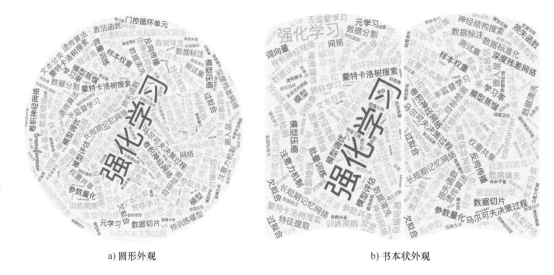

a) 圆形外观　　　　　　　　　　　　　b) 书本状外观

图 4-2　词云示例

一些常用的词云生成工具和库包括 Python 的 WordCloud 库、R 的 WordCloud 包和在线工具如 WordClouds.com。这些工具使用起来非常方便，输入文本即可生成相应的词云，也可以通过参数选择，控制词云的形状。

（2）文档散　文档散（DocuBurst）以放射状层次圆环的形式展示文本结构，上下文的层次关系可以基于语义网络 Wordnet（一个广泛使用的英语词汇数据库，由普林斯顿大学开发）获得。在文本数据的可视化中，文本关系的可视化可以分为基于文本内在关系的可视化和基于文本外在关系的可视化，前者主要关注文本内部的结构和语义关系，后者则更关注文本间的引用关系、主题相似性等。文档散就是一种重要的文本内在关系可视化方法。如图 4-3 所示，外层的词是内层词的下义词，颜色饱和度的深浅用来体现词频的高低。

2. 时序文本可视化

时序数据是指具有时间或顺序特性的文本，例如一篇小说故事情节的变化，或者一个新闻事件随时间的演化。对具有明显时序信息的文本进行可视化时，需要在结果中体现这种变化。

图 4-3　文档散示例

　　主题河流（Theme River）是一种经典的时序文本可视化方法，它通过"流动"的形状来展示不同类别数据随时间的变化。横轴表示时间。每条不同颜色的线条像一条河流，代表一个主题。河流的宽度反映了该主题在特定时间点上的度量（如主题的强度）。这种方法既能宏观展示多个主题的发展变化，又能显示特定时间点上主题的分布情况。主题河流的示例如图 4-4 所示，它描述了小说中主要任务角色的出场频率和时间（横轴为章节），可以看到男主角（梅振衣）毫无争议的主角地位，以及男二号（清风）贯穿小说的重要作用。

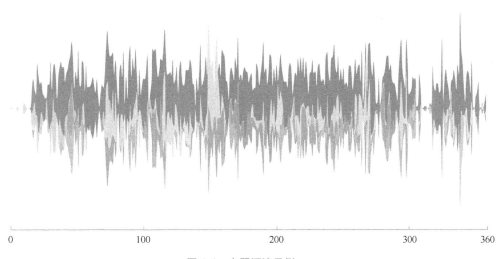

图 4-4　主题河流示例

文本自动相应分析（Text Insight via Automated Responsive Analytics，TIARA）结合了标签云和主题分析技术（Latent Dirichlet Allocation，LDA），将文本关键词按时间点分布在各条色带上，并通过词的大小表示关键词在该时刻的出现频率。因此，TIARA 不仅可以直观显示一个度量的变化，而且能够帮助用户快速分析文本内容随时间变化的具体规律。图 4-5 是 TIARA 方法的一个示例。

图 4-5　TIARA 示例

3. 文本分布可视化

文本弧（TextArc）用于可视化文档中的词频和词的分布情况。文档被表示为一条螺旋线，句子按照文本的顺序布局在螺旋线上。螺旋线包围着文档中出现的单词，每个单词的位置由其出现在文本中的频率和位置决定，词频则通过饱和度映射。整体出现频率越高的词越靠近中心，局部出现频率高的词则靠近其相应的螺线区域。选中某个词后，系统会通过选中的词用射线连接到它在文中出现的位置。图 4-6 是 TextArc 方法的一个示例。

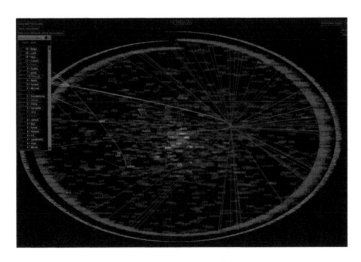

图 4-6　TextArc 示例

文献指纹（Literature Fingerprinting）是一种展示全文特征分布的方法。每个像素块都代表一段文本，一组像素块代表一本书。颜色表示文本的特征，例如图 4-7 中的颜色表示句子的平均长度。从图 4-7 中可以清楚地看出两位作者的写作风格有显著差异。

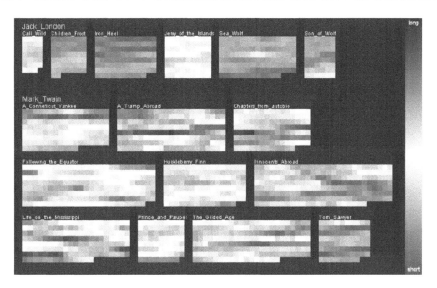

图 4-7　文献指纹示例

4.1.3　文本关系可视化

基于文本关系的可视化研究文本内外关系，帮助人们理解文本内容、发现规律。文本关系可视化注重展示文本数据中的关联和结构，可分为文本内关系可视化和文档关系可视化。

1. 文本内关系可视化

（1）单词树　单词树使用树图展示词语在文本中的出现情况，可以直观展示一个单词在文本中出现的频率和单词之间的联系。采用单词树方法可视化表达马丁·路德·金（Martin Luther King）的"I have a dream"演讲片段中关于"I"的所有句子的结果，如图 4-8 所示。

图 4-8　单词树示例

（2）短语网络　短语网络用于分析和展示文本中词汇或语法级别语义单元之间的关系。通过节点和边的结构，短语网络可以直观地呈现出词汇或语义单元及短语在文本中的出现频率及其相互之间的联系。节点代表从文本中提取的词汇或语义单元，边表示它们之间的关联，边的方向则指示短语的方向，边的宽度反映了短语在文本中出现的频率。短语网络示例如图4-9所示。

图 4-9　短语网络示例

（图片来源：https://zhuanlan.zhihu.com/p/371545076）

2. 文档关系可视化

当对多个文档进行可视化展示时，针对文本内容进行可视化的方法就不适合了。此时可以引入向量空间模型来计算各个文档之间的相似性，单个文档被定义为单个特征向量，最终通过二维投影等方法来呈现各文档之间的关系。

（1）星系图　星系图将一个文档比作一颗星星，通过投影方法将所有文档根据主题相似性投影为二维平面的点集。如图4-10所示，星星之间的距离与文档之间的主题相似性成正比，星星之间的距离越近，文档之间主题越相似，反之则越远。密集的点簇表示文档间主题相似，不同的点簇涉及不同主题的文档集合，星团能够直观地展示文档主题的紧密度和分散程度。

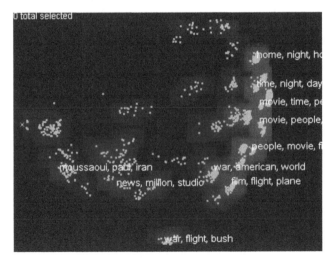

图 4-10　星系图示例

（2）主题地貌 主题地貌是在星系图的基础上进行改进，通过在投影的二维平面中加入等高线，将相似性相同的文档放在同一等高线内，并用颜色编码文本分布的密集程度，使二维平面背景呈现为一幅地图。主题地貌示例如图 4-11 所示。星系图中的星团在主题地貌中变成了一座座山丘。文档越相似，分布越密集，山峰就越高。在这种地图可视化隐喻中，文档的相似性和分布被形象地表示为地形图，从而直观可见。

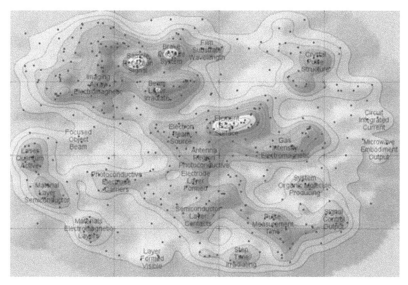

图 4-11　主题地貌示例

113

通过这些技术和方法，可以揭示出文本数据中的深层次结构和模式，帮助用户更全面地理解文本内部和文本之间的复杂关联。

4.2　空间数据可视化

空间数据可视化是数据可视化领域中一个重要的分支，主要涉及将空间信息转换为可视化图形，以便更直观地展示地理数据的分布、关系和趋势。这种可视化方式在地理信息系统（Geographic Information System，GIS）、城市规划、环境监测等领域中得到广泛的应用。空间数据通常分为点数据、线数据、面数据，每种数据类型都有其独特的可视化方法和技术。本节主要以基于地图的可视化为例进行介绍。

4.2.1　点数据的可视化

点数据是通过空间坐标（如经纬度）定位的单个数据点。这些数据点可以代表许多不同的实体，例如城市的位置、监测站点的位置、犯罪事件发生的地点等。点数据具有位置精确、信息具体的特点，能够详细描述地理空间中的具体现象。通过点数据可视化，用户可以直观地观察数据点的分布、密度以及潜在的模式和趋势。一个经典的点数据可视化实例是 1854 年伦敦霍乱疫情期间约翰·斯诺（John Snow）绘制的霍乱病例地图。斯诺将每个霍乱死亡病例标记为一个点，这些点显示了霍乱病例的地理分布。通过分析这些点的集中区域，斯诺最终确定了污染源是一个公共水泵（Broad Street Pump）。图 4-12 是一个点数据可视化的示例，显示了美国某城市枪支犯罪的分布情况。

图 4-12　点数据可视化示例

4.2.2　线数据的可视化

线数据表示具有空间位置的线状要素，如地图上的道路、河流、路线等。线数据的可视化有助于展示线状要素的分布、长度和走向。图 4-13 是一个典型的线数据可视化示例，它展示了某城市住宅价格的分布情况。通过这张图，可以直观地看到哪些区域住宅价格变化密集，哪些区域住宅价格变化较为稀疏，以及各区域之间的交汇处和连接方式。

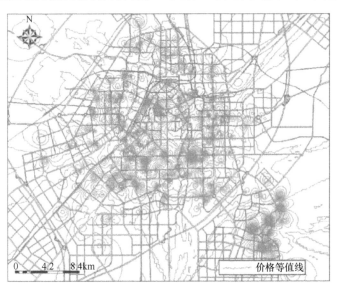

图 4-13　线数据可视化示例

　　图 4-14 所示为空间中向量场数据的可视化，是一种基于图的流线和迹线可视化分析框架。该图采用了三维可视化的形式，可以用于探索空间中向量场隐含的特征或模式。空间中向量场数据可视化也是科学数据可视化的重要类别，有整套的可视化方法。受限于篇幅，这里不再展开描述。

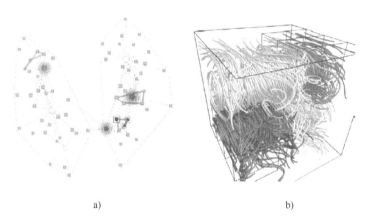

a)　　　　　　　　　　　　　　　　　b)

图 4-14　空间中向量场数据可视化

　　与点空间可视化问题相似，在有限空间中存在大量连线的情况下，线之间会相互交叉、重叠，这样会产生混淆，不便于数据挖掘和分析。这种情况下就要结合具体需求，考虑是否要进行线的精简、捆绑等操作。

4.2.3　面数据的可视化

115

　　面数据是指具有空间范围的面状要素，如地图中行政区域、土地覆盖类型、气候区等。面数据可视化有助于展示不同区域的属性和分布情况。图 4-15 所示为 2014 年美国各个州的人口情况。在进行可视化展示时将绘制的区域分开（例如通过地理或政治边界），通过颜色的深浅来反映不同区域人口的主要分布情况。

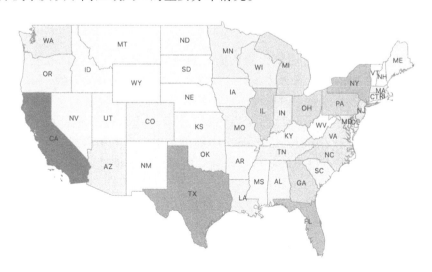

图 4-15　面数据可视化示例

图 4-16 显示了某城市功能区交通健康度，通过面的颜色以及其数值等级来映射各功能区的健康指数。

图 4-16　某城市功能区交通健康度

（图片来源：https://lbs.amap.com/demo/loca-v2/demos/cat-polygon/hz-gn）

面数据可视化通过直观、形象的图形展示，使得空间内的各种信息、特征和规律得以清晰呈现，为区域分析、规划和管理提供了有力的决策支持。需要注意的是，区域大小通常具有明确的含义，在某些情况下会影响对可视化结果的理解。例如，美国总统大选数据的可视化，中西部选票较东部少，但在地图上却占据了更多的面积。地图的二维投影造成的面积、形状的变化也是可视化中需要考虑的。

4.3　时变数据可视化

时变数据是指随时间变化而变化的数据，如股票价格、气象数据和交通流量等。这类数据具有时间序列的特性，通常按照时间顺序连续或离散地采集来的。在进行时变数据的可视化时，面临诸多的挑战，包括如何从高维复杂的数据中提取和呈现关键信息，以及如何展示数据的当前状态、变化过程和趋势等。人类社会的活动也构成了一个随时间变化的数据。*Human cycles: History as science* 中提出了历史动力学模型，通过人口数量、社会结构、国家强盛和政局不稳定等变量，研究人类历史的周期性。美国城市暴力周期图如图 4-17 所示。

对于大规模的时变数据，传统的基本可视化方法可能在性能和可扩展性方面存在不足。为了克服这些不足，可视化技术已经发展出多种创新方法和工具。这些方法和工具能够将复杂的时间序列数据转换为直观的二维或三维视觉元素，以便于用户捕捉和分析。通过交互式可视化技术，可以增强用户的参与感和理解能力，这种技术允许用户深入探索数据，发现不易察觉的模式和关联，从而获得更深刻的洞察。

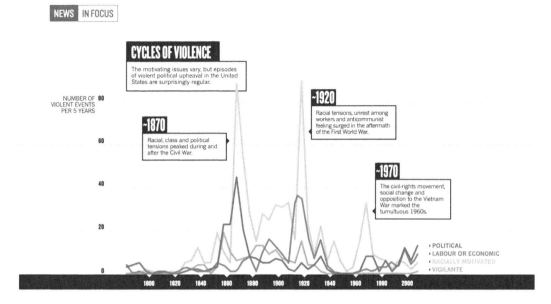

图 4-17　美国城市暴力周期图

时变数据的可视化设计涉及三个维度，即表达、比例和布局。常用的时变数据的可视化设计方式如图 4-18 所示。

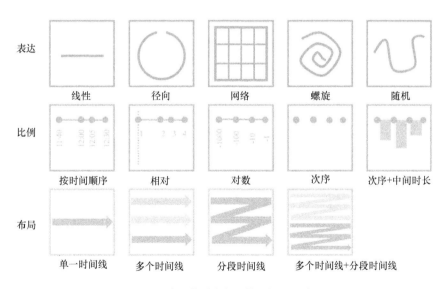

图 4-18　常用的时变数据的可视化设计方式

4.3.1　时间属性数据的可视化

时间属性数据的可视化是数据可视化中的重要领域，旨在展示和分析随时间变化的数据。时间属性数据具有连续性或离散性、动态变化和周期性等特点，例如股票价格与气温变化等都属于时间属性数据。时间是理解数据变化、趋势、周期性和极值的一个核心维度，在多个领域如科学、工程、经济和社会学科中都极为重要，为了有效地展示这些领域数据的变化过程和趋势，采用适当的可视化方法至关重要。图 4-19 与图 4-20 展示了日历时间的两种不同可视化形式。

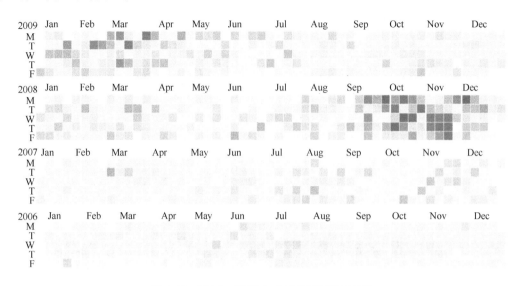

图 4-19　2006—2009 年美国道琼斯股票指数
（图片来源：https://observablehq.com/@d3/calendar-view）

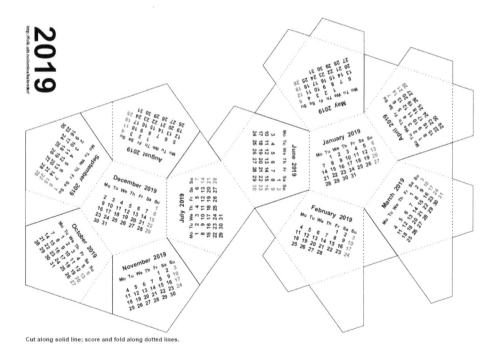

图 4-20　12 边形日历可视化
（图片来源：https://www.pinterest.ca/pin/90353536251899227/）

时间属性可以被分为两种主要类型：线性时间和周期时间。线性时间类型的时间属性基于一个单一的时间流，数据点按照时间的先后顺序排列。线性时间属性的可视化通常使用直线时间轴来展示，适用于大多数时间序列数据，如股票价格、气温记录等。周期时间类型与线性时间类型不同，周期时间属性是指那些具有循环规律的时间序列，例如季节变化、经济周期等。在周期时间属性的可视化中，时间轴可能会循环或者以其他方式来表示时间的周期性。为了呈现一个完整的事件历程和社会行为，可采用类似于甘特图（用条形图表示进度的可视化标志方法）的方式，使用多个条形图来表现事件的不同属性随时间变化的过程，如图 4-21 所示，线条的颜色和厚度都可以编码不同的变量。用户既可以交互地点击某个线程以获取详细信息，也可以直观地得到按时间排列的事件的概括。

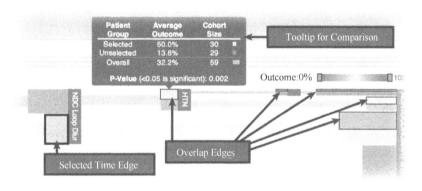

图 4-21　不同属性随时间变化的过程

基于河流的可视化效果可以通过模拟电影和小说中的叙事主线，展示不同事件或个体的时空演化过程。随着时间的推进，事件之间会发生交互、融合，有时会出现分流甚至完全消失。图 4-22 所示为电影《盗梦空间》的故事主线，河流的主干可以象征主要的事件发展线即主线，而分叉的小支流则代表次要事件或支线情节。当这些支流汇入主干河流时，就如同次要事件影响了主线发展；支流分离出去，则表示某些事件开始独立于主线发展。某些支流逐渐变细直至消失，则象征着相关事件逐渐淡出人们的视线或完全终结。通过该图，可以清晰看出电影中采用的复杂叙事结构，开头就进入了双重梦境，结尾处精彩的高潮部分则进入了四重梦境。

119

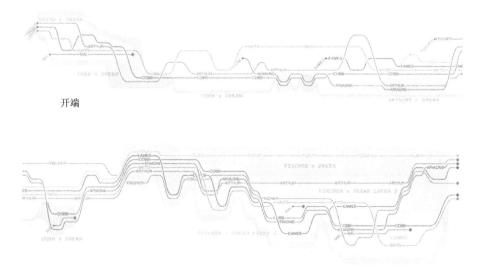

图 4-22　电影《盗梦空间》的流状分支时间主线可视化

时间属性数据的可视化在许多领域都有重要应用。在未来的发展中，时间属性数据的可视化将朝着与机器学习结合的方向发展，能够预测未来趋势并进行可视化展示。同时，虚拟现实（VR）和增强现实（AR）技术将应用于复杂时间属性数据的沉浸式可视化。

4.3.2 多元时序数据的可视化

多元时序数据的可视化与时间属性数据的可视化在很多方面有重叠，但也有其独特的挑战和方法。多元时序数据涉及同时处理多个变量的时间序列，这种数据不仅包含单个变量随时间变化的信息，还包括多个变量随时间联合变化的信息，因此具有高维性、动态性和复杂性的特点。在可视化时需要特别关注数据的高维性和变量间的相互关系。

常见的多元时序数据可视化能够将时变序列中的每个数据采样点相连接，原时变序列组成一条在高维空间的线，在低维空间可视化这条线即可揭示高维空间的时间序列演化趋势。在图 4-23 中，上半部分中的节点是一个网络（例如，将校园服务器组成的网络简化为一个节点），通过节点间连接表达随时间变化的网络态势的演化；下半部分则是上半部分每个节点的细节，即上面的一个节点对应了下面的一个图（网络中节点及连接关系也展示出来了）。

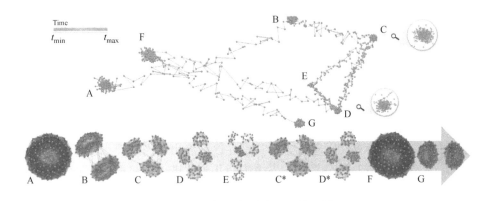

图 4-23　多元时序数据可视化示例

多元时序数据的可视化可以归纳为三类基本方法：数据抽象、数据聚类以及特征分析。这些方法对应于可视化的基本流程：全局摘要；显示重要部分，即缩放和过滤；按要求显示细节，进一步分析。

数据抽象是通过简化和概括数据来提供整体视图的方法，旨在降低数据的复杂性，使用户能够快速理解数据的总体趋势和模式。常见的数据抽象技术包括时间轴压缩、概括统计和聚合视图。在图 4-23 中，下半部分的子图就在上半部分中被抽象为一个节点。这样可以更好地展示整体的态势演化。

数据聚类是通过将相似的数据点分组，揭示数据中的模式和结构的方法。它有助于发现数据中的相似性和差异性，从而使用户更好地理解数据的内在关系。常见的数据聚类技术包括 k-means 聚类、层次聚类和自组织映射（SOM）。k-means 聚类是一种常用的聚类算法，将数据点分为 k 个簇，使每个簇内的数据点尽量相似。在图 4-23 中，上半部分的抽象层通过节点聚合的效果也明显展示了几种态势的变化；下半部分则提供了更加细节的展示，以便于发现整体问题后进一步挖掘分析。

4.3.3 流数据的可视化

1. 流数据

流数据（Stream Data）是指在计算机科学和数据处理领域中，实时生成并持续更新的数据流。不同于传统的批处理数据，流数据是在数据源产生后几乎立即被处理和分析的。在大数据背景下，流数据之所以成为一个重要的概念和技术领域，是因为它能够处理和分析来自各种来源的大量、实时的数据，这种能力在当今数据驱动的世界中变得尤为重要。流数据具有以下特点：

（1）流数据具有实时性　它是由各种数据源（如传感器、社交媒体平台、金融交易系统等）不断产生的。例如，在社交媒体平台上，用户发布的每条状态更新、评论或点赞都可以视为一个数据流事件。实时处理这些数据流事件能够帮助组织及时获得有价值的信息，从而快速做出决策。

（2）流数据通常是无界的　这意味着数据流不会有明确的结束点，处理流数据的系统需要具备长时间运行和处理海量数据的能力。相较于批处理系统，流数据处理系统需要能够处理持续不断的数据流，并且在数据到达时立即进行计算和分析。

（3）流数据处理强调低延迟和高吞吐量　低延迟是指从数据产生到处理完成的时间间隔要尽可能短，以便实现真正的实时分析。高吞吐量则要求系统能够处理大量并发数据流事件。为了达到这些目标，流数据处理系统通常采用分布式架构，以便在多台计算机上分摊工作负载，从而提高处理效率和系统的扩展性。

（4）流数据应用广泛　例如：在金融行业，流数据可以用于实时监控市场行情和进行高频交易；在物联网（IoT）领域，流数据帮助监测和分析设备状态，进行预防性维护；在网络安全领域，流数据处理可以用于实时检测和应对安全威胁。通过流数据处理，组织能够获得更及时和精准的洞察，从而在竞争中保持优势。

121

2. 流数据可视化的分析、类型和方法

流数据的可视化是指将实时生成和处理的数据流以图形或图表的形式动态呈现，以便用户能够直观地理解和分析这些数据。与传统的静态数据可视化不同，流数据可视化需要具备实时更新的能力，能够随着数据的变化实时更新图表，反映最新的数据状态。这种实时性对于帮助用户及时做出响应和决策至关重要。流数据可视化模型如图 4-24 所示。

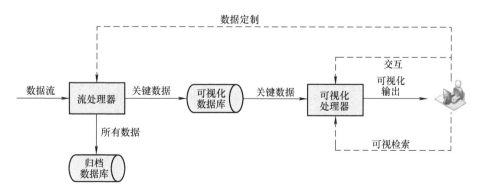

图 4-24　流数据可视化模型

流数据分析流水线如图 4-25 所示。

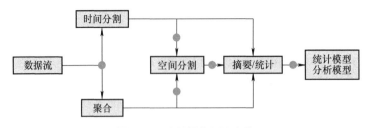

图 4-25　流数据分析流水线

流数据可视化按照功能可以分为两种主要类型：监控型可视化和分析型可视化。这两种类型各有侧重，满足不同的应用需求。为了实现高效的流数据可视化，通常采用窗口技术（Windowing）、相似性计算（Similarity Computation）和符号累计近似（Symbolic Aggregate Approximation，SAX）等方法。

（1）窗口技术　窗口技术是指在流数据处理中，通过定义时间窗口或滑动窗口，将连续的数据流分割成小的时间段进行处理。这种技术可以限制每次处理的数据量，降低计算复杂度。在监控系统中，可以使用滑动窗口技术对一定时间范围内的数据进行汇总和分析，生成实时更新的图表。

（2）相似性计算　相似性计算用于在流数据中快速识别和匹配相似的模式或事件。这种技术可以帮助发现数据中的异常情况或趋势，从而提高分析的准确性。在网络安全领域，相似性计算可以用于检测网络流量中的异常行为，识别潜在的安全威胁并及时采取措施。通过将相似性计算结果可视化，用户可以更直观地了解数据中的关键模式和异常点。

（3）符号累计近似　符号累计近似是一种将时间序列数据转换为符号表示的方法，从而简化数据的处理和分析。通过将连续的时间序列数据分段并转换为符号，符号累计近似使复杂的数据变得更易于进行模式识别和统计分析。符号化的数据能够更高效地存储、检索和可视化展示。例如在医疗监控系统中，可以将心电图数据转换为符号序列，帮助医生快速识别心律失常等问题。

流数据的可视化还需要强调用户交互性，允许用户对图表进行交互操作，如缩放、过滤和钻取数据，以便深入分析特定的数据点或时间段。在物联网应用中，用户可以通过可视化界面选择特定设备或传感器，查看其实时状态和历史数据，从而进行故障诊断或性能优化。交互性强的可视化工具能够提供更加灵活和细致的分析体验，帮助用户从不同维度理解数据。此外，用户可以通过定制的视图和仪表板，将最关心的数据集中展示，提高数据监控的效率和效果。

随着数据量的增加和速度的提升，传统的数据处理技术已经无法满足实时性和高吞吐量的要求。在这个背景下，并行流计算框架应运而生，成为处理大规模实时数据流的关键工具之一。Apache Flink、Apache Kafka Streams、Apache Spark Streaming、Apache Storm 以及 Google Dataflow / Apache Beam 等并行流计算框架，都是为了解决流数据处理的各种挑战而设计的。它们利用分布式计算和并行处理的能力，能够高效地处理实时数据流，并提供低延迟和高吞吐量的数据处理解决方案。这些框架通常具有各自的特点和优势。比如，Apache Flink 专注于实时数据处理，支持事件时间处理和状态管理；Apache Kafka Streams 与 Kafka 深度集成，为 Kafka 用户提供了简单而强大的流处理功能；Apache Spark Streaming 则利用微批处理方式，结合 Spark 的分布式计算能力，提供高吞吐量的数据处理。

4.4 层次和网络数据可视化

层次数据与网络数据是生活中常见的数据类型，通过可视化技术可以发掘其中蕴含的信息和知识，展示数据的内部结构。本节将分别介绍这两种数据的可视化方法。

4.4.1 层次数据可视化

1.概述

层次数据是生活中常见的一种数据类型，着重表达个体之间自底向上或自顶向下的层次结构。研究人员通过分类来理解事物，层次结构是认知行为的基础。在现代人类社会和虚拟网络社会的各个方面中，层次关系无处不在：社会和自然界中的从属关系，如机构的组织结构、物种关系等；信息的组织形式，如操作系统中文件组织形式等；逻辑承接关系，如决策树等。图 4-26 展示了国内四大互联网公司的组织结构图，生动地反映了它们的企业文化：在腾讯公司，产品与部门有着千丝万缕的联系，QQ 是所有产品与服务的基石；在阿里巴巴公司，核心人物的影子无时无处不在；在百度公司，组织结构崇尚简单，各层次人员组织管理明确；在华为公司，每三个月就会有一次技术创新，因此建立了一种可以变化的组织结构。

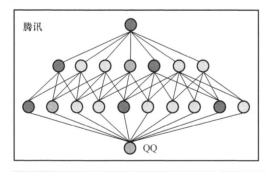
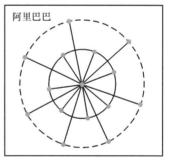
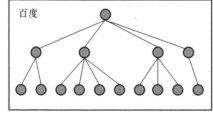
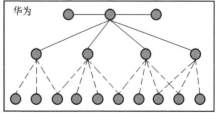

图 4-26 四大互联网公司组织结构图

图 4-27 展示了一个地球生物遗传系谱的庞大层次树图，这棵树清晰地呈现了不同物种之间的遗传关系，所有物种通过生物发展史的基因链接关系相连。本数据集包含 93891 个物种，占地球上现存物种的极小部分。根节点 "Life on Earth"（地球上的生命，红色）被置于树的西南角，它的西南方向链接了 "Green plants"（绿色植物，绿色）分支，东南方向链接了 "Protista"（原生动物，淡红色）分支，西北方向链接的是 "Fungi"（菌类，黄色）分支。

123

图 4-27　生物遗传系谱的层次树图

　　层次数据可视化是一个长期持续的研究话题。针对不同的层次数据集，为了不同的可视化目的，各式各样的可视化方法可供选用。随着新的层次数据和可视化需求的出现，层次数据可视化的创新也层出不穷。学者 Jürgensmann 和 Schulz 对树状结构可视化技术进行了总结和分类，并制作了图 4-28 所示的树形海报，作者之后将其调研成果演化成在线互动版网站（http://treevis.net），如图 4-29 所示。该网站上介绍了从 1714 年至 2023 年的 339 种层次数据的可视化方法，以及提出这些方法的学术论文的详细信息。该网站仍在持续更新中。

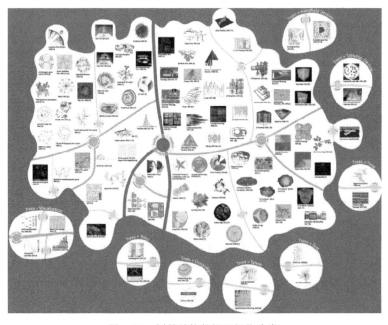

图 4-28　树状结构数据可视化分类

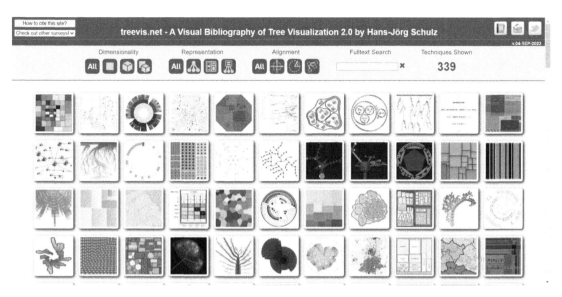

图 4-29　层次数据可视化方法

（图片来源：http://treevis.net）

2. 分类

层次数据可视化按照空间维度、表现形式、对齐方式这三个维度进行分类。空间维度包括 2D、3D 以及 2D 和 3D 结合；表现形式包括显性、隐性和复合；对齐方式包括正交布局、径向布局和自由布局。层次数据可视化方法的三个维度如图 4-30 所示。

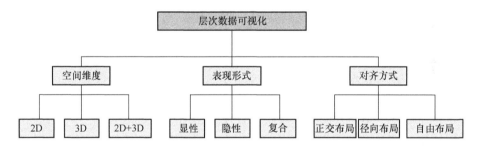

图 4-30　层次数据可视化方法的三个维度

3. 主要方法

层次数据可视化的关键是对数据中层次关系进行有效刻画。可视化采用不同的视觉符号来表示不同类型的关系，这决定了层次数据可视化的两种主要方法：节点链接法和空间填充法。两种方法各有优缺点，有时会将两种方法混合使用，以更好地展示层次数据。

（1）节点链接法　节点链接法将单个实体绘制成一个节点，节点之间的连线表示实体之间的层次关系。代表技术有空间树、圆锥树等。这种方法直观清晰，特别擅长表示承接的层次关系。当实体数目太多，特别是广度和深度相差较大时，节点链接法的可读性较差，大量数据点聚集在屏幕局部范围，难以高效地利用有限的屏幕空间，容易形成视觉灾难。

　　由于可视化展示区域的有限性，节点链接法的核心问题是如何在屏幕上放置节点，以及如何绘制节点之间的链接关系。节点的放置方式取决于具体应用的需求，选择什么样的形状或图示表示节点通常取决于节点所要表现的内容。边既可以用两点之间的直线表达，也可以用一系列正交的折线表达，甚至用曲线表达。节点链接法是图论中树形的扩展，可视化绘制的核心是节点和边的位置编码和视觉符号编码。

　　为了满足节点链接法的实用性和美观性，绘图算法设计往往需要遵循一些原则：

　　1）尽量避免边的交叉，边的交叉可能会导致对图的错误理解。

　　2）节点和边尽量均匀分布在整个布局界面上。

　　3）边的长度统一。

　　4）可视化效果尽可能整体对称，保持一定的比例。

　　5）网络中相似的子结构的可视化效果相似。

　　实际的可视化设计并不一定能遵循所有原则，以上原则之间可能会产生矛盾，需要平衡和取舍，因此实际的可视化设计应该对各原则有不同侧重的布局。节点链接的布局策略可以细分为三种：正交布局（网格型布局）、径向布局（辐射型布局）和三维布局。

　　1）正交布局。在正交布局中，节点按照水平或垂直对齐的方式放置，方向与坐标轴一致，布局规则与视觉识别习惯吻合，非常直观。它的缺点是对于大型的层次结构，特别是广度比较大的层次结构，这样的布局会导致不合理的长宽比、布局不均匀分布和较大空间浪费。图 4-31 所示是大熊猫盼盼家族的部分成员构成的横向树图，可以看出此图对于关系的展示非常清晰，但存在空间利用不合理的问题。

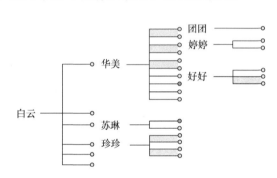

图 4-31　大熊猫盼盼家族的部分成员构成的横向树图
（图片来源：https://www.thepaper.cn/newsDetail_forward_4172773）

126

　　2）径向布局。为了更加合理地利用空间，人们通常采用径向布局克服空间浪费的问题。根节点位于圆心，不同层次的节点被放置在半径不同的同心圆上，节点到圆心的距离对应于它的深度。越外层的同心圆越大，因此能容纳更多的节点，符合节点数量随着层次而增加的特点。在布局每一层节点时，对应的同心圆被划分为不同区间，分别对应于该层的不同节点。另外，整个可视化布局呈圆形，合理地利用了空间。

　　径向树图是一种用于可视化层次数据的图表类型，它通过将树状结构以径向方式呈现在一个圆形或半圆形区域内，帮助用户更直观地理解和分析层次结构。使用径向树的一个好处是它比普通树更紧凑，更适合较大的树。径向树图通常具有可扩展性，允许用户交互地展开或折叠树的不同部分，以便更深入地探索层次结构，并且它通常支持交互功能，用户可以通过悬停、点击等方式获取有关节点的详细信息。图 4-32 展示了某次流行病毒高峰时段出现的负面关键词及其对应的问题的各个子目录的径向树图可视化。

　　环状径向树（见图 4-33）是径向树的一种变体，将每一棵树递归地采用径向布局形成环状结构，它的结构更加直观，但是随着层次的深入，子节点的空间占位逐渐变小。

图 4-32　某次流行病毒高峰时段出现的负面关键词及其对应的问题

127

3）三维布局。圆锥树（Cone Tree）是一种在三维空间可视化层次数据的技术，它结合了径向布局和正交布局两种思想。在每一层上，属于同一个父节点的子节点沿着以父节点为圆心的圆呈放射状排列，不同层次被放置于空间中不同的高度上，因此形成了以父节点为顶点，子节点放置在底部的圆锥。随着层次的深入，圆锥的底面积变小。从树的顶部往底部平面垂直投影，形成类似环状径向分布的可视化（见图 4-34a）。从侧面观察，它又是一个从上到下正交分布的树。为了解决在三维空间中节点前后遮盖的问题，绘制时可采用半透明或轮廓线方式，使用户能够感

图 4-33　环状径向树

知各个子树节点的前后关系。三维可视化方法的优点是可以利用三维空间来扩展可用显示空间，用三维动画来降低认知成本，缺点是难以展示数据量大的层次数据。

（2）空间填充法　空间填充法用空间中的分块区域表示数据中的实体，并用外层区域对内层区域的包围表示彼此之间的层次关系，代表方法是树图。和节点链接法相比，这种方法更适合显示包含和从属的关系，且具有高效的屏幕空间利用率，可呈现更多的数据，但是数据中的层次信息表达不如节点链接法清晰。

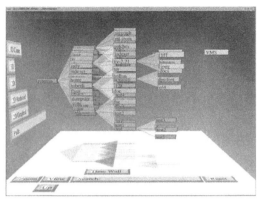

a)   b)

图 4-34   基于圆锥树方法的树状结构数据可视化

20 世纪 90 年代初，Johnson 和 Schneiderman 发明了树图（Treemap）。这种可视化方法从空间填充的角度实现层次数据的可视化，是一种基于区域的可视化方法，直接用显示空间中的分块区域来表示数据中的个体。树图法用矩形表示层次结构里的节点，父子节点之间的层次关系用矩形之间的相互嵌套隐喻来表达。此方法可以充分利用所有屏幕空间。如图 4-35 所示，左边的树可以用右边的树图表示。从根节点开始，屏幕空间根据相应的子节点数目被分为多个矩形，矩形的面积大小通常对应节点的属性。每个矩形又按照相应节点的子节点递归地进行分割，直到叶节点为止。典型的层次数据空间嵌套可视化方法包括旭日图、维诺树图、气泡树图等。

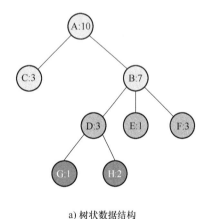
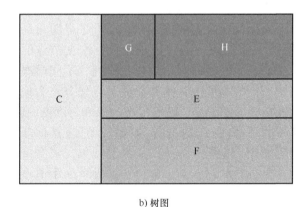

a) 树状数据结构   b) 树图

图 4-35   基于空间填充法的层次数据可视化

1）旭日图（Sunburst Chart）也称为多层饼图或径向分层图，采用一系列圆环来展示层次结构，并按照不同类别的节点进行切割。每个圆环代表层次结构中的一个级别，中心圆点表示根节点，层次结构从这个点向外逐渐延伸。随后，根据与原始切片的层次关系，圆环会被再次划分，分割的角度既可以是均等平分的，也可以是与某个数值成正比的。尽管单层旭日图在形式上与环形图相似，但多层旭日图展示了外层环状数据与内层环状数据的关系信息，通过使用不同颜色来突出显示层次分组或特定类别。相比树图，旭日图可以显示出中间层次的节点，更容易分辨层次结构。旭日图比节点链接法的空间利用率要好，但当树状结构不平衡的时候，会导致某一部分的扇形向外延伸很长，造成不合理的长宽比。

图 4-36 所示为国际点评网站 Yelp 上全球各地区约 2 万家海外中餐厅和 1.5 万道在美国推荐的中餐菜品点评。黄色代表中餐中的舶来口味，红色代表传统口味，面积的大小代表该口味菜品的数量。从图中可以看出，有些在海外盛行的味道在中国并不流行，如对于美国最热销的中餐"橙味鸡"，大多数中国人都没吃过。中餐中最受欢迎的辣味在海外也有不俗的表现。除了传统的几种味道外，在美国中餐厅里还有丰富的混搭调味。印度尼西亚的沙嗲、印度的黑胡椒、泰国的罗勒，这些风味或因引入异域经典菜品被完整保留，或与传统中式调味搭配融合。

2）维诺树图（Voronoi Treemap）（见图 4-37）是用于可视化层次数据的传统矩形树图的替代方案。像矩形树图一样，维诺树图表示层次结构时通过将画布区域划分为每个节点的单元格来获取数据。从层次结构的顶部向下，进一步划分每个节点的子节点的单元格。由于维诺树图创建的形状，它更容易区分兄弟节点和其他分支中的节点的层次结构。维诺树图也适用于非矩形画布，并且通常比矩形树图更美观。

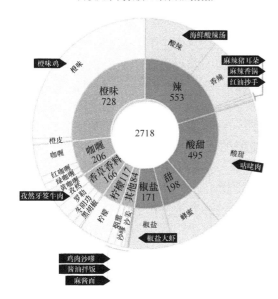

图 4-36　海外中餐厅和在美国推荐的中餐菜品点评
（图片来源：https://www.thepaper.cn/newsDetail_forward_4680147）

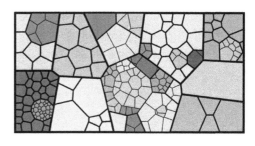

图 4-37　维诺树图

3）气泡树图（Bubble Treemap）引入了一种分层和基于力的圆包装算法来计算布局，其中每个节点都使用嵌套轮廓圆弧进行可视化，并且特意在轮廓线上分配额外的空间用于编码层次数据的不确定性。基于气泡树图的公司组成可视化如图 4-38 所示，每个公司按照部门和子公司进行分组。

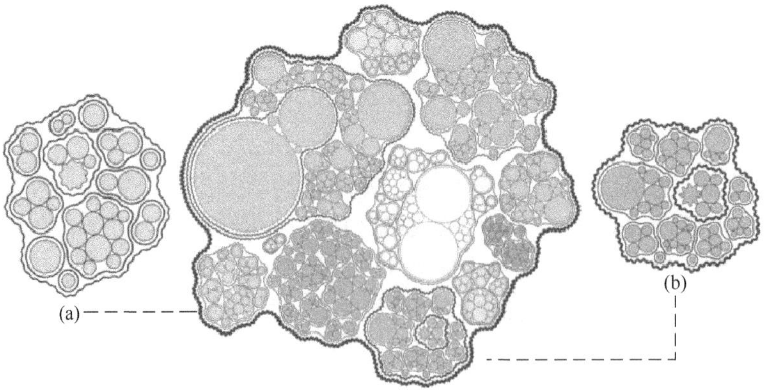

图 4-38　基于气泡树图的公司组成可视化

4.4.2　网络数据可视化

层次数据适用于表达层次结构关系，而没有明显层次结构关系的数据可以统称为网络数据。与层次数据中明显的层次结构不同，网络数据并不具备自底向上或自顶向下的明确层次结构，其表达关系更为自由和复杂。

网络数据布局算法可以将网络数据元素转化成直观的图形展示，帮助用户直观地了解网络数据元素间的相互关系。网络数据布局问题是一类组合优化问题，其目的是通过优化特定的目标函数来找出网络关系图的一个线性布局。给定一个网络关系图，关系图中包含两个集合，一个集合为节点集（个体集），另一个集合为边集（关系集）。节点集和边集之间存在一定的关系，即边集中的每条边是由节点集中的任意两个节点连接起来的。在网络关系图布局中，用直线段表示边，直线段的两端为该边的两个节点。网络关系图布局的任务就是，计算节点集中每个节点的坐标位置，以满足既定的目标要求。这些目标要求包括：节点和边的位置不超过当前的布局区域，且分布应该合理；边之间的交叉应该尽量少；同样结构的部分应以一种统一的方式展示；边要平滑。但这些目标要求并不是绝对的，要根据实际情况进行有针对性的追求和舍弃，以达到更好的效果。

网络数据的可视化是一个经典的研究方向，主要包括三个方面：布局、属性可视化和用户交互。其中，布局是确定网络数据的结构关系最为核心的要素。最常用的布局方法主要分为节点链接和相邻矩阵两类。在实际应用中，这两种方法并没有绝对优劣之分，选择哪种取决于不同的数据特征以及可视化需求，有时也可以采用混合布局方法以满足多样化的可视化需求。

1. 节点链接布局

节点链接布局用节点表示对象、边表示关系，是最自然的网络数据可视化布局方法。这种布局易于被用户理解和接受，有助于快速建立并明确表达事物之间。例如，在关系数据库的模式表达和地铁线路图中，节点链接布局是首选的网络数据可视化方法。图的各种属性，如方向性、连通性和平面性等，都会对可视化布局产生影响。在实用性和美观性方面，节点链接布局的首要原则是尽量避免边的交叉。其他可视化原则包括节点和边的均匀分布、边的长度与权重相关、整体对称的可视化效果以及网络中相似子结构的相似可视化效果等。这些原则不仅确保了美观的可视化效果，还有助于减少对人们的误导。例如，人们直觉上认为两个点之间用较长的边连接表示关系不紧密，用较短的边则意味着关系紧密。针对不同的数据特性，可采用不同的节点链接布局方法。节点链接布局方法主要有力引导布局（Force-directed Layout）和多维尺度（Multidimensional Scaling，MDS）布局方法两种。

　　力引导布局方法最早由 Peter Eades 在 1984 年的"启发式画图算法"一文中提出，目的是减少布局中边的交叉，尽量保持边的长度一致。此方法借用弹簧模型模拟布局过程：用弹簧模拟两个点之间的关系，受到弹力的作用后，过近的点会被弹开，过远的点会被拉近；通过不断迭代，整个布局达到动态平衡，趋于稳定。其后，"力引导"的概念被提出，演化成力引导布局算法。该算法丰富了两个点之间的物理模型，加入点之间的静电力，通过计算系统的总能量并使能量最小化，从而达到布局的目的。这种改进的模型称为能量模型，可看成弹簧模型的一般化，如图 4-39 所示。无论是弹簧模型还是能量模型，其算法的本质都是解一个能量优化问题，区别在于优化函数的组成不同。优化对象包括引力和斥力部分，不同算法对引力和斥力的表达方式不同。图 4-40 中利用节点链接布局展示了法国作家维克多・雨果的小说《悲惨世界》的人物图谱。节点颜色编码了通过社区算法计算的人物类别，边的粗细编码了两个节点所代表人物共同出现的频率。

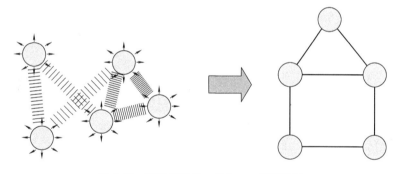

图 4-39　弹簧模型的一般化——能量模型

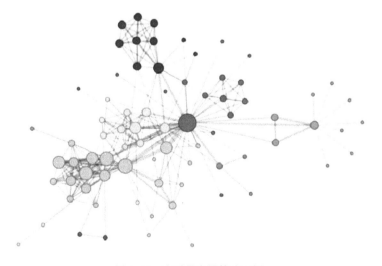

图 4-40　力引导布局算法示例

多维尺度布局针对高维数据，用降维方法将数据从高维空间降到低维空间，力求保持数据之间的相对位置不变，同时也保持布局效果的美观性。力引导布局方法的局部优化使得在局部点与点之间的距离能够比较忠实地表达内部关系，但却难以保持局部与局部之间的关系。多维尺度布局则是一种全局控制，目标是要保持整体的偏离最小，使得输出结果更加符合原始数据的特性，如图 4-41 所示。

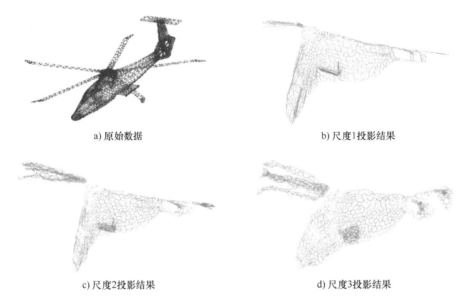

a) 原始数据　　　　　　　　　　　　　b) 尺度1投影结果

c) 尺度2投影结果　　　　　　　　　　d) 尺度3投影结果

图 4-41　多维尺度布局示例

弧长链接布局是节点链接布局的一个变种。它采用一维布局方式，即节点沿某个线性轴或环状排列，圆弧表达节点之间的链接关系，如图 4-42a 所示，这种方法不能像二维布局那样表达图的全局结构，但在节点良好排序后可清晰地呈现环和桥的结构。对节点的排序优化又称为序列化，在可视化、统计等领域有广泛的应用。图 4-42b 为弧长链接图的一个变体，也称和弦图，该图使用了二维布局方式，非常适合表达数据间关系以及关系的强弱。

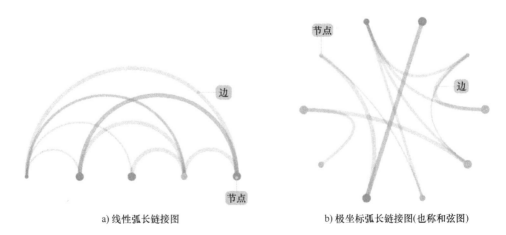

a) 线性弧长链接图　　　　　　　　　　b) 极坐标弧长链接图(也称和弦图)

图 4-42　弧长链接图示例

2. 相邻矩阵布局

相邻矩阵指代表 N 个节点之间关系的 $N \times N$ 的矩阵，矩阵内的位置 (i, j) 表达了第 i 个节点和第 j 个节点之间的关系。对于无权重的关系网络，用 0-1 矩阵来表达两个节点之间的关系是否存在；对于带权重的关系网络，相邻矩阵则可用 (i, j) 位置上的权重值代表其关系紧密程度；对于无向关系网络，相邻矩阵是一个对角线对称矩阵；对于有向关系网络，相邻矩阵不具对称性；相邻矩阵的对角线表达节点与自己的关系。相邻矩阵布局用不同的颜色和大小等视觉元素表示边的属性。

如图 4-43 所示，相邻矩阵能很好地表达两两关联的网络数据（即完全图），而节点链接图不可避免地会造成极大的边交叉，造成视觉混乱。当边的规模较小时，相邻矩阵可能无法有效展示网络的拓扑结构，甚至难以直观地呈现网络的中心性和关系的传递性，而节点链接图在这方面表现得更加出色。相邻矩阵具有表达简单、易用的优势，既可以使用数值矩阵，也可以将数值映射到色彩空间进行表达。从相邻矩阵中挖掘隐藏信息并不容易，通常需要结合人机交互。

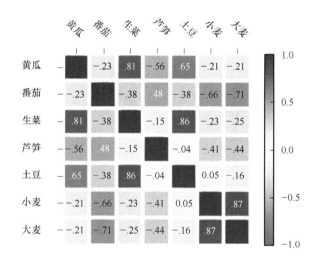

图 4-43　相邻矩阵布局的排序示例

3. 混合布局方法

混合布局方法旨在结合上述两种布局方法的优点并减少它们的缺点。混合布局方法主要有三种：同步多视图表示方法、叠加节点链接法的相邻矩阵表示方法、局部相邻矩阵的节点链接表示方法。

图 4-44 中的可视化技术结合了相邻矩阵布局方法和节点链接布局方法，两个视图中同步展示了相同的数据信息，用户可以专注于更偏好的视图进行操作。图 4-45 中是相邻矩阵布局方法的增强版本，这种布局方法将节点作为矩阵的索引，通过高亮显示节点之间的链接，可以方便地定位到矩阵视图中相应的位置，同时也保留了矩阵表示的优势。图 4-46 中的技术是将两种布局方式结合到同一个视图中。此方法首先对网络数据进行聚类，同一类别的节点之间关系比较紧密，而类与类之间关系相对疏远，这就构成了使用混合布局的前提。类内部关系和跨类关系分别用相邻矩阵和节点链接布局进行可视化。

133

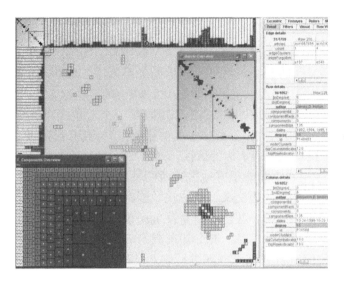

图 4-44　同步多视图表示方法示例

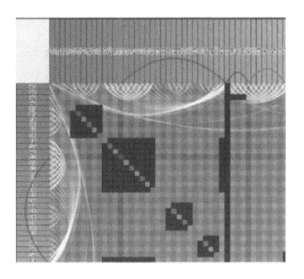

图 4-45　叠加节点链接法的相邻矩阵表示方法示例

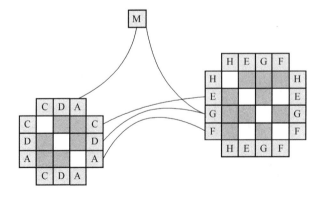

图 4-46　局部相邻矩阵的节点链接表示方法示例

4. 节点链接布局的视觉优化算法——边绑定算法

当网络数据集规模增大时，节点链接布局中会出现因关系过多而导致的边互相交错、重叠、难以看清的问题，针对此问题近年来一种被称为边绑定（Edge Bundling）的技术开始被学术界提出并得到广泛认可。所谓边绑定，即一类可视化压缩算法，其核心思想就是在保持信息量（即不减少边和节点总数）的情况下，将图上互相靠近的边捆绑成束，从而达到去繁就简的效果。图 4-47 是使用边绑定技术对一个软件中各模块之间的调用关系进行处理的结果。图 4-47a 是处理之前的效果，这里边的颜色代表了方向，绿色代表两个模块中调用的一方，红色代表两个模块中被调用的一方。从图 4-47b 中可以看到，绑定后由于相似形状的边集中在一起构成束，视觉复杂度大大降低，从而使节点间的链接关系也显得更加清楚、明了。边绑定可以被看作沿着若干特定的方向对边进行捆绑，从而减少边之间的交叉，凸显网络拓扑结构的方法。它能够大大地提高图中节点之间关系的可读性。

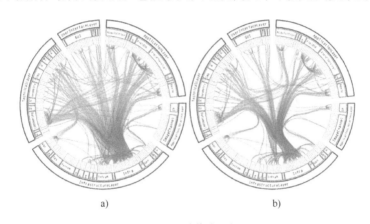

a)   b)

图 4-47 边绑定示例

自从 2006 年学术界第一次提出边绑定的思想后，很多改进的边绑定算法被提出：MINGLE 算法是旨在用更少的"墨水"绘制复杂图的一种多层级边绑定算法，其优点是运行速度快，可以处理大规模图，缺点是线条略生硬，结果仍不够清晰；KDEEB 算法根据图布局预先计算密度（Kernel Density）并进行绑定，其优点是可以突出图的密度，满足一些美学原则；SBEB 算法可以根据预先计算的图布局骨架，将边绑定到骨架上，优点是可以清晰展示一幅图的骨架；ADEB 算法是针对"路径"（Trail）分析的边绑定算法，可根据边的属性将具有相似属性的边绑定在一起，例如边方向、时间戳、权重等；FFTEB 算法是针对大规模图数据的快速绑定算法，允许根据边属性进行选择性快速绑定。综合上面介绍的边绑定算法，不难发现：现有算法的一个共同特征是按照一定标准，选择"相似"的边对其绑定，最终形成图的骨架结构。通过边绑定算法，可以在不丢失信息的前提下（不减少边和节点的数目），展示基本结构和边的大致走向，挖掘有价值的信息。各种边绑定算法可视化结果如图 4-48 所示。

图 4-49 是"150 年的《自然》论文网络"这个视频作品的截图，这个作品对《自然》杂志社 150 多年间的超过 8.8 万篇论文以及论文之间的引用关系，以关系图的形式进行记录，展示其演变过程。这些论文构成了浩瀚的网络世界，通过边绑定算法展示这个网络世界中每一个优秀的成果。

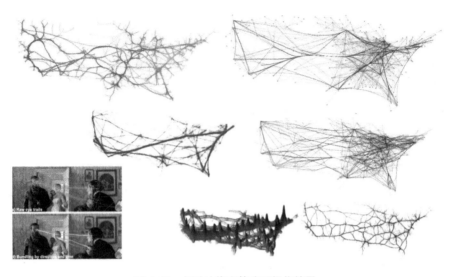

图 4-48　各种边绑定算法可视化结果

图 4-49　"150 年的《自然》论文网络"边绑定可视化结果
（图片来源：麦克米伦信息咨询服务（上海）有限公司，公众号为 Nature Portfolio）

4.5　跨媒体数据可视化

　　媒体作为人与人交流信息的桥梁，承载着信息的传递功能，也常被称作媒介。随着数字媒体技术的飞速发展，多媒体应运而生，它是指计算机系统中将两种或两种以上的媒体形式相结合，实现人机交互式信息交流与传播。这些媒体形式包括文字、图像、视频、语音等，它们直接作用于人的感官，以多种信息载体的形式展现和传递。

　　在日常生活中，人们常常提到的"传播媒体"指的是信息传递的各种手段、方式或载体，例如语言、文字、报纸、书籍、广播、电视、电话、电报、网络等。对多媒体和跨媒体的研究，在计算机智能信息处理领域中占据重要地位。本节将聚焦于除文本之外的多媒体数据，探讨通过可视化方法更直观、更高效地理解和利用这些数据。

4.5.1　图像可视化

图像作为日常生活中最为常见且易于创造的媒体形式，其数字化规模与增长速度均达到了前所未有的水平。图像在展现含有丰富细节的对象方面具有显著优势，如明暗变化、场景复杂性和色彩多样性。对图像数据进行可视化处理，有助于用户从庞大的图像集中发掘隐藏的特征模式。

1. 图像网格可视化

在计算机普及之前，艺术领域常通过两台幻灯机投影比较两帧图像。在数字时代，软件能够支持以网格形式展示数千乃至数万张图像。图像网格根据图像的原始信息，以二维阵列形式排列，生成可视化效果。诸如 Picassa、Adobe Photoshop 和 Apple Aperture 等图像处理软件均提供了此项功能，这种技术也被称为混合画。例如，Cinema Radux 通过混合画的方式，将整部电影转化为一幅画面，每行都代表电影中的 1min，由 60 帧组成。可视化中，图片间的色调变化与电影故事的进展和场景的转换紧密相关，为探索媒体数据集提供了有效方式。图像网格方法实施简便，但在选择和排列图像时，需根据数据特性的转变方式进行合理操作，并关注关键步骤，如优化可视元素的布局、突出用户难以直接察觉的信息模式等，以实现更好的可视化效果。

2. 基于时空采样的图像集可视化

鉴于可视化空间的局限性，直接展现大规模图像集而不造成视觉上的干扰极具挑战，因此需要在时间或空间维度上进行适当的信息压缩。对图像或图像序列的特定内容或区域，采取时域或空间域的重采样并展示的方法，统称为基于时空采样的图像集可视化。其中，时间采样是指依据图像序列的源信息，如上传时间、视频帧序号或连环画页码等与时间或顺序相关的属性，从图像序列中挑选出子序列进行重采样并展示。此方法在文化艺术作品的呈现上尤为出色。实质上，时间采样与视频流摘要的概念相近，都是通过自动生成具有代表性的图像集来精炼地总结整段视频的内容。一个有趣的时间采样例子是平均化技术，它通过将同一时间段内、同一上下文的图像进行平均，展示该时间段的概括性视觉特征。

空间采样则专注于每张图像中的部分内容进行展示。相较于图像网格，这种展示方式能更加高效地利用空间。图 4-50 通过网格形式展现了用户在观看视频过程中关注区域的变化，其中水平方向反映了不同时刻的关注点，垂直方向则代表了不同的用户。这种展示方式不仅有助于理解用户的观看习惯，还能为内容创作者提供有价值的参考。

3. 基于海塞图的社交图像可视化

社交照片，诸如在家庭欢聚或各种聚会上捕捉的瞬间，生动展现了多人或群体活动的丰富多彩。通过分析这些照片中共同出现的人物以及他们之间的社交互动，可以揭示出这些图像之间的内在联系。运用超图方法对这些社交图像的关联进行组织和可视化，能够清

137

晰地展现出不同人群的特征和脉络，为用户提供对不同人群信息的快速浏览和导航功能。其中，海塞图（Hasse Diagram）作为一种超图可视化的有效工具，能够简明扼要地展示偏序关系的"层次"结构，极大地便利了对偏序关系性质的分析，如寻找极大（小）元、最大（小）元以及上（下）确界等，从而为用户提供深入探究和理解社交图像中复杂关系的直观途径，如图 4-51 所示。

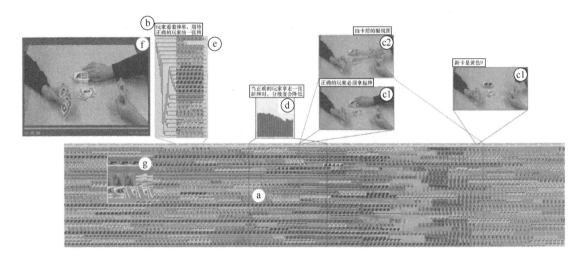

图 4-50　关注区域的空间采样示例

138

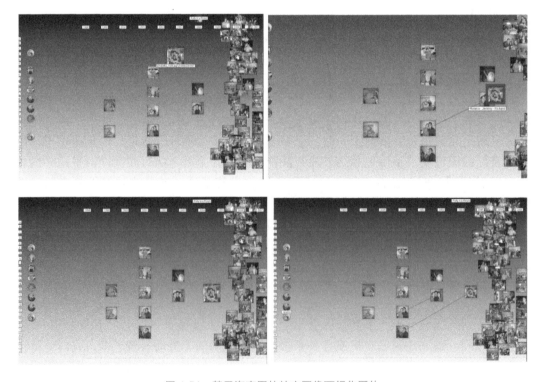

图 4-51　基于海塞图的社交图像可视化图片

4.基于故事线的社交图像可视化

故事线作为一种可视化手段，对于展示大规模社交网络图片中的信息流动和事件发展尤为有效。它能够从多类别的图片中提炼出它们在时间轴上的排列顺序，从而揭示出事件发展的脉络。在生成故事线的过程中，从大规模社交网络图片中提取出随时间变化的单向网络是一项核心技术，这项技术由 Kim 等人在 2014 年的研究中提出并得到了验证。如图 4-52 所示，当以美国独立日多人拍摄的照片序列及其背后的社交关系作为输入时，故事线能够重构出当天发生的一系列事件，使得观察者能够直观地了解事件的来龙去脉。通过这种方法，故事线不仅为理解社交网络中的信息及传播提供了便利，也为人们回顾和分享特殊时刻的记忆提供了有力的工具。

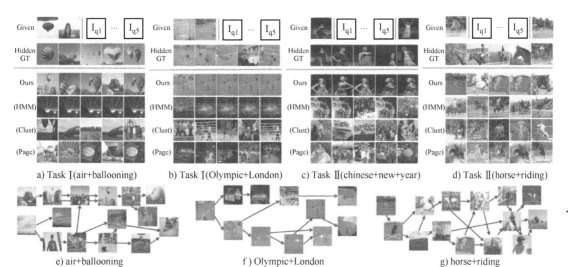

a) Task I(air+ballooning)　　b) Task I(Olympic+London)　　c) Task II(chinese+new+year)　　d) Task II(horse+riding)

e) air+ballooning　　　　f) Olympic+London　　　　g) horse+riding

图 4-52　基于故事线的社交照片可视化图片

4.5.2　视频可视化

视频的获取与应用在当今社会愈发普及，无论是数字摄像机、视频监控还是网络电视，都成为人们日常生活和工作中的重要组成部分。通常情况下，存储和观看视频流采用的是线性播放模式。然而，在一些特定的应用场景中，例如在分析视频监控产生的大量视频数据时，逐帧线性播放视频流不仅耗时，还消耗了大量的资源。此外，尽管视频处理算法在不断进步，但自动计算视频流中复杂特征的能力仍然有限，例如在安保工作中对可疑物的自动检测。而且，现有的视频自动处理算法往往伴随着大量的误差和噪声，其结果通常需要人工干预才能用于决策支持。因此，如何从海量的视频中快速且准确地提取有效信息，依然是一项重要的挑战。视频可视化作为一种辅助手段，为应对这一挑战提供了有效的途径。

视频可视化的核心在于如何选择合适的视觉编码来表达视频中的信息，如拼贴画、故事情节或缩略图，并帮助用户更快速、更精确地分析视频的特征和语义。视频可视化的目标是从原始视频数据集中提取出有意义的信息，并通过适当的视觉表达形式传达给用户。针对不同类别的视频，可视化设计需要考虑多种因素，例如：各类视频的特点，是否存在专门的工具用于计算、浏览和探索视频内容，以及如何优化浏览、探索和可视化视频核心内容的方法。

在视频可视化的方法中，视频摘要和视频抽象是两大主要类别。视频摘要侧重从大量视频中抽取用户感兴趣的关键信息，并将其编码到视频中，从而增强视频的语义，帮助用户更好地理解视频内容。视频抽象则更注重将视频中的宏观结构信息、变化趋势或关键信息组织起来，并映射为可视化图表，以便用户能够迅速、有效地把握视频流的整体情况。

1. 视频摘要

近年来，观看视频作为一项娱乐活动，日益受到大众的青睐。然而，随着视频资源的日益丰富，其数量和长度的增加使得完整地浏览并寻找感兴趣的内容变得费时费力。为此，视频摘要技术的出现，极大地缩短了观看视频所需的时间，帮助用户迅速获取关键信息。

在视频表达方法中，将视频视作由图像堆叠而成的立方体（Video Cube）是一种经典的方式（见图4-53）。为了提高处理效率，采用了更为简练的呈现方式，如科学可视化中的可视化方法，来展示视频立方体中的有效信息。这一方法的核心步骤涵盖了视频获取、特征提取、视频立方体构造和视频立方体可视化。其关键在于通过一组精心设计的视频特征描述符来描绘视频帧之间的变化。用户可以通过自定义视频立方体的空间转换函数，以交互的方式深入探索视频内容，从而更加高效地把握视频中的关键信息。

140

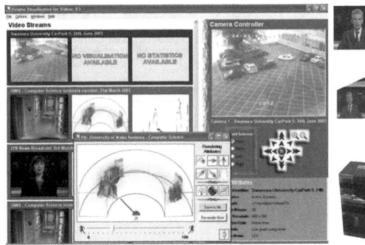

图 4-53　视频立方体示例

在常规的信息可视化流程中，首先要将原始的庞杂的数据转化为结构化的数据模型，例如通过数据聚合或分类来整理信息。在视频处理领域，低层次的计算机视觉技术可以承担数据层面的基础处理任务，但高层次的推理和理解则需要用户参与。这时，视频可视化方法就起到了桥梁的作用，它能够将处理后的数据以直观的形式呈现出来，从而引导用户进行高级的智能操作。

视频立方体这种表示方式不仅为人们提供了丰富的操作空间，使得各类三维图像操作和立体视觉方法得以应用，而且可以利用光流算法等先进技术，在视频立方体中构建基于目标跟踪的流场，进而方便地抽取和实现视频中的运动信息。以足球、篮球等体育运动的视频为例，运动爱好者和分析师们常常需要依赖比赛视频进行分析，或者借助信息可视化的方法来分析运动轨迹。然而，传统的视频观看方式耗时较长，信息可视化方法又往往依赖抽象和可视映射，这在一定程度上增加了同时分析视频和运动数据的难度。为了克服这一难题，Stein 等人提出了一种视频语义增强的方法。这种方法首先会从视频的上下文片段中抽取出有意义的数据，比如运动轨迹、赛事事件、球员表现等，然后再将这些数据以可视化的形式融入视频，使得用户可以更加直观和高效地获取关键信息（见图 4-54）。

图 4-54　足球视频语义增强示例

近年来，基于视频关键帧的视频摘要技术也受到了研究者的广泛关注。这种技术的核心在于提炼视频中的关键元素。除了利用视频本身的特征来计算每一帧的重要性，描述性文字等语义特征也可以作为算法的辅助，帮助捕捉更多的关键信息（见图 4-55）。这一领域的研究不仅给人们提供了更加高效的视频处理方法，也给用户带来了更加便捷和深入的视频体验。

141

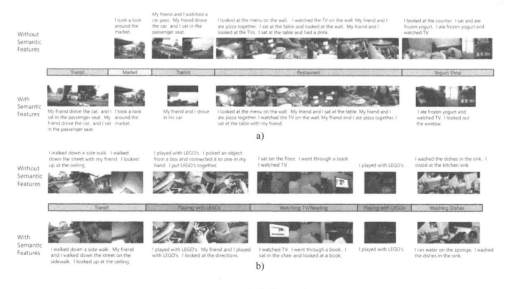

图 4-55　视频摘要示例

2. 视频抽象

视频抽象作为一种独特的信息处理技术，将原始视频图像中蕴含的信息映射为可视化元素。视频流中所包含的事件和物体位移等信息，通过视频抽象得以有效提取和展示。这一过程主要分为语义抽取和语义信息可视化两个步骤。

在视频抽象的方法中，视频嵌入、视频图标和视频语义是三种重要的技术手段。视频嵌入通过将每一帧图像嵌入向量空间，使得每一帧都能用一个向量来代表，而这些向量之间的距离则能够反映出图像之间的相似度。视频图标则是一种将整段视频内容以图标形式进行抽象的方法，使得内容更易于理解和记忆。视频语义则侧重于从视频中抽取出具有实际意义的属性或关键事件，并通过可视化的方式将它们呈现出来。

视频嵌入可视化提供了一种理解视频流的新视角。通过将视频流转化为向量，并以线性或非线性形式组织，用户能够迅速把握视频中的宏观结构信息和变化趋势。例如，通过检测视频中每帧的尺度不变特征（SIFT）的频率，可以将整段视频映射为高维空间中的一条曲线。进一步利用多维尺度（MDS）分析方法对该曲线进行降维处理，可以生成一条反映视频语义信息的三维平滑曲线。这种线性表示方式不仅真实反映了视频中各帧之间的关联性和语义转折，还有效地揭示了视频中的演化结构。还有一种视频嵌入可视化的方法是将视频的每一帧视为高维空间中的一个点，利用投影算法如 Isomap 将这些点嵌入低维空间。通过连接这些低维空间中的点，可以形成一条线性轨迹，从而为用户提供了丰富的信息，有助于更深入地理解视频内容。

相比之下，常规的视频摘要方法，如将原始视频转换为简单的视频或多帧序列图像，往往受限于原有的时间序列，难以充分表达视频中复杂的语义信息。视频抽象方法通过将视频信息映射为可视化元素，为用户提供了一种更加全面和深入的视频理解方式。

4.5.3 声音可视化

声音，作为一种能激发听觉的物理信号，具备多重属性，其中包括声音的频率（或称为音调）、音量的大小、速度的快慢，以及空间位置的变化等。人类口头沟通所发出的声音称之为语音。音乐，则是一种由声音与无声共同编织的时序信号所构成的艺术形式，其目的在于传达特定的信息或情感。

音乐可视化，作为一种展现音乐内在结构与模式的方式，涵盖了节奏、和声、力度、音色、质感及和谐感等多种属性的呈现。音乐可视化常常与实时播放音乐的响度以及频谱的可视化紧密相关，表现形式多种多样，既有收音机上简单的示波器显示，也有多媒体播放器软件中生动形象的动画影像。值得一提的是，五线谱正是音乐可视化中的一个经典代表。它通过独特的蝌蚪符形式（见图 4-56），精确地表达了音乐的旋律。

在电子时代尚未到来之际，人们便创造性地发明了声波振记器（Phonautograph），这一工具能够将声音转化为可视的轨迹。其原理在于模拟人类耳鼓膜随声波振动的现象，利用连接在号角型扬声器较小一端的薄膜，模仿耳鼓膜随声波振动的形态。当声波作用于薄膜时，薄膜的振动便会被振记器捕捉，并在移动的带子上留下长短不一的轨迹。这些轨迹离基准线的远近，代表了薄膜所受到冲击力的大小，而陡峭的上升和下降的语调则形成了或均匀或不规则的曲线形状。声音的平滑或粗糙，都在这独特的图形标记中得以体现。随着技术的进步，声波振记器得到了改进，出现了名为 Phonodiek 的升级版。这种改进版的声波振记器能够生成四个不同的波浪痕迹，用以表示长笛、单簧管、双簧管以及萨克斯等乐器音色的差异。

图 4-56　五线谱示例

（图片来源：https://q.yanxiu.com/）

进入电子时代后，音乐可视化成为音乐媒体播放工具中不可或缺的功能。它生成一段以音乐为基础的动画图像，实时展现并与音乐的播放同步呈现，为听众带来了全新的视听体验。音乐的响度和频谱的变化往往成为可视化所使用的关键输入属性，使得音乐的内在结构和情感得以更加直观地展现，如图 4-57 所示。

143

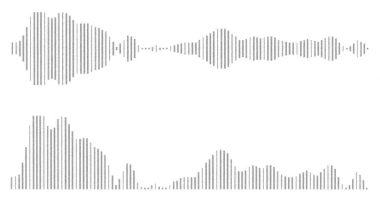

图 4-57　Veed 软件可视化音乐效果

在信号处理领域，声音被接收后转化为时域信号，进而构成声音频谱图。对于语音数据，频谱图尤为关键，它包含了三个核心变量：横坐标展示时间流转；纵坐标反映频率变化；而坐标点的值则映射出语音数据的能量分布，这些能量通过颜色得以生动表达。将频谱图的理念拓展至其他声音属性，如谐波和音调，能够催生出多样化的声乐波形可视化方法。

声乐结构的可视化，作为抽象音乐结构的一种视觉增强手段，不仅有助于听众感知和理解音乐的韵律，还能凸显不同时期作曲家作品中的独特之处。弧图法是一种有效的可视化技术，由 Wattenberg 在 2002 年提出。它利用位于一维轴上的弧来描绘重复的音乐结构，其中弧的宽度与重复序列的长度成正比，半径则与匹配对之间的距离紧密相关。同弦法由 Bergstrom 在 2007 年提出，其借助欧拉发明的二维三角坐标网格（即 Tonnetz 音格）对音乐结构和作品发展进行可视化处理，这一方法在现代音乐分析中得到了广泛应用。

音乐中的节奏、和声与音质等元素共同构筑了音乐的韵律。为捕捉这些元素的变化，可以将三者置于一个三元放射状分布的坐标轴中，并通过不同颜色来可视化各轴的数值：绿色象征和声，红色描绘节奏，蓝色则代表音质。Evans 等人于 2005 年提出了音乐乐谱可视化的基本准则，这些准则强调：声音表达应简洁明了，易于视觉识别；时间与空间关系需和谐一致；乐谱的全局展现应一目了然；乐谱的阅读并非其最重要功能；音乐乐谱的主要目的在于音乐的听觉表现，而非定量分析。Smith 等人在 1997 年探索了音乐的三维可视化方法，他们以 x 轴表示音调范围，y 轴代表乐器种类，z 轴则反映时间变化。在三维空间中，曲面图符代表音符，而半球的高度、半径与颜色则分别用以展现音调、响度与音色，特别是音色在区分不同乐器时发挥了关键作用。为帮助普通听众更好地理解古典音乐作品，Chan 等人在 2010 年提出了一种创新的可视化方案。该方案能够揭示古典管弦乐作品中的语义结构，并通过交互方式展现其宏观的语义结构、微观的音乐主题变化、主题和结构之间的关系以及抽象音乐作品的复杂结构。例如，在莫扎特《第 40 号交响曲》第一乐章的可视化中，不同透明度的线条用以区分不同的乐器，并根据乐器在乐章中的功能进行布局。在贝多芬《第 5 号交响曲》的可视化中，则采用弧形来展现音乐结构中的微妙关系，并通过弧形的倒影实现视觉增强效果。

4.5.4　跨媒体可视化

随着互联网的蓬勃发展，文本页面内融入了网络链接、令牌、标志等新型符号，进而演化为超文本。随着多媒体技术的不断演进，超文本技术的管理对象进一步拓展至多媒体领域，进而形成了超媒体。超媒体可视为超文本与多媒体的结合，呈现出更为丰富的内容形式。

跨媒体则是指信息在不同媒体间的分布与互动，其内涵至少包含两层：一是信息在不同媒体间的交叉传播与整合；二是通过学习、推理等智能操作，实现从一种媒体类型到另一种的跨越。2010 年 1 月，*Nature* 杂志发表的 "2020Vision" 论文指出，文本、图像、语音、视频及其交互属性紧密混合，即构成跨媒体。同年 2 月，*Science* 杂志刊登了 "Dealing with data" 专辑，强调数据的组织和使用体现了跨媒体计算的重要性。卡耐基－梅隆大学的 Tom Mitchell 教授在 *Science* 上发表的 "Mining our reality" 文章中指出，与对历史数据的挖掘相比，对和人们日常生活紧密相关的跨媒体数据进行分析和处理，已成为未来机器学习和搜索引擎发展的重要方向。

跨媒体数据在自然科学和社会科学的探索中发挥着重要作用。例如，谷歌公司推出的"谷歌流感趋势"项目，利用人们搜索时输入的关键词来预测流感在特定区域的暴发，其精确率与美国疾病预防控制中心提供的报告相当，达到 97%~98%。还有学者通过分析微博数量和评论的正负比例来预测电影票房和大众心情。加拿大不列颠哥伦比亚疾病控制中心的学者结合基因组测序和社交网络分析，成功预警了一种神秘结核病的潜在暴发，并确定了超级传播者。斯坦福大学的研究人员通过无线传感器记录人们的行踪，并用数学模型模拟疾病的传播路径。麻省理工学院启动了现实挖掘项目，对大量手机数据进行处理，提取人们行为的时空规律。超媒体和跨媒体作为新兴的数据模态，在移动互联网领域无处不在，如网页、网络日志文件和社交网络等。针对这类数据模态的可视化方法，目前正处于逐步探索之中。

4.6 面向领域的可视化

面向领域的可视化是指针对特定应用领域的数据特点和需求，设计和实现定制化的可视化解决方案。这种方法通过结合领域知识和数据可视化技术，将复杂的数据转化为直观易懂的图形展示，帮助用户更好地理解和分析数据。在不同领域中，面向领域的可视化能够揭示特定行业的趋势、模式和关键点，支持决策制定和问题解决。本节将探讨几种主要的面向领域的可视化方法及其在实际应用中的效果和优势。

4.6.1 商业智能可视化

商业智能（Business Intelligence，BI）可视化作为现代企业数据管理和战略决策的关键工具，在不同层面和方面都发挥着重要作用。它通过一种直观、互动的方式来探索和分析数据，帮助企业更好地理解业务状况，做出更有信息支持的决策，进而推动业务增长和成功。

商业数据分析的可视化应用是商业智能可视化的核心。通过将大量的商业数据以图表、图形和仪表板等形式呈现，企业能够更深入地了解其业务状况。无论是销售数据、客户数据还是市场数据，商业智能可视化都为企业领导者和分析师提供了直观、易懂的数据分析工具，使他们能够迅速发现数据中的模式、趋势和异常。如图 4-58 所示，微软公司旗下产品 Power BI 将软件服务、应用和数据连接有效结合，协同工作以便将相关数据来源转换为连贯的视觉交互式呈现，相关数据可采用柱状图、折线图、柱状堆叠图等组件。通过数据挖掘技术和可视化工具，企业可以深入挖掘数据，发现数据中的隐藏模式和有价值的信息，也可以使用数据可视化界面的企业内部共享与发布功能。商业智能可视化帮助企业分析客户行为，深入了解客户的购买偏好和消费习惯，从而有针对性地进行市场营销和产品推广等。通过数据挖掘和可视化展示，企业能够更好地理解市场趋势、竞争对手和客户需求，为企业的长期发展提供战略支持。

商业智能可视化在资源优化和客户洞察中扮演着重要角色。当前成熟的商业智能可视化软件不仅支持基础数据连接与交互式可视化呈现，而且支持定制化数据展示。如图 4-59 所示，Power BI 专业版可根据要传递的可视化信息，支持企业定制数据的呈现形式、颜色、组件大小等，包括地图信息组件的展示。无疑这些商业智能可视化软件所提供的功能，从时间、空间等多个维度进行数据展示与分析，使企业能够将见解快速转化为行动，提高运营流程效率。同时，企业通过分析客户数据，深入了解客户行为和采购模式，准确跟踪销售、市场营销、财务绩效和运营效率，从而提供更好的产品和服务，增强客户满意度和忠诚度。

商业智能可视化在不同方面的应用为企业带来了更高效、更智能的数据分析和决策能力，有助于提升企业的竞争力和创新能力。这种深入分析，有助于企业内部依据商业数据可视化呈现结果，做出更具针对性的战略决策，并及时调整业务策略以应对市场变化。

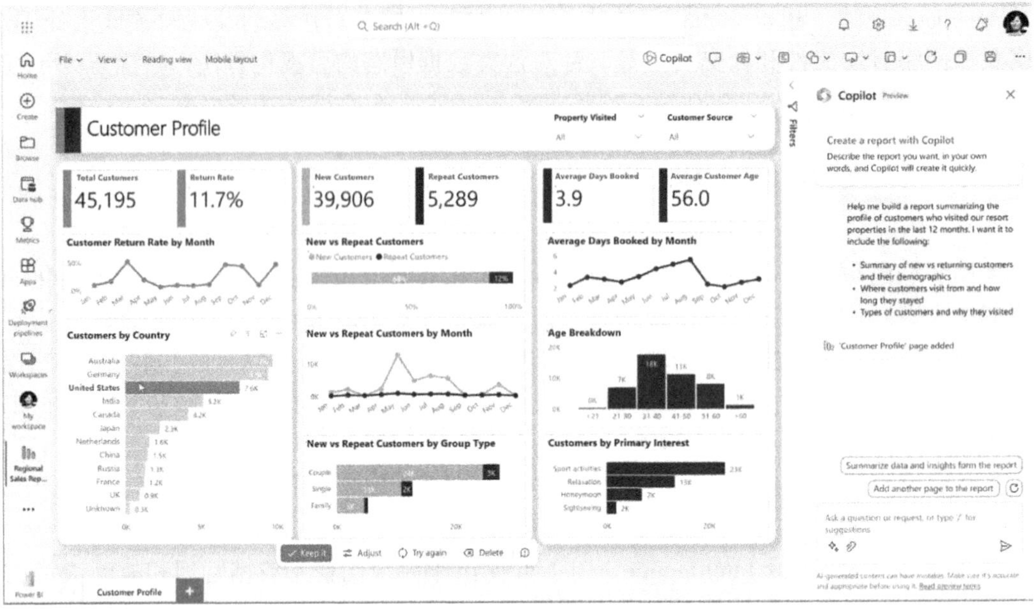

图 4-58　Power BI 软件界面示例

（图片来源：https://www.microsoft.com/zh-cn/power-platform/products/power-bi/#tabs-pill-bar-ocb9d418_tab2）

图 4-59　Power BI 专业版软件定制功能示例

（图片来源：https://www.microsoft.com/zh-cn/power-platform/products/power-bi/#tabs-pill-bar-ocb9d418_tab4）

4.6.2　社交网络可视化

社交网络可视化是一种将社交网络数据以图形化方式呈现出来的方法，帮助人们更好地理解社交网络中的关系、趋势和影响力。社交网络可视化涉及多种数据处理和图形化技术，并结合视觉隐喻以呈现网络中的复杂关系。社交网络可视化方法通常包括节点链接图、社群检测、网络布局算法等。通过这些方法，用户可以直观地了解社交网络的结构和连接方式，揭示隐藏在数据中的模式和趋势。

　　用户关系图的分析和可视化通过分析用户之间的连接和交互，可以展示不同用户之间的关系强度和关联程度，如图 4-60 所示。这种可视化不仅可以帮助人们发现共同兴趣和相似行为的用户群体，还可以识别关键影响者和信息传播者，从而为社交网络营销和用户推荐提供依据，如图 4-61 所示。

图 4-60　静态社交网络可视化示例

（图片来源：https://blog.csdn.net/horses/article/details/105090742）

图 4-61　动态社交网络可视化示例

（图片来源：https://gephi.mystrikingly.com/#gallery_2-5）

　　将社交网络趋势和个性化分析有效结合的可视化呈现是社交网络可视化的另一个重要方面。如图 4-62 所示,通过将社交网络中的话题、事件和用户行为可视化展示出来,可以更好地理解社交网络中的热点话题、流行趋势和影响力用户。这种可视化不仅可以帮助企业了解用户行为和偏好,还可以为内容营销、品牌推广和舆情监测提供有力支持。

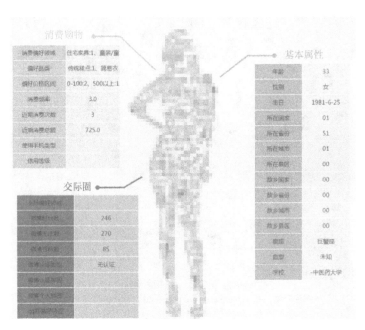

图 4-62　用户画像可视化示例
（图片来源：https://zhuanlan.zhihu.com/p/142163455）

4.6.3　交通监测可视化

　　交通监测可视化是指利用可视化技术来处理和呈现交通流量数据,旨在帮助交通管理者和交通规划者更好地理解和管理城市交通,如图 4-63 所示。实时交通流量数据的可视化处理是交通监测可视化的关键环节之一。通过实时收集、处理和分析交通流量数据,如交通流量、车速、拥堵情况等,可将实时交通状况以直观、图形化的方式呈现出来。这种实时可视化处理能够帮助交通管理者快速了解交通状况,及时采取措施应对交通拥堵和意外事件,保障道路畅通。路况图是交通监测可视化的重要组成部分。通过将交通流量数据与GIS（地理信息系统）结合,可以生成实时的路况地图和交通热图,清晰展示道路的交通情况和拥堵程度。这种地图和热图的可视化呈现,可以帮助交通规划者识别交通瓶颈和高拥堵区域,优化交通路线和交通信号配时,提高城市交通效率和通行效果。

　　图 4-64 所示为地铁客流智慧监测与管控系统。该系统以可视化界面的形式,提供了客流监测、客流预测、OD（Origin-Destination,起点 – 终点）预测以及异常预警等功能,为轨道运行决策提供了重要的可视化工具。对于地铁客流监测,该系统采用了一种“丝带图”的 2.5 维可视化方法,站点的客流用圆柱表达,站点间的区间流量则用“丝带”组成,非常直观、形象地表达了轨道客流情况。

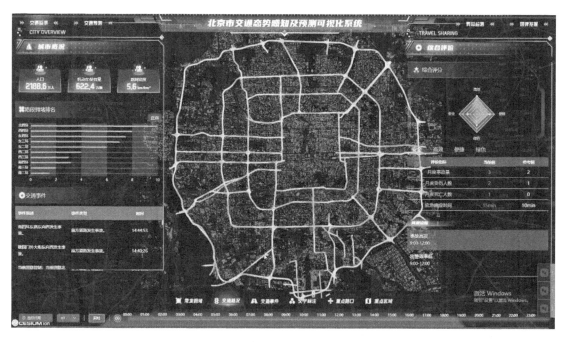

图 4-63　城市交通感知可视化系统

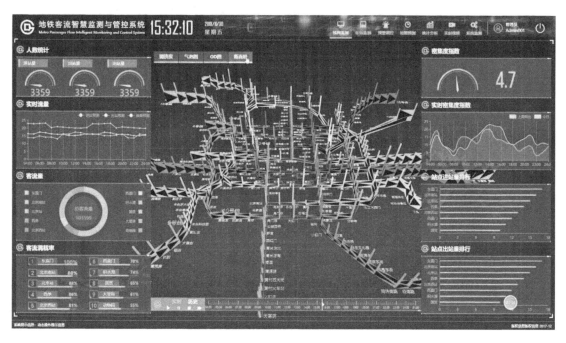

图 4-64　地铁客流智慧监测与管控系统

　　综上所述，交通监测可视化为城市交通管理提供了重要的数据支持和决策参考。合理利用可视化技术，可以帮助城市实现对交通拥堵的有效管理和预防，提高城市交通运输系统的运行效率和服务质量。

4.6.4　气象监测可视化

气象监测可视化是指利用可视化技术来呈现气象数据，以帮助气象学家、气象预报员和相关机构更好地理解和应对天气变化和自然灾害。气象数据的可视化展示是气象监测可视化的基础。通过可视化展示气温、降水、风速、湿度等气象数据，用户可以直观地了解天气状况，包括当前天气情况、未来天气趋势等。这种实时的气象数据可视化展示为气象预报和应急响应提供了重要的数据支持，能够帮助相关部门及时做出决策。地面气象监测可视化示例如图 4-65 所示。地面气象灾害监测可视化示例如图 4-66 所示。

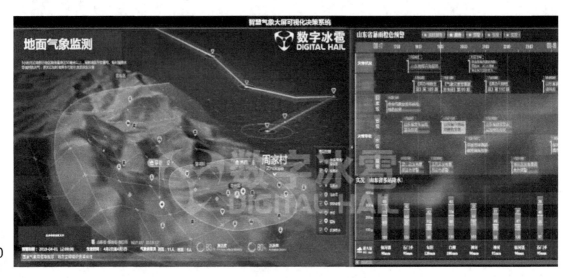

图 4-65　地面气象监测可视化示例
（图片来源：https://zhuanlan.zhihu.com/p/122316714）

图 4-66　地面气象灾害监测可视化示例
（图片来源：https://zhuanlan.zhihu.com/p/122316714）

天气模式和气候趋势的可视化分析是气象监测可视化的重要内容之一。通过将气象数据与气象模型结合，可以生成天气模式图和气候趋势图，清晰展示天气的演变和气候变化趋势。这种可视化分析有助于气象学家和气象预报员更准确地预测天气变化，为公众提供准确的天气预报和气候信息，提高社会对天气变化的适应能力。

自然灾害预警和应急响应的可视化支持是气象监测可视化的重要应用之一。通过将气象监测数据与 GIS 结合，可以生成自然灾害风险图和灾害预警地图，及时发现自然灾害的潜在风险和受灾区域，提前做好防范和应急准备工作。这种可视化支持不仅可以帮助政府部门和救援组织及时采取行动，减少自然灾害给人民生命财产造成的损失，还可以提高社会对自然灾害的认识和应对能力。

4.6.5 科学计算可视化

科学计算可视化是一种将科学数据以图形化的方式呈现出来的方法，旨在帮助科学家、工程师和研究人员更好地理解和分析复杂的科学计算结果。科学数据的可视化方法和工具是科学计算可视化的基础。科学数据通常具有多维、高维的特点，常用的科学数据可视化工具包括 Matplotlib、Plotly、ParaView 等。这些方法和工具能够帮助科学家和研究人员将复杂的科学数据以直观、易懂的方式呈现出来，有助于发现数据中的规律和趋势。

计算模拟和实验结果的可视化呈现是科学计算可视化的重要应用之一。科学计算通常包括数值模拟、仿真实验等过程，并生成大量的数据。通过将计算模拟和实验结果以图形化的方式呈现出来，可以使用户更直观地了解模拟过程的变化和结果的特征。如图 4-67 所示，利用有限元分析软件，对汽车受到撞击时如何变形做可视化分析，在汽车结构设计中发挥了重要的辅助决策作用。

151

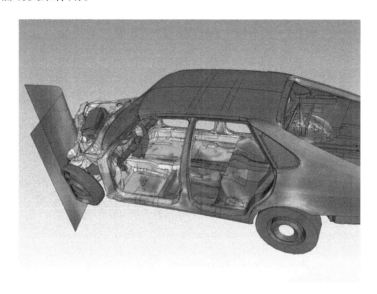

图 4-67　有限元分析软件对汽车受到撞击时如何变形的可视化分析结果

科学计算数据通常具有多维度、多变量、多模态等特点。常用的可视化方法有空间标量场可视化、空间向量场可视化与空间张量场可视化（见图 4-68）等主要方法。由于可视化空间表达能力的限制，通常需要对数据进行降维处理，针对可视化需求，提取其重要特征进行可视化展示。本书侧重于信息的可视化，对科学计算数据可视化不再展开介绍，感兴趣的读者可参阅其他资料。

a) 二阶二维张量场   b) 二阶三维跨域场

图 4-68 张量场可视化示例

本章小结

本章主要介绍了数据可视化的方法，分别从文本、空间数据、时变数据、层次和网络数据、跨媒体数据等几个方面详细介绍了专业的数据可视化方法，并以商业智能、社交网络、交通监测、气象监测、科学计算等领域为例，对相关行业领域的可视化应用进行了介绍。本章提供了丰富、生动的可视化案例，在完成本章学习后，读者将会对目前主流的数据可视化方法有较为系统和全面的认识，能够针对特定的需求，选择和设计合适的可视化方法。

习题

一、选择题

1. 在主题河流图中，每一条河流代表一个（   ）。

A. 主题   B. 数据类型   C. 数值大小   D. 数值比例

2. 时变数据可视化设计不涉及（   ）维度。

A. 表达   B. 比例   C. 布局   D. 颜色

3. 天气预报降雨量可视化用到的是（   ）数据的可视化。

A. 点   B. 线   C. 面   D. 体

4. 网络数据可视化的表达方式不包括（   ）。

A. 节点链接布局   B. 相邻矩阵布局   C. 层次布局   D. 混合布局

5. 极坐标弧长链接图也称为（   ）。

A. 和弦图   B. 环形树图   C. 多层饼图   D. 环形图

二、填空题

1. 层次数据可视化按照_____、_____、_____这三个维度分类。

2. 多元时序数据的可视化可以归纳为三类基本方法：_____、_____以及_____。这些方法对应于可视化的基本流程：全局摘要，显示重要部分，即缩放和_____；按要求显示细节，进一步分析。

3. 流数据处理强调低延迟和高吞吐量。低延迟是指从数据产生到处理完成的_____要尽可能短，以便实现真正的实时分析。高吞吐量则要求系统能够处理大量并发数据流事件。为了达到这些目标，流数据处理系统通常采用_____架构，以便在多台计算机上分摊工作负载，从而提高处理效率和系统的扩展性。

三、简答题

1. 人类微生物组计划花两年时间在 242 名健康人的不同身体部位调查细菌和其他微生物，主要数据包括生活在人体内的复杂微生物组合的遗传分类关系以及微生物在人体不同部位出现的频率。针对以上数据类型，应该采用哪种可视化方法进行可视化展示？说出方案，并简要阐述选择该方案的原因。

2. 已知 2011 年日本"3·11"大地震及海啸期间 Twitter 上的消息传播数据，包括地震发生时 Twitter 上相关的个人通信。可以通过哪种可视化方法向他人展示 Twitter 上包括发出地点以及接收地点等的通信信息？

第5章　可视化工具与软件

数据的可视化离不开可视化软件与工具的使用。本章将介绍常用的可视化软件与工具，并详细地介绍五种常用的数据可视化工具与软件。用具体、丰富的可视化实例来介绍常用的非编程类和编程类可视化工具。通过具体实例的引导，读者将会了解这些可视化工具与软件的特点，并了解其基本使用方法。

本章知识点

- 非编程类可视化工具
- 编程类可视化工具
- Tableau 可视化案例
- ECharts 可视化编程案例
- D3 可视化编程案例
- Python 可视化编程案例
- R 语言可视化编程案例

5.1　非编程类可视化工具

非编程类可视化工具是指无须编写代码即可创建和展示数据的工具。这类工具通常提供了用户友好的图形用户界面（GUI），使用户可以通过简单的拖放、点击和配置操作来创建各种类型的可视化效果。它们通常支持连接各种数据源，如 Excel 表格、数据库、在线服务等，能够自动处理数据并生成相应的图表和图形。当前主要的非编程类可视化工具主要包括 Tableau、Infogram、Microsoft Power BI 等。

1. Tableau

Tableau 是一款强大的可视化工具，专为个人用户和数据爱好者设计，其前身是斯坦福大学开源的项目 Polaris。它提供了丰富的功能和直观的用户界面，使用户能够轻松创建各种类型的交互式数据可视化图形和图表。用户可以通过拖放方式将数据字段拖拽到工作区域，选择不同的图表类型，并进行自定义设置来展示数据。

Tableau 的一大特色是允许用户连接到多种数据源，包括 Excel、CSV、数据库和在线服务，以便于直接使用数据进行可视化。它支持快速处理大规模数据，具有出色的性能和响应速度。用户可以利用内置的、丰富的功能，如过滤器、参数、计算字段等，对数据进行深度分析和定制化操作。最重要的是，Tableau 支持创建交互式可视化效果，用户可以通过鼠标悬停、点击等方式与图表互动，并探索数据背后的各种趋势和模式。创建的可视化结果可以被轻松地分享到社交媒体、个人网站或 Tableau 的在线平台上，供他人查看和交流。这使得 Tableau 成为个人用户、学生和非营利组织展示数据、讲述故事的理想选择。

Tableau 有许多版本供使用，其中免费版的 Tableau Public 常被推荐给初学者。然而，相较于 Tableau 的付费版本，Tableau Public 在数据安全和隐私保护方面存在一定隐患，用户在处理敏感数据时需要谨慎。此外，Tableau Public 在功能上的一些限制，例如对数据源连接数量和数据行数的限制，可能会影响用户在处理大规模数据时的效率和灵活性。由于 Tableau Public 是基于云的服务，用户需要稳定的网络连接才能访问和使用该工具，因此在某些网络环境下用户使用体验受限。

因此，在决定是否使用 Tableau Public 时，用户需要权衡其免费的优势和存在的一些局限性。Tableau 作为一款易于使用的非编程类软件，对初学者来说非常友好，上手容易。本章 5.3 节将以 Tableau Public 为例，详细介绍其基本的使用方法。

2. Infogram

Infogram 是一款在线数据可视化和信息图表创建工具，旨在帮助用户轻松制作各种类型的图表、地图、仪表板和报告。该工具提供了丰富的可视化模板和图表类型，包括条形图、饼图、折线图、地图等。用户可以根据需求选择合适的模板和图表类型，并通过简单的拖放操作进行定制和编辑。Infogram 还提供了直观的用户界面和丰富的图形编辑工具，使用户可以快速创建出具有吸引力和专业性的数据可视化作品。

除了多样化的图表类型和模板，Infogram 还具有实时数据更新和在线协作功能。用户可以轻松地将数据导入 Infogram，并随时更新数据以保持图表的最新状态。此外，Infogram 支持将制作好的图表和报告导出为多种格式，包括图片、PDF 和交互式 HTML 格式，以便在不同的平台上分享和展示。Infogram 还提供了丰富的数据分析和可视化功能，帮助用户更好地理解和展示数据，从而更有效地传达信息。然而，Infogram 的自定义选项相对较少，用户在需要更高程度自定义的场景下可能会感到受限。这一点在某些具有高级需求或复杂的项目中可能会成为一个限制因素。

总体来说，Infogram 是一款强大的工具，适合需要快速创建专业可视化作品的用户，但在自定义和复杂性方面不如一些高级数据可视化工具。

3. Microsoft Power BI

Microsoft Power BI 是一款全面的商业智能和数据可视化工具，旨在帮助用户从各种数据源中提取、转换和分析数据。通过其直观的拖放界面，用户可以轻松创建各种类型的视觉内容，包括交互式报告、仪表板和图表。Power BI 支持从 Excel、SQL Server、Azure、SharePoint 等多种数据源导入数据，并提供丰富的可视化选项，如柱状图、折线图、饼图、地图和漏斗图等,满足用户的多样化需求。

除了强大的数据可视化功能外,Power BI 还具备实时数据更新和跨平台访问能力。用户可以在个人计算机、平板计算机和手机上随时随地查看和分析最新数据,从而做出及时的业务决策。Power BI 集成了人工智能和机器学习功能,使用户即便没有编程背景也能进行高级的数据分析和预测。此外,Power BI 内置了自助式数据准备工具,简化了数据清洗和处理过程,使用户能够快速处理和分析数据。Power BI 的亮点之一是其强大的团队协作和分享功能。用户可以邀请团队成员共同编辑和查看项目,并通过微软的协作工具(如 Teams)进行无缝沟通和反馈。Power BI 还提供多种分享选项,用户可以将报告和仪表板发布到 Power BI 服务中,设置访问权限,并生成分享链接或嵌入代码,使其能够在内部网站或社交媒体平台上分享。通过这些便捷的分享和协作功能,Power BI 帮助用户在团队中更高效地传播和利用数据洞察。

然而,Power BI 也存在一些缺点。首先,对于大型数据集,Power BI 可能会遇到性能瓶颈,导致加载时间较长或响应速度较慢。其次,虽然 Power BI 提供了丰富的可视化选项,但在满足某些高度自定义需求上,可能不如一些专门的高级可视化工具。此外,要获得 Power BI 的高级功能和更大的数据容量需要购买付费版本,对于一些小型企业或个人用户来说,成本可能较高。最后,Power BI 的学习曲线相对较陡,尤其是对于完全没有数据分析背景的用户来说,可能需要一定的时间和培训才能熟练掌握。

总之,Power BI 不仅是一款强大的数据可视化工具,还具备全面的商业智能功能和强大的协作能力,是企业和团队进行数据驱动决策的理想选择。但是,在处理大型数据集和满足高度自定义需求时,用户需要权衡其性能和成本。

5.2 编程类可视化工具

编程类可视化工具是指需要编写代码来创建和定制数据可视化的工具。这些工具通常提供强大的功能和高度的灵活性,适合有编程背景的用户。编程类可视化工具一般是基于某种编程语言的函数库,它们提供了丰富的函数和算法供用户调用,这些高度集成化的函数使得用户可以简单地自定义可视化图表的设计和呈现方式,包括调整图表的样式、布局、配色和添加动画效果,以及与图表的交互操作,例如通过悬停、点击或拖动来实现数据筛选和查看。一些用户甚至可以利用自己的编程技巧设计自定义库或插件来扩展和增强功能,实现更加精确和个性化的可视化效果。当然,这意味着使用编程类可视化工具在学习和使用上需要一定的编程基础,对于简单的数据而言,使用非编程可视化工具可能更加便捷和高效。

本节将依次对三种代表性编程语言及其典型的可视化库进行简单介绍:基于 JavaScript 的 EChart.js 和 D3.js、Python 语言的可视化库 Matplotlib 和 R 语言的 ggplot2 包。

1. 基于 JavaScript 的可视化

JavaScript 是一种广泛应用于网页开发的直译式脚本语言,在用户的浏览器中运行。因不需要向服务器发送请求而能够实时响应用户的操作。JavaScript 语言通过事件驱动和异步处理实现网页交互，例如监测按钮状态和鼠标滑动以执行对应的动作。JavaScript 借鉴了 Java、Python 等常用语言的大部分关键字语法。但与其他语言明显不同的是，JavaScript 语言是一种动态类型语言，用户在编程时无须声明变量类型，这使其拥有很强的灵活性。此外，JavaScript 具有强大的兼容性和跨平台能力，已成为 Web 开发的重要工具。

　　D3.js 与 ECharts.js 都是基于 JavaScript 语言开发的用于 Web 数据可视化的框架。D3.js 历史悠久，拥有庞大的用户群体。其特点是以数据来驱动可视化，偏向底层控制和定制，强大的 API、丰富的模块和大量插件为用户提供了非常自由的定制空间，而这也意味着它的入门门槛较高，适合作为专业用户或从事可视化研究人员的工具。图 5-1 所示为使用 D3.js 制作的可缩放的旭日图。百度开发的 ECharts.js 则采用模块化设计，用户可按需引入和使用各种图表和功能模块。这虽然与 D3.js 相比牺牲了一些定制性，但其实现简单，并能应对大规模的数据可视化需求。图 5-2 所示为使用 ECharts.js 制作的某城市 AQI（空气质量指数）变化可视化实例。两者特点互补，且均有相对完整的教程和丰富的可视化案例，适合初学者使用，因此将分别在本章的 5.4 节和 5.5 节进行案例的介绍。

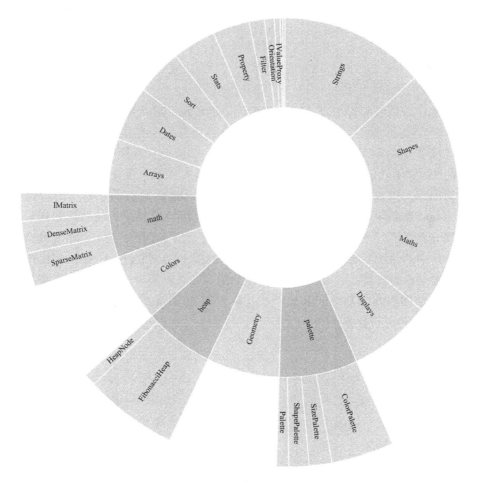

图 5-1　使用 D3.js 制作的可缩放的旭日图

（图片来源：https://observablehq.com/@d3/gallery）

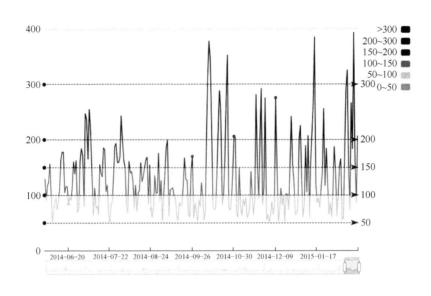

图 5-2　使用 ECharts.js 制作的某城市 AQI 变化可视化实例
（图片来源：https://echarts.apache.org/examples/zh/editor.html?c=line-aqi）

2. 基于 Python 的可视化

Python 是一种高级编程语言，拥有清晰简洁的语法和强大的功能，最突出的特点是其
代码极具可读性和简洁性，并且 Python 社区拥有涵盖几乎所有领域的第三方库和框架，适
用于各种不同类型的项目和任务。Matplotlib 库是 Python 中最常用的数据可视化库之一。
由于丰富的 2D 绘图功能，它能够创建各种类型的静态、动态及交互式图表，成为许多可
视化库的基础库。得益于 Python 语言的优势，Matplotlib 库具有易学易用的特点；利用其
高度集成的函数库和便于用户定制的丰富参数，用户可自定义图表的外观和样式，满足各
类数据可视化的需求，尤其是快速生成简单的图表。图 5-3 所示为利用 Matplotlib 库可视
化的实例，其中的箱线 – 散点图对汽车可行驶里程按车辆类型进行分析，相比传统箱线图
展示了每组数据点的数量。Matplotlib 库在复杂图表和大规模可视化效果方面略显不足，用
户需要进一步掌握以其为基础的其他可视化库，例如 Seaborn 和 Pandas。将在 5.6 节介绍
Matplotlib 库的具体可视化案例。

3. 基于 R 语言的可视化

R 语言是一种被广泛使用的统计分析的免费开源编程语言，拥有丰富的数据类型，例
如向量、矩阵等，以及相应的数据处理函数和模块，包括回归分析、聚类分析等，其语法
和底层结构在复杂的数学运算中拥有性能优势，分析速度甚至可媲美 MATLAB。这意味着
它适合处理复杂的数据集。

R 语言除数据处理能力的优越性之外，在数据可视化方面同样相当强大，拥有多个可
视化扩展包，其中的典型代表是 ggplot2 及其扩展包。ggplot2 采用基于图层的方式构建图
形，根据用户提供的数据、图形函数和属性参数，即可生成图形组件及其组合，创建复杂
的具有丰富统计信息的图表。图 5-4 所示为一个 ggplot2 的可视化实例，对某统计数据利用

lm 线性回归方法进行线性拟合。除了 ggplot2 自身提供的功能外，R 语言还有许多扩展包可以进一步扩展 ggplot2 的基础功能，例如额外的配色方案、函数和工具。将在 5.7 节中介绍 ggplot2 包实现的可视化案例。

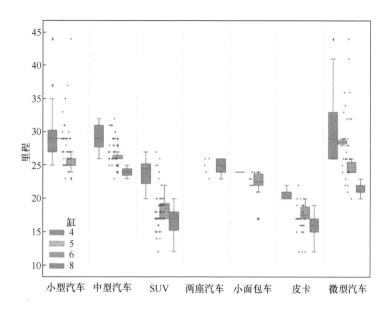

图 5-3　利用 Matplotlib 库可视化的实例
（图片来源：https://matplotlib.org.cn/）

159

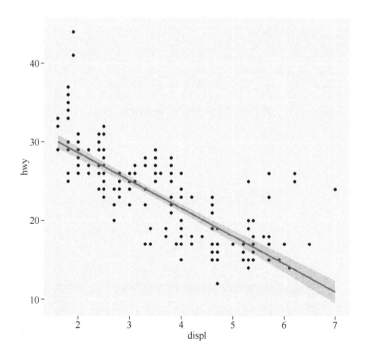

图 5-4　ggplot2 可视化实例
（图片来源：https://www.cnblogs.com/haohai9309/p/16411171.html）

5.3 Tableau 可视化案例

Tableau 是一款强大、安全且灵活的端到端分析平台，提供从连接到协作的一整套功能。它是一个可视化分析工具，通过直观的界面将拖放操作转化为数据查询，从而对数据进行可视化呈现。

1. 下载与安装

Tableau 根据不同人士和组织的需要提供了六种可视化产品，即 Tableau Desktop（个人使用）、Tableau Server（组织合作使用）、Tableau Online（云端 BI）、Tableau Mobile（移动端应用程序）、Tableau Reader（读取和保存 Tableau Desktop 文件）以及 Tableau Public（供用户在线发布交互数据的免费版），如图 5-5 所示。用户可根据自身需求下载相应的产品和版本，本书安装使用的是 Tableau Public，其下载界面如图 5-6 所示。

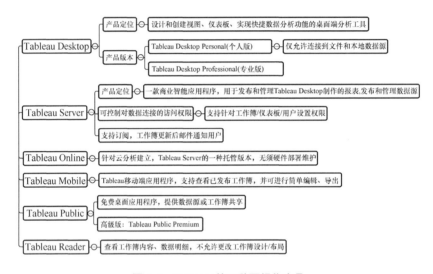

图 5-5　Tableau 的五种可视化产品

图 5-6　Tableau Public 下载界面

单击"下载 TABLEAU PUBLIC",弹出注册页面,填写基本信息后开始下载。Tableau 官网提供了免费和付费的线上教程,可以先从它的"Free Online Training"开始,在官方网站可以下载和使用它演示例子的数据集。

2. 软件的基本使用

(1)导入数据源　打开 Tableau Desktop,单击"连接到数据",选择需要连接的数据源,例如 Excel、SQL 数据库、CSV 文件等,具体操作如图 5-7 所示。

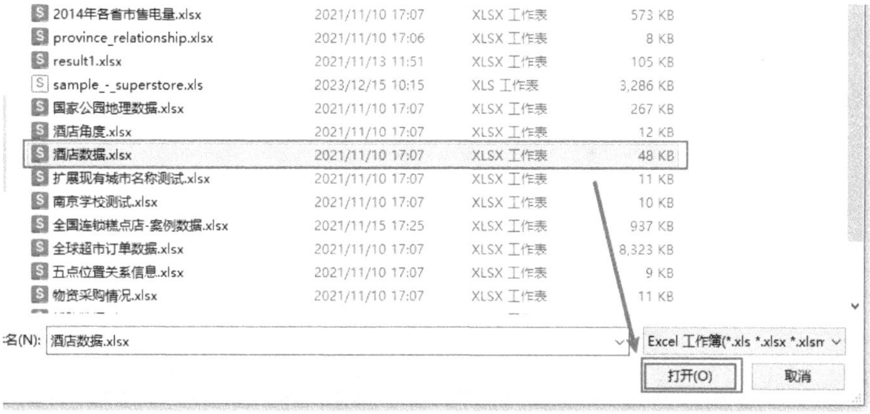

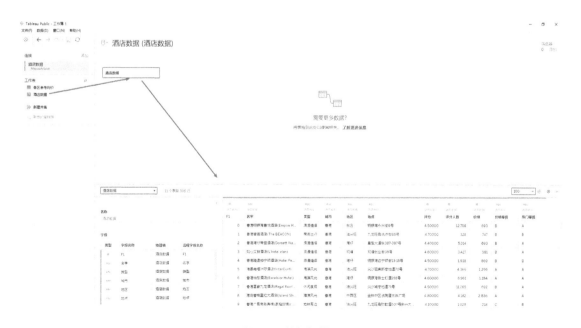

图 5-7　导入数据源

(2)数据源界面　将数据拖到数据加载页面以加载数据,如图 5-8 所示。

图 5-8　数据源界面

（3）工作表界面　单击下方的工作表，进入工作表页面，拖拽相应的指标到行和列，这样就制作好一个简单的柱状图的工作表，如图 5-9 所示。

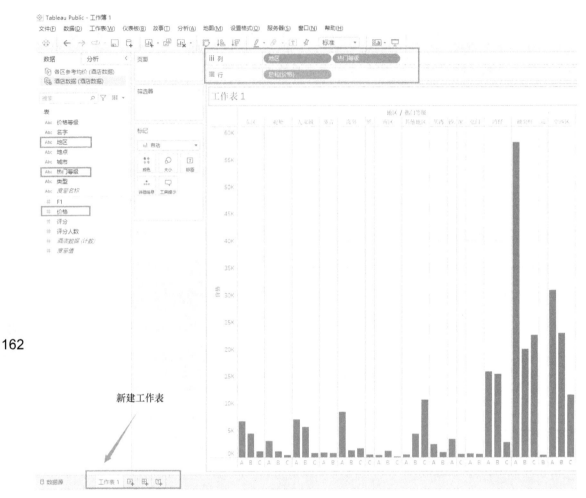

图 5-9　工作表界面

3. 上海市空气质量分布可视化实例

下面将以 2014 年 1 月至 2020 年 4 月上海的空气质量分布情况为例，利用 Tableau 进行高级的可视化仪表板制作，详细介绍如何通过 Tableau 导入数据并进行处理，展示如何使用其强大的可视化功能创建复杂的仪表板，以直观地展示空气质量变化情况。本实例数据源文件为 XLS 工作表 Day 和 Month。

（1）数据描述　Day 中的数据描述如下：

1）Day：日期。

2）Month：日期所在月份。

3）Quality Level：空气质量等级。

4）AQI：空气质量指数。

Month 中的数据描述如下：

1）Month：月份。

2）Year：月所在年份。

3）Quality Level：空气质量等级。

4）AQI：空气质量指数。

内径、外径、路径（Path）：构建图标所需属性。

（2）操作步骤

1）空气质量工作表绘制。

① 各空气质量等级的天数变化图。如图 5-10 所示，选择连接到文本文件（*.txt*、.csv*、.tab*、.tsv），依次添加要导入的数据。

名称	修改日期	类型	大小
Day (Air quality data for Shanghai-Da...	2024/4/25 14:16	XLS 工作表	75 KB
Month (Air quality data for Shanghai-...	2024/4/25 14:16	XLS 工作表	6 KB

图 5-10　添加要导入的数据

单击"转到工作表"，可以看到数据页面，如图 5-11 所示。

图 5-11　导入数据

② 将"Quality Level"字段拖入颜色栏，显示形状从"自动"改为"条形图"，将鼠标悬停在"Quality Level"上，单击右侧的三角符号，选择排序，按照优劣顺序进行手动排序，如图 5-12 所示。

③ 将"Month"字段拖入纵轴（列），得到月份分布图，如图 5-13 所示。

④ 将"Days"字段拖入横轴（行），将鼠标悬停在上面，单击右侧的三角符号展开设置列表，选择"添加表计算"，计算类型为"合计百分比"，选择相应计算依据，如图 5-14 所示。

图 5-12　选择排序标准

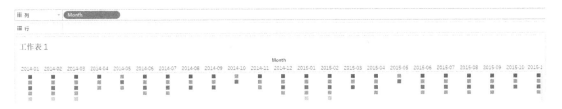

图 5-13　月份分布图

图 5-14　添加表计算

⑤ 添加箭头变化指示。接下来加入一份新的"Days"字段，改变它的形状并覆盖在原图形上，以清晰地显示各空气质量在当月的大小变化情况。

再次将"Days"字段拖入横轴（行），在左侧的"标记"中，把显示图形从"条形图"改为"形状"，添加表计算，其他步骤与上面相同。这里选择双轴显示，在左侧的"标记"中单击"大小"，调整条形图粗细和大小，结果如图 5-15 所示。

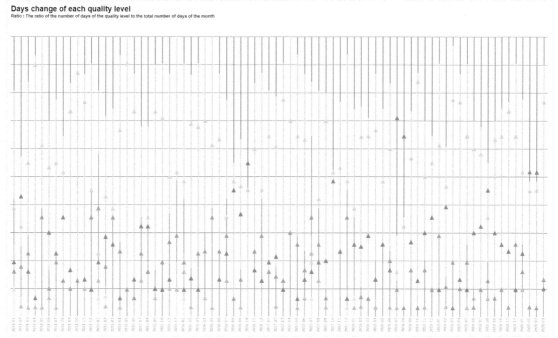

图 5-15　添加箭头变化指示效果

单击其中某个月份的条形图，可以查看各空气质量在当月的分布情况，如图 5-16 所示。

2）年度 AQI 变化图。

新建一个工作表，在左上角"数据"中选择月份信息，右键单击左侧度量栏的"Path"，选择"转换为维度"，并右键单击维度栏的"Year"，选择"转换为离散"，最后，右键单击度量栏空白处，选择"创建字段"，如下：

外径：1；内径：0.05；角度：(INDEX()−1)*(1/WINDOW_COUNT(COUNT([AQI])))*2*PI()；半径长度：[内径]+IIF(ATTR([Path])=0,0,SUM([AQI])/WINDOW_MAX(SUM([AQI]))*([外径]−[内径]))；X：[半径长度]*COS([角度])；Y：[半径长度]*SIN([角度])。创建计算字段结果如图 5-17 所示。

将 AQI 分别拖入"颜色""详细信息""大小"。将"Month"与"Path"拖入"详细信息"，如图 5-18 所示。

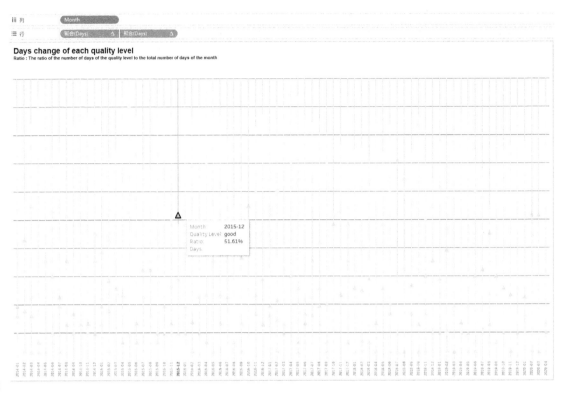

图 5-16　查看具体数据

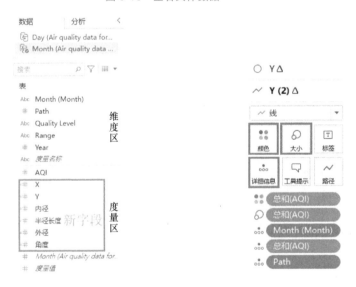

图 5-17　创建计算字段结果　　　　　图 5-18　设置详细信息

　　将 Y 分两次拖入行中，在左侧"标记"中分别选择两个 Y 的形状为圆和线，将"Year"和 X 拖到列，将鼠标悬停在列中的 X 上面，单击右侧的三角符号展开设置列表，选择"计算依据"，将其改为"Month（Month）"，同上述，将行中两个 Y 的计算依据也改为"Month

（Month）"，并在行中第二个 Y 的设置列表中选择"双轴"显示，单击左侧"标记"的"颜色"，单击"编辑颜色"进行颜色调整，设置与结果如图 5-19 所示。

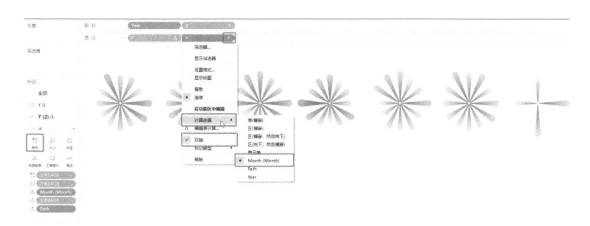

图 5-19　设置与结果

3）日 AQI 指数变化图。

数据选中"Day"，将 AQI 拖入"颜色"，将"Day"数据拖入列，AQI 拖入行，就得到 AQI 日变化图，如图 5-20 所示。

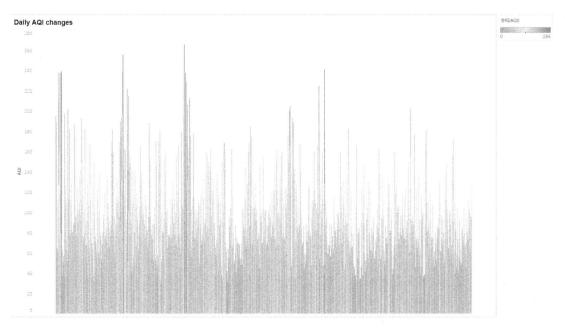

图 5-20　AQI 日变化图

4）仪表板制作。

上述三个工作表完成后，在下方单击新建仪表板，并将三个工作表依次拖入仪表板，添加文字内容模块，使仪表板信息更加完整。最终所得仪表板，如图 5-21 所示。

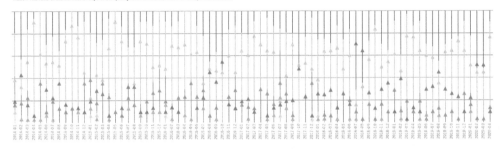

图 5-21　AQI 变化仪表板

从上述可视化例子中可以看出，用户只需要掌握基础的计算机操作，拥有数据表格的处理能力，就能很快上手，对数据对象进行可视化。Tableau 提供端到端的数据处理能力，支持从数据准备、连接、分析到协作的完整功能，兼容多种数据源，如 Excel、SQL 数据库和 CSV 文件。其简洁直观的操作界面支持拖放操作，用户即使没有编程知识也能进行复杂的数据查询和可视化设计。Tableau 具备强大的可视化能力，能够轻松创建复杂的仪表板，如时间序列分析和地理空间分析等，并高度可定制和扩展，用户可以自定义视图、计算字段及数据聚合方式。凭借灵活性和强大功能，Tableau 广泛应用于从商业智能到学术研究的多种行业和领域。

5.4　ECharts 可视化编程案例

ECharts 是百度开发的基于 JavaScript 的数据可视化库，用于创建交互式和可定制的图表，支持折线图、柱状图、散点图、饼图等多种类型。它具有数据标注、缩放、图表联动等功能，跨平台性能良好，适用于 PC 端和移动端的主流浏览器，帮助用户将数据转化为直观易懂的图表，增强网页和应用的数据展示功能。与此同时，VSCode（Visual Studio Code）作为一款现代化轻量级代码编辑器，以卓越的性能和灵活的插件系统，成为广大开发者的首选工具。VSCode 不仅支持多种编程语言和文件格式，还通过丰富的插件扩展了其功能边界。对于 ECharts 开发者而言，VSCode 更是提供了理想的工作环境，使编写和调试 ECharts 配置代码变得高效。可以从官方网站 https://code.visualstudio.com 下载最新版的 VSCode，单击"Download for Windows"即可开始下载。值得注意的是，在选择附加任务时，将其他选项中的四项全部勾选，如图 5-22 所示。双击 VSCode 图标即可打开该软件。

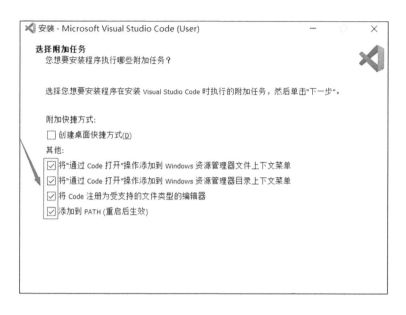

图 5-22 选择附加任务界面

下面，将从安装和编程实例两部分进行介绍。

1. ECharts 的安装

1）在命令行控制界面输入"npm install echarts"并按 <Enter> 键，如图 5-23 所示。

图 5-23 命令行控制界面

如果下载过程顺利，那么只需等待下载完成后再安装即可。然而，如果出现"'npm'不是内部或外部命令，也不是可运行的程序或批处理文件"的错误提示，则需要访问 Node.js 的官方网站（https://nodejs.org/en/）并下载 Node.js 的安装包。下载完成后，运行下载的安装包（双击 .msi 文件）。该安装包已经包含 NPM（Node Package Manager，即 Node.js 的包管理工具），因此只需安装 Node.js 即可同时安装 NPM。

安装完成后，可以在 C:\Users\Administrator\node_modules 目录下找到 ECharts。

2）ECharts 下载完毕后，可以将整个 node_modules 文件夹剪切并粘贴到其他盘符，以避免占用 C 盘存储空间。

3）在 C：\Users\Administrator\node_modules\ECharts\dist 文件夹下找到 echarts.min.js 文件，将其复制并保存在自定义的文件夹目录下。

4）打开 Visual Studio Code，安装插件 Live Server。

5）在自定义文件夹目录下新建一个 index.html 文件，输入"!"并按 <Enter> 键，生成一个网页的基础结构。

6）接着在 index.html 文件的"<title>Document</title>"上面添加一行代码"<script src="./js/echarts.min.js"></script>"。

7）完成后，在 <body> 标签内设置一个方框用来放置 ECharts 图表，如图 5-24 所示。

```
<body>
    <!-- <div id="main" style="width: 1000px;height:400px; background-color: rgb(192, 212, 192);"></div> -->
    <div id="main" style="width:900px;height:400px;; background-color: ▢rgb(192, 212, 192);"></div>

</body>
```

图 5-24　放置图表

8）单击右键，从中选择"Open with Live Server"。

9）使用如图 5-25 所示的完整代码进行测试，将图形绘制代码放在 <body> 和 </body> 中，单击右键，从中选择"Open with Live Server"。

```
1    <!DOCTYPE html>
2    <html lang="en">
3    <head>
4        <meta charset="UTF-8">
5        <meta name="viewport" content="width=device-width, initial-scale=1.0">
6        <script src="./echarts.min.js"></script>
7        <title>Document</title>
8    </head>
9    <body>
10       <div id="main" style="width:800px;height:400px;background-color:  rgb(255, 255, 255);"></div>
11       <script type="text/javascript">
12         var chartDom = document.getElementById('main');
13         var myChart = echarts.init(chartDom);
14         option = {
15           toolbox: { feature: { saveAsImage: {} } },
16           xAxis: [ {
17             type: 'category',
18             boundaryGap: false,
19             data: ['20240712', '20240713', '20240714', '20240715', '20240716', '20240717'] }
20           ],
21           yAxis: [ { type: 'value' } ],
22           series: [ {
23             name: '控制线',
24             type: 'line',
25             smooth: 'true',
26             showSymbol: 'false',
27             lineStyle: {
28               normal: {
29                 color: '#00888B'
30               } },
31             data: [200, 100, 50, 200, 200, 200, 200, 200, 200, 200, 200, 200] }
32           ]
33         };
34         option && myChart.setOption(option);
35       </script>
36   </body>
37   </html>
```

图 5-25　ECharts 图表代码

图形效果如图 5-26 所示。

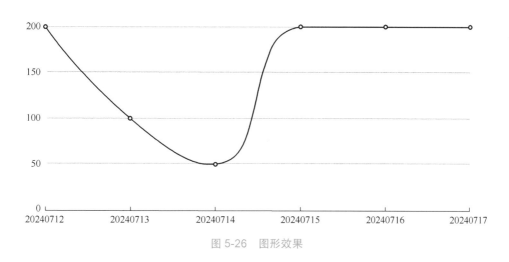

图 5-26　图形效果

2. 编程实例

在掌握了 ECharts 的基本用法后，利用 VSCode 作为开发工具，探索 ECharts.js 在数据可视化中的应用。

ECharts 构建图的过程可以分为五个关键部分：引入库、初始化图表、配置项、加载数据和渲染图表。其中，对于不同类型的图，引入库和初始化图表这两部分代码是一致的。

在下面的代码中，"`<script src="./echarts.min.js"></script>`"是将 ECharts 库引入网页，从而可以在网页中使用 ECharts 的所有功能。"`<div id="main" style="width:800px;height:400px;background-color:rgb(255,255,255);"></div>`"在网页中创建了一个 div 元素作为图表的容器，并设置了宽度、高度和背景颜色，图表将被渲染在这个容器中。通过 echarts.init 方法初始化图表实例，并绑定到前面创建的 div 容器中，进一步配置和操作该图表。

```
<!DOCTYPE html>
<html lang="en">
<head>
  <meta charset="UTF-8">
  <meta name="viewport" content="width=device-width, initial-scale=1.0">
  <script src="./echarts.min.js"></script>
  <title>Document</title>
</head>
<body>
  <div id="main" style="width:800px;height:400px;background-color:rgb(255, 255, 255);"></div>

  <script type="text/javascript">
    var chartDom = document.getElementById('main');
    var myChart = echarts.init(chartDom);

  </script>
```

171

```
</body>
</html>
```

配置项、加载数据和渲染图表这三个关键部分，下面以堆叠极环图和渐变堆叠面积图为例，详细介绍其可视化代码。

（1）堆叠极环图　堆叠极环图是一种极坐标堆积柱状图，如图 5-27 所示。它将多个数据系列按照堆叠的方式呈现在同一个圆环图中，每个数据系列的数值以一个环形的扇区表示，并且各个扇区按照堆叠的顺序排列。扇区从内到外依次表示不同的数据系列，通过这种可视化方式，用户可以直观地比较各个数据系列的相对大小，并且可以显示出总体的比例关系，适用于展示数据的分布和比例结构。

在下面的代码中，option 对象定义了图表的所有配置，包括图注、x 轴和 y 轴的数据，以及系列数据。这里创建了一个柱状图，series 数组中的每个对象都表示一个系列，包含名称、类型和数据。使用 setOption 方法将配置项和数据传递给图表实例，从而渲染出最终的图表（见图 5-27）。

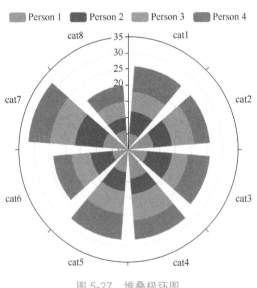

图 5-27　堆叠极环图

```
option = {
    angleAxis: { // 设置极坐标系中的角度轴配置
      type: 'category',
      data: ['cat1', 'cat2', 'cat3', 'cat4', 'cat5', 'cat6', 'cat7', 'cat8']
    },
    radiusAxis: {}, // 设置极坐标系中的半径轴配置，此处使用默认设置
    polar: {}, // 设置整个极坐标系的配置，此处使用默认设置
    series: [
      {
        type: 'bar', // 设置系列类型为柱状图
```

```
    data: [5, 8, 6, 9, 7, 5, 8, 6],   // 该系列在每个柱中的值
    coordinateSystem: 'polar',   // 指定使用极坐标系来展示数据
    name: 'Person 1',   // 设置系列的名称，用于图例中显示
    stack: 'a',   // 如果多个柱状图系列具有相同的 stack 值，则堆叠在一起显示
    emphasis: {   // 设置当鼠标悬停或选中某个数据时的高亮效果
      focus: 'series'
    },
    itemStyle: {
      color: '#ff6f61'   // 设置柱状图颜色
    }
  },
  {
    type: 'bar',
    data: [7, 6, 8, 5, 6, 7, 9, 4],
    coordinateSystem: 'polar',
    name: 'Person 2',
    stack: 'a',
    emphasis: {
      focus: 'series'
    },
    itemStyle: {
      color: '#6b5b95'
    }
  },
  {
    type: 'bar',
    data: [6, 7, 5, 8, 7, 6, 8, 5],
    coordinateSystem: 'polar',
    name: 'Person 3',
    stack: 'a',
    emphasis: {
      focus: 'series'
    },
    itemStyle: {
      color: '#88b04b'
    }
  },
  {
    type: 'bar',
    data: [8, 5, 7, 6, 8, 6, 7, 5],
    coordinateSystem: 'polar',
    name: 'Person 4',
    stack: 'a',
    emphasis: {
      focus: 'series'
    },
```

```
        itemStyle: {
          color: '#d65076'
        }
      }
    ],
    legend: {
      show: true,
      data: ['Person 1', 'Person 2', 'Person 3', 'Person 4']
    }
  };
  option && myChart.setOption(option);
```

（2）渐变堆叠面积图　渐变堆叠面积图是一种折线图，如图 5-28 所示。它将多个数据系列按照堆叠的方式呈现在同一个区域中，并且通过渐变色的方式在不同系列之间呈现色彩的过渡，从而直观地展示出各个系列在整体中的占比关系和趋势变化，有助于观察数据的累积总量及各个系列之间的相对大小。

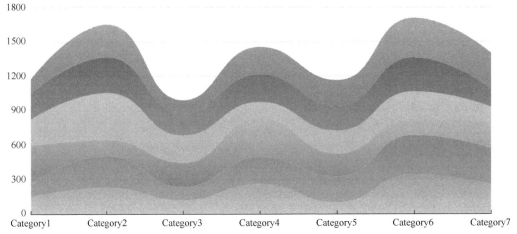

图 5-28　渐变堆叠面积图

在下面的代码中，option 对象定义了图表的所有配置，包括标题、图注、x 轴和 y 轴的数据，以及系列数据。

```
option = {
    // 设置折线图颜色
    color: ['#ff6347', '#4682b4', '#32cd32', '#ffa500', '#8a2be2', '#ff69b4'],
    title: {
      //text: 'Enhanced Gradient Stacked Area Chart'
    },
```

174

```
tooltip: { // 配置提示框组件
    trigger: 'axis', // 显示该点在 x 轴上的所有系列的数据提示信息
    axisPointer: { // 垂直和水平线交叉显示，以明确当前鼠标所在的数据点位置
        type: 'cross',
        label: { // 指示线的标签
            backgroundColor: '#6a7985'
        }
    }
},
legend: { // 整个图例组件的配置项
    data: ['Line1', 'Line2', 'Line3', 'Line4', 'Line5', 'Line6']
},
toolbox: { // 设置工具栏组件
    feature: {
        saveAsImage: {}
    }
},
grid: { // 定义了图表的内边距、布局和大小
    left: '3%',
    right: '4%',
    bottom: '3%',
    containLabel: true // 网格区域会包含坐标轴的标签
},
xAxis: [
    {
        type: 'category',
        boundaryGap: false,
        // 表示图表的第一个和最后一个点将直接位于坐标轴的起点和终点
        data: ['Category1', 'Category2', 'Category3', 'Category4', 'Category5', 'Category6']
    }
],
yAxis: [
    {
        type: 'value'
    }
],
```

175

　　下面代码创建了一个折线图，series 数组中的每个对象都表示一个系列，包含名称、类型、线特征、区域特征和数据。使用 setOption 方法将配置项和数据传递给图表实例，从而渲染出最终的图表。

```
series: [
    {
        name: 'Line1',
        type: 'line',
        stack: 'Total', // 当有多个系列并且它们的 stack 值相同，则会叠加在一起显示
```

```
smooth: true,
lineStyle: {
    width: 0  // 不显示折线，只显示面积
},
showSymbol: false,  // 是否显示数据点的标记
areaStyle: {
    opacity: 0.8,  // 设置区域填充的透明度
    color: new echarts.graphic.LinearGradient(0, 0, 0, 1, [
        // 创建一个从上到下的线性渐变色
        { offset: 0, color: 'rgb(255,99,71)' },  // 设置起点颜色
        { offset: 1, color: 'rgb(255,165,0)' }  // 设置终点颜色
    ])
},
emphasis: {  // 表示当鼠标悬停在一个数据点上时，高亮显示整个系列
    focus: 'series'
},
data: [150, 230, 120, 260, 100, 340, 255]
},
{
name: 'Line2',
type: 'line',
stack: 'Total',
smooth: true,
lineStyle: {
    width: 0
},
showSymbol: false,
areaStyle: {
    opacity: 0.8,
    color: new echarts.graphic.LinearGradient(0, 0, 0, 1, [
        { offset: 0, color: 'rgb(70,130,180)' },
        { offset: 1, color: 'rgb(100,149,237)' }
    ])
},
emphasis: {
    focus: 'series'
},
data: [125, 275, 115, 235, 225, 345, 315]
},
{
name: 'Line3',
type: 'line',
stack: 'Total',
smooth: true,
lineStyle: {
    width: 0
```

```
    },
    showSymbol: false,
    areaStyle: {
        opacity: 0.8,
        color: new echarts.graphic.LinearGradient(0, 0, 0, 1, [
            { offset: 0, color: 'rgb(50,205,50)' },
            { offset: 1, color: 'rgb(34,139,34)' }
        ])
    },
    emphasis: {
        focus: 'series'
    },
    data: [320, 140, 210, 340, 200, 140, 230]
},
{
    name: 'Line4',
    type: 'line',
    stack: 'Total',
    smooth: true,
    lineStyle: {
        width: 0
    },
    showSymbol: false,
    areaStyle: {
        opacity: 0.8,
        color: new echarts.graphic.LinearGradient(0, 0, 0, 1, [
            { offset: 0, color: 'rgb(255,165,0)' },
            { offset: 1, color: 'rgb(255,140,0)' }
        ])
    },
    emphasis: {
        focus: 'series'
    },
    data: [230, 410, 240, 140, 200, 240, 130]
},
{
    name: 'Line5',
    type: 'line',
    stack: 'Total',
    smooth: true,
    lineStyle: {
        width: 0
    },
    showSymbol: false,
    label: {
```

```
            show: true,
            position: 'top'
        },
        areaStyle: {
            opacity: 0.8,
            color: new echarts.graphic.LinearGradient(0, 0, 0, 1, [
                { offset: 0, color: 'rgb(138,43,226)' },
                { offset: 1, color: 'rgb(147,112,219)' }
            ])
        },
        emphasis: {
            focus: 'series'
        },
        data: [225, 310, 190, 240, 215, 295, 155]
    },
    {
        name: 'Line6',
        type: 'line',
        stack: 'Total',
        smooth: true,
        lineStyle: {
            width: 0
        },
        showSymbol: false,
        areaStyle: {
            opacity: 0.8,
            color: new echarts.graphic.LinearGradient(0, 0, 0, 1, [
                { offset: 0, color: 'rgb(255,105,180)' },
                { offset: 1, color: 'rgb(255,20,147)' }
            ])
        },
        emphasis: {
            focus: 'series'
        },
        data: [125, 285, 115, 240, 225, 345, 315]
    }
    ]
};
option && myChart.setOption(option);
```

178

  从上面的例子可以看出，ECharts 通过简单的编程即可实现多种交互式图表，它支持多种常见的图表类型，如折线图、柱状图、散点图、饼图等，同时也提供丰富的可视化组件和功能，如数据标注、数据缩放、图表联动等。要利用 ECharts 创建优秀的可视化实例，需要掌握 HTML、CSS 和 JavaScript 的基础知识，并理解如何通过 ECharts 进行图表配置和数据展示。

5.5　D3 可视化编程案例

D3.js 作为一个功能强大的 JavaScript 库，为数据可视化领域带来了革命性变化。其卓越的功能和极高的灵活性使得数据能够通过 D3.js 的渲染展现出前所未有的魅力和动态性。D3.js 的核心在于其数据驱动文档（Data-Driven Document）的理念，允许开发者将任意数据绑定到 DOM 文档对象模型元素上，并通过数据来驱动文档的操作和变换。然而，要充分利用 D3.js 的潜力，一个高效且灵活的开发工具是必不可少的。本节中选用上一节介绍的 VSCode 开源代码编辑器进行 D3.js 的程序编写。

在本节中，将全面探讨 D3.js 的广泛应用与强大功能。首先，从基础出发，指导读者完成 D3.js 的安装与配置，确保能够顺利地在开发环境中使用这一工具。随后，通过一系列实例分析，展示 D3.js 在实际应用中的强大功能。这些实例不仅演示如何将数据以直观、生动的方式呈现出来，还揭示数据背后的内在价值，帮助读者更深入地理解数据的含义和潜在价值。

1. 获取 D3.js

新用户可以通过以下两种方法来获取 D3.js：从官方网站下载，直接通过网络引用。

（1）从官方网站下载　从官方网站 http : //d3js.org/ 上找到下载链接，选择并下载名为 D3.zip 的文件。解压缩后在提取的文件夹中可以得到三个文件：① D3.js，未压缩版本，开发项目为了调试方便可以使用此文件。② D3.min.js，最小化版本，体积较小，浏览器读取速度快，发布时多使用此文件。③ LICENSE，许可文件。

179

在开发过程中，最好使用文件 D3.js，该版本可以帮助深入调试跟踪 JavaScript 代码。此后需要将文件 D3.js 和包含下列 HTML 代码的 index.html 放在同一个文件夹里。

```
<rect width="300" height="100"
<!--index.html-->
<! DOCTYPE html>
<html>
<head>
    <meta charset="utf-8">
    <title>Simple D3 Dev Env</title>
    <script type="text/javascript" src="d3. js"></script>
< /head>
<body>
</body>
</html>
```

（2）直接通过网络引用　引用方式很简单，只需要像普通的 JavaScript 库一样，用 script 标签引入即可。其代码如下：

```
<!DOCTYPE html>
<html>
<head>
    <meta charset="utf-8">
```

```
<!-- 从外部引入 D3 文件 -->
<script src="http://d3js.org/d3.v3.min.js">
</script>
</head>
</html>
```

在获取 D3.js 之后可以使用 D3 输出字符串：HelloWorld!（D3）。测试 D3.js 能否正常使用的步骤如下：

首先，新建一个文本文件，如图 5-29 所示。

图 5-29　新建文本文件

在语言模式选项中，选择"HTML（html）"，如图 5-30 所示。

图 5-30　选择语言模式

在文件中键入以下代码，并保存在含有 D3 文件的文件夹中。

```
<html>
<head>
    <meta charset="utf-8">
    <title>
        HelloWorld！
    </title>
```

```
    </head>
    <body>
        <p>
        HelloWorld!(HTML)
        </p>
        <script src="http://d3js.org/d3.v3.min.js" charset="utf-8">
        </script>
        <script>
        d3.select("body").selectAll("p").text("Hellow world!(D3)");
        </script>
    </body>
</html>
```

保存后，打开扩展，下载并安装"open in browser"扩展，如图 5-31 所示。

图 5-31　下载并安装扩展

单击鼠标右键，并选择"在浏览器中打开"，就可以得到"Helloworld!（D3）"，如图 5-32 所示。

Hellow world!(D3)

图 5-32　效果图

在介绍了 D3.js 的基础操作之后，接下来将借助 VSCode 这一强大的开发工具，进一步讲解 D3.js 在数据可视化领域的高级应用——力导向图（Force-Directed Graph）。力导向图作为一种直观展示节点间关系与结构的数据可视化形式，拥有独特的物理力学布局方式，能够直观地展示数据间的复杂关系和网络结构。

2. 力导向图可视化实例

力导向图适用于多种场景，如社交网络分析、组织结构展示等，通过节点和连线清晰呈现多对多关系。然而，其制作挑战在于如何合理布局节点和避免连线交叉，以确保图形的清晰度和可读性。D3.js 凭借强大的数据处理能力和灵活的 API，为力导向图的创建提供了强大的支持。它允许用户根据需求定制节点和连线的样式，并支持数据驱动的动态更新。接下来，将通过一个具体实例——杜甫的社交网，以整体到局部的方式详细介绍力导向图可视化的方法，展示如何利用 D3.js 构建力导向图，并理解这种可视化方法如何有效地展现杜甫与其友人、同僚之间的复杂交往和互动关系，如图 5-33 所示。在实例展示过程中，将逐步介绍数据处理、节点与连线的配置、交互功能的实现等关键环节，帮助读者深入理解 D3.js 在创建力导向图时的流程和技巧，进一步领略其在数据可视化领域的强大魅力。

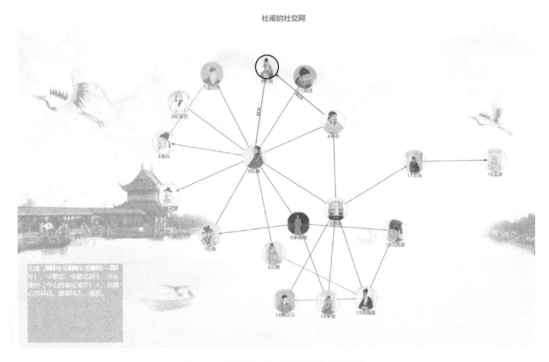

图 5-33　杜甫的社交网可视化效果图

该图的构建分为三个部分：数据准备、页面样式初始化与引入外部库、力导向图的创建和应用。

（1）数据准备　采用外部 JSON 文件导入数据，基本格式如下文所示。具体而言，该文件中存储和提供了关于唐代诗人的详细信息，包括名字、图片和简介，为前端页面展示提供了必要的数据基础。

1）结构。

① nodes：一个数组，包含了多个节点对象。

② name：诗人的名字。

③ image：诗人的图片文件名。

④ intro：诗人的简介。

⑤ source：箭头起点。

⑥ target：箭头终点。

⑦ relation：两个节点之间的社会关系。

2）JSON 文件。JSON 文件内容如下：

```
{
"nodes":[
```

```
{
"name":"0 杜甫 ",
"image":" 杜甫 .png",
"intro":" 杜甫 (712 年 2 月 12 日—770 年 ),字子美,自号少陵野老,唐代伟大的现实主义诗人,祖籍
襄阳 ( 今属湖北 ),自其曾祖时迁居巩县 ( 今河南巩义西南 )。与李白合称 "李杜"。为了与另两位诗
人李商隐与杜牧即 "小李杜" 区分,杜甫与李白又合称 "大李杜",杜甫也常被称为 "老杜"。后世称
其杜拾遗、杜工部,也称杜少陵、杜草堂。"
},
{
"name":"1 杜牧 ",
"image":" 杜牧 .png",
"intro":" 杜牧 (803 年—852 年 ),字牧之,京兆万年 ( 今陕西省西安市 ) 人。唐朝文学家,宰相杜佑
之孙。"
},
{
"name":"2 杜审言 ",
"image":" 杜审言 .png",
"intro":" 杜审言 (？ —708 年 ),字必简,祖籍襄阳 ( 今属湖北 ),迁居河南巩县,是大诗人杜甫的祖父。
高宗咸亨进士,曾任隰城尉、洛阳丞等小官,累官修文馆直学士,与李峤、崔融、苏味道齐名,称
"文章四友",是唐代 "近体诗" 的奠基人之一,作品多朴素自然。西晋名将杜预的后裔,唐代诗人杜
甫的祖父。中国唐代诗人。"
},
{
"name":"3 元稹 ",
"image":" 元稹 .png",
"intro":" 元稹 (779 年—831 年 9 月 3 日 ),字微之、威明。洛阳 ( 今河南省洛阳市 ) 人,鲜卑族。中国
唐朝中期大臣、文学家、小说家,北魏昭成帝拓跋什翼犍十九世孙。"
}
……// 可以仿照上述格式自定义一些节点
],
"links":[
{
"source":0,
"target":1,
"relation":" 同宗 "
},
{
"source":2,
"target":0,
"relation":" 爷爷 "
},
{
"source":3,
"target":0,
"relation":" 崇拜 "
},
```

```
······// 可以仿照上述格式自定义一些节点关系
    ]
}
```

（2）页面样式初始化与引入外部库　创建 HTML 文件，以下代码放在 <html></html>中。首先需要完成杜甫社交网初步准备工作，即需要设置力导向图的标题、字符编码和样式，并引入 jQuery 和 D3.js 两个 JavaScript 库。

```
<head>
    <title>D3 力导向图 </title>
    <meta http-equiv="content-type" content="text/html" charset="utf-8">
    <style>
        p.title {
            font-weight: bold;
            color:#73345C;
            text-align: center;
            font-size: 19px;
        }
        .bodystyle{
            background: url('images/1.png');
            z-index: -999;
            bottom: 0;
            filter: alpha(opacity=50);
            -moz-opacity: 0.5;
            -ms-opacity: 0.5;
            -webkit-opacity: 0.5;
            -o-opacity: 0.5;
            opacity: 0.5;
            position: absolute;
            top: 0;
            left: 0;
            right: 0;
            background-size: 100% 100%;
        }
        .tooltip{
            position: absolute;
            width: 240px;
            height: auto;
            font-family: Impact;
            font-size: 10px;
            text-align: left;
            color: #C03747;
            border-width: 1px ;
            background-color: #7FFF00;
            border-radius: 3px;
        }
```

```
</style>
    <script src="https://code.jquery.com/jquery-3.5.0.js"></script>
    <script src="http://d3js.org/d3.v3.min.js" charset="utf-8"></script>
</head>
```

（3）力导向图的创建和应用　以下代码放入 <body></body>。

```
// 定义格式和段落
<div class="bodystyle"></div>
<p class="title"> 杜甫的社交网 </p>
<script>
// 获取屏幕分辨率
    var w=window.innerWidth || document.documentElement.clientWidth || document.body.clientWidth;
    var h=window.innerHeight || document.documentElement.clientHeight || document.body.clientHeight;
    w=w*0.98;
    h=h*0.89;
    // 获取 svg，并设置 svg 为全屏
    var svg=d3.select("body")
        .append("svg")
        .attr("width",w)
        .attr("height",h);
    // 初始化力导向
    var force=d3.layout.force()
        .charge(-2200) // 设置节点
        .linkDistance(200) // 连接距离
        .size([w,h]);
    // 设置颜色数据
    linkcolor="#73345C";
    //nodecolor="#730746";
    nodecolor="#C03747"
    // 设置画图参数
    var radius=30;
    var img_w=50;
    var img_h=50;
    // 获取数据并画力导向图
    var readData=d3.json("wushi3.json",function(error,graph){
      console.log(graph);
     // 将数据信息绑定到力导向图中
     force.nodes(graph.nodes)
      .links(graph.links)
      .start();
     // 绘制箭头
     var defs=svg.append("defs");
     var arrowMarker=defs.append("marker")
          .attr("id","arrow")
          .attr("markerUnits","strokeWidth")
```

185

```
                    .attr("markerWidth",8)
                    .attr("markerHeight",8)
                    .attr("viewBox","0 0 8 8")
                    .attr("refX",17+radius/8-2)
                    .attr("refY",4)
                    .attr("orient","auto")
                    .attr("fill",linkcolor);
            var arrow_path="M0,2 L8,4 L0,6 L0,0";
            arrowMarker.append("path")
                    .attr("d",arrow_path);
            // 画线
            var link=svg.selectAll(".link")
                    .data(graph.links)
                    .enter()
                    .append("path")
                    .attr("class","link")
                    .attr("id",function(d,i){
                     return "edgepath"+d.source.index+"-"+d.target.index;})
                    .attr("stroke-width","1px")
                    .attr("stroke",linkcolor)
                    .attr("marker-end","url(#arrow)");// 路径终点添加箭头
            // 添加线上文字
            var pathtext=svg.selectAll(".pathText")
                    .data(graph.links)
                    .enter()
                    .append("text")
                    .attr("class","pathText")
                    .append("textPath")
                    .attr("id",function(d,i){
                     return "pathtext"+d.source.index+"-"+d.target.index;})
                    .attr("text-anchor","middle")
                    .attr("startOffset","50%")
                    .attr("xlink:href",function(d,i){return "#edgepath"+d.source.index+"-"+d.target.index;})
                    .attr("fill",linkcolor)
                    .attr("opacity",0)
                    .attr("font-size",12)
                    .attr("font-weight","bold")
                    .text(function(d){return d.relation;});
            // 画点
            var node=svg.selectAll(".node")
                    .data(graph.nodes)
                    .enter()
                    .append("circle")
                    .attr("class","node")
                    .attr("r",radius)
                    .attr("cx",100)
```

186

```
        .attr("cy",100)
        .attr("stroke","DarkGray")
        .attr("stroke-width",1)
        .attr("fill",function(d,i){
         // 创建圆形图片
         var defs1=svg.append("defs")
             .attr("id","imgdefs");
         var catpattern=defs1.append("pattern")
              .attr("id","catpattern"+i)
              .attr("height",1)
              .attr("width",1);
        catpattern.append("image")
             .attr("x",-(img_w/2-radius+5.8))
             .attr("y",-(img_h/2-radius+3.5))
             .attr("width",img_w+11)
             .attr("height",img_h+10)
             .attr("xlink:href","pic/"+d.image);
         return "url(#catpattern"+i+")";
        })
```

这段代码全面展示了力导向图的核心功能。首先它通过智能的数据处理算法和高效的布局计算，将复杂的数据结构转换为易于理解的视觉元素，使用户能够直观地洞察数据间的内在关联和层次结构。同时，它通过线条、箭头和文本等图形元素，增强图形的表现力和可读性。此外，为了提供更加深入和个性化的信息展示，它设计了一个交互式信息框。每当用户点击图中的任务节点时，这个信息框就会即时显示与该节点相关的详细人物生平信息。其代码如下：

187

```
    .on("mouseover",function(d,i){
  var bottomcolor=svg.append("rect") // 添加信息框
      .attr("class","bottomcolor")
      .attr("fill","#D47655")
      .attr("fill-opacity",0.5)
      .attr("width",120*2+10)
      .attr("height",500)
      .attr("x",250)
      .attr("y",h-200)
// 添加信息框内文字，用 foreignObject 自动换行
  var tooltip=svg.append("foreignObject")
      .attr("width",120)
      .attr("height",h)
      .attr("x",250)
      .attr("y",h-200)

      .attr("class","tooltip")
      .style("overflow", "visible")
```

```
          .append("xhtml:div")
          .attr("background-color","black")
          .style("position", "absolute")
            .style("color", "white")
            .style("font-size", "16px")
          .text(d.intro)
          .attr("overflow","hidden")
          .attr("text-overflow","ellipsis");
        var sid="edgepath"+d.index;
        var fid="-"+d.index;
        $( "path[id*="+sid+"]" ).attr("stroke-width","2px");
        $( "path[id*="+fid+"]" ).attr("stroke-width","2px");
        var stid="pathtext"+d.index;
        var ftid="-"+d.index;
        $( "textPath[id*="+stid+"]" ).attr("opacity","1");
        $( "textPath[id*="+ftid+"]" ).attr("opacity","1");
        })

        .on("mouseout",function(d){
        d3.select(".tooltip")
          .remove();
        d3.select(".bottomcolor")
          .remove();
        var sid="edgepath"+d.index;
        var fid="-"+d.index;
        $( "path[id*="+sid+"]" ).attr("stroke-width","1.5px");
        $( "path[id*="+fid+"]" ).attr("stroke-width","1.5px");
        var stid="pathtext"+d.index;
        var ftid="-"+d.index;
        $( "textPath[id*="+stid+"]" ).attr("opacity","0");
        $( "textPath[id*="+ftid+"]" ).attr("opacity","0");
        })

        .call(force.drag); // 添加拖拽
    // 添加节点文字
    var nodetext=svg.selectAll(".nodeText")
        .data(graph.nodes)
        .enter()
        .append("text")
        .attr("class","nodeText")
        .attr("fill",nodecolor)
        .attr("font-size",12)
        .attr("text-anchor","middle")
        .attr("font-weight","bold")
        .attr("stroke","red")
        .attr("stroke-width",0.05)
```

188

```
  //.attr("dx","-1.5em")
   .attr("dy",radius+10)
   .text(function(d){return d.name;});
 // 设置刷新方法
 force.on("tick",function(){ // 三种刷新方法 (start\end\tick),tick 是每时每刻刷新
   node.attr("cx",function(d){return d.x;})
 .attr("cy",function(d){return d.y;});
   link.attr("d",function(d){
 return "M"+d.source.x+","+d.source.y+"L"+d.target.x+","+d.target.y;
   });
   nodetext.attr("x",function(d){return d.x;})
   .attr("y",function(d){return d.y;});
 })
  })


 // 数据读取完毕后，再进行绘制
 Promise.all([readData]).then(function(results){
 addinfo();
  });


  function addinfo()
  {
 var datafrom=svg.append("text")
   .attr("fill","purple")
   .attr("font-size",13)
   .attr("text-anchor","middle")
   .attr("x",w/2)
   .attr("y",13)
   .style("fill-opacity",0.7)
   .text(" 数据源：百度百科 ")
  }
 </script>
```

189

上述代码通过不断刷新节点和链接的位置，模拟力的计算并动态调整图形的布局，使得力导向图更加美观和直观。通过在 SVG（可缩放矢量图形）上添加文本元素，代码提供了关于数据源的信息，有助于用户更全面地理解数据的背景和来源。此外，还采用了异步数据处理的方式，使用 Promise 实例的 then 方法确保数据成功读取后再进行图形的绘制和信息的添加，有效避免了因数据未准备好而引发的错误或异常。这些功能和技巧的综合应用，使得力导向图的展示更加准确、完整和流畅，为用户提供了更好的数据可视化体验。

综上，D3.js 具有高度的灵活性、强大的互动性、数据驱动的特性以及庞大的开源社区支持。要利用 D3.js 创建出色的可视化实例，需要掌握 HTML、CSS、JavaScript 以及 SVG 等基础知识，并理解如何通过 D3.js 进行数据转换和图形绘制。通过不断学习和实践，就能够利用 D3.js 实现丰富多样的数据可视化效果，为数据分析和决策提供支持。

5.6 Python 可视化编程案例

本节将介绍使用 Python 常用的第三方库：Matplotlib 库进行数据可视化。首先介绍 Matplotlib 库的安装。

Matplotlib 库依赖 Python 环境，因此请确保计算机上拥有 Python3.4 版本以上的 Python 环境，否则可从 Python 官网 https : //www.python.org/downloads/windows/ 下载与计算机上版本匹配的安装程序并执行，以安装 Python 环境。

Matplotlib 库是第三方库，并不在 Python 环境的默认库中，因此需要继续执行以下步骤完成 Matplotlib 库的安装：

1）打开命令提示符窗口。

2）在窗口中执行以下命令更新 pip（若已为最新版可跳过此步骤）：

```
python -m pip install -U pip
```

3）使用 pip 清华镜像源安装 Matplotlib 库：

```
pip install matplotlib-i https://pypi.tuna.tsinghua.edu.cn/simple
```

4）等待安装成功后（一般需要数分钟），在窗口中继续输入以下命令：

```
python -m pip list
```

在列表中若能找到：

```
matplotlib                        3.8.2
```

显示 Matplotlib 库及其版本，则证明 Matplotlib 库已安装成功。

安装完成后，在编写 Python 程序前使用 import 语句导入所需的 Matplotlib 库，即可使用对应的库函数。这里以绘制简单的条形图为例帮助读者熟悉 Matplotlib 库的使用，代码如下：

```
import matplotlib. pyplot as plt
import numpy as np  # 导入 matplotlib 库与 numpy 库
y = [20, 30, 25, 15, 34, 22, 11]
x = np.arange(1, 8)  # x:1-7
# 绘制条形图
plt.bar(x=x, height=y, color='green', width=0.5)
# 设置 x 轴的文字
plt.xlabel('Day')
# 设置 y 轴的文字
plt.ylabel('Sales')
# 设置图表的标题
plt.title('Simple plot')
# 显示图表
plt.show()
```

上述程序运行结果如图 5-34 所示。

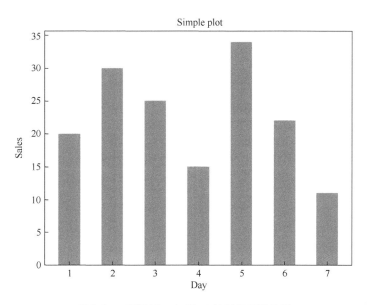

图 5-34　利用 Matplotlib 库绘制条形图示例

在简单了解过 Matplotlib 库的基本使用方式后，接下来将以 NBA 球员的投篮可视化为案例，进一步帮助读者掌握 Python 语言和 Matplotlib 库。

首先利用 Matplotlib 库绘制篮球场半场标线作为背景图，篮球场标线根据实际篮球场尺寸进行等比例缩放，可视为由整圆、圆弧和矩形三种基本图形组合而成的。图形绘制可直接调用 matplotlib.patches 函数库中的对应函数，详细代码如下：

```
import matplotlib.pyplot as plt
from matplotlib.patches import Arc, Circle, Rectangle
def basketballfield(color='darkblue', lw=2):
    plt.figure(figsize=(6, 6))  # 新建绘图窗口
    ax = plt.gca()  # 获得 Axes 对象
    ax.set_xlim(0, 500)
    ax.set_ylim(0, 470)  # 设置坐标轴范围
    ax.axis('off')  # 隐藏坐标轴刻度
    # 向 Axes 对象添加图形，绘制场地线
    ax.add_patch(Rectangle(xy=(0, 0), width=500, height=470, linewidth=lw,
        color=color, fill=False))  # 篮球场外框线
    ax.add_patch(Arc(xy=(250, 470), width=120, height=120, theta1=180, theta2=0,
        linewidth=lw, color=color, fill=False))  # 中场外圆
    ax.add_patch(Arc(xy=(250, 470), width=40, height=40, theta1=180, theta2=0,
        linewidth=lw, color=color, fill=False))  # 中场内圆
    ax.add_patch(Rectangle(xy=(30, 0), width=0, height=140, linewidth=lw,
        color=color, fill=False))  # 三分线左边线
    ax.add_patch(Rectangle(xy=(470, 0), width=0, height=140, linewidth=lw,
        color=color, fill=False))  # 三分线右边线
```

```
ax.add_patch(Arc(xy=(250, 47.5), width=477.32, height=477.32, theta1=22.8,
        theta2=157.2,linewidth=lw, color=color, fill=False)) # 三分线圆弧
ax.add_patch(Rectangle(xy=(170, 0), width=160, height=190, linewidth=lw,
        color=color, fill=False)) # 罚球区外框线
ax.add_patch(Rectangle(xy=(190, 0), width=120, height=190, linewidth=lw,
        color=color, fill=False)) # 罚球区内框线
ax.add_patch(Circle(xy=(250, 190), radius=60, linewidth=lw,
        color=color, fill=False)) # 罚球区圆
ax.add_patch(Circle(xy=(250, 47.5), radius=7.5, linewidth=lw,
        color=color, fill=False)) # 篮筐
ax.add_patch(Rectangle(xy=(220, 40), width=60, height=-1, linewidth=lw,
        color=color, fill=False)) # 篮板


return ax

axs = basketballfield(color='darkblue', lw=2) # 绘制场地
plt.show() # 显示图像
```

上述程序运行结果如图 5-35 所示。

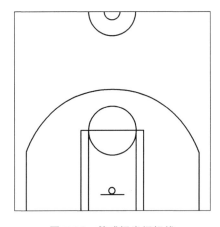

图 5-35　篮球场半场标线

有了背景图之后，还需要获取 NBA 球员的出手投篮数据。以 2023—2024 赛季为例，数据下载地址为 https：//nba-shot-charts.s3.amazonaws.com/shots-2023.tgz，解压后可得到 CSV 文件。文件内容如图 5-36 所示。

```
x,y,play,time_remaining,quarter,shots_by,outcome,attempt,distance,team,winner_score,loser_score
olden State,90px,309px,"1st quarter, 11:50.0 remaining<br>Chris Paul missed 2-pointer from 9 ft<
.den State,67px,246px,"1st quarter, 11:28.0 remaining<br>Jusuf Nurkić made 2-pointer from 4 ft<b
olden State,237px,52px,"1st quarter, 11:16.0 remaining<br>Stephen Curry made 3-pointer from 28 f
olden State,80px,210px,"1st quarter, 10:54.0 remaining<br>Kevon Looney missed 2-pointer from 6 f
olden State,123px,253px,"1st quarter, 10:48.0 remaining<br>Andrew Wiggins made 2-pointer from 9
.den State,49px,200px,"1st quarter, 10:41.0 remaining<br>Devin Booker made 2-pointer from 4 ft<b
olden State,315px,210px,"1st quarter, 10:29.0 remaining<br>Andrew Wiggins missed 3-pointer from
.den State,116px,227px,"1st quarter, 10:09.0 remaining<br>Kevin Durant missed 2-pointer from 9 f
.den State,87px,182px,"1st quarter, 10:02.0 remaining<br>Kevin Durant made 2-pointer from 8 ft<b
olden State,294px,338px,"1st quarter, 9:46.0 remaining<br>Chris Paul missed 3-pointer from 28 ft
```

图 5-36　NBA 投篮数据

文件记录了该赛季的所有投篮数据，除第一列表头部分外，每列对应一次投篮。关注其中 x、y、shots_by 以及 outcome 四列，x、y 表示该次投篮的出手地点，shots_by 记录了投篮球员名字，outcome 列则分别用 missed 和 made 表示投篮是否命中。接下来以 LeBron James 在 2023—2024 赛季的投篮数据为例，给出实现 NBA 球员投篮数据可视化的代码。（绘制场地函数不再重复给出）

```
import pandas as pd
import matplotlib.pyplot as plt

df = pd.read_csv('shots-2023.csv')  # 读取 .csv 文件为字典
name = 'LeBron James'  # 设置球员名字
player_shots = df[df['shots_by'] == name]  # 按球员名字筛选
# 将出手投篮坐标转为数值型数据
player_shots['y'] = player_shots['y'].str.rstrip('px').astype(int)
player_shots['x'] = player_shots['x'].str.rstrip('px').astype(int)
# 按投篮结果划分字典
made_shots = player_shots[player_shots['outcome'] == 'made']
missed_shots = player_shots[player_shots['outcome'] == 'missed']
axs = basketballfield(color='darkblue', lw=2)  # 绘制场地
# 绘制散点图。参数：x,y：输入数据；s：散点尺寸；marker：散点形状
# edgecolors：边缘颜色；color：填充颜色；linewidths：线宽
axs.scatter(x=missed_shots['y'], y=missed_shots['x'], s=30, marker='x', color='red')  # 命中
axs.scatter(x=made_shots['y'], y=made_shots['x'], s=30, marker='o',
        edgecolors='green', color='white', linewidths=2)  # 未命中
# 显示图像
plt.show()
```

上述程序运行结果如图 5-37 所示。

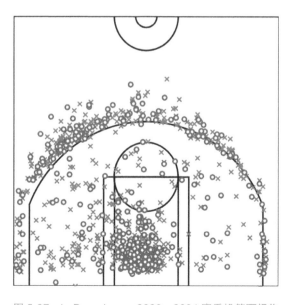

图 5-37　LeBron James 2023—2024 赛季投篮可视化

通过可视化可以发现，James 的投篮区域明显倾向于进攻方向右侧，在篮下和三分线附近出手最多，且准确率不俗，而中投出手次数和命中率则相对不高。其他值得注意是，James 还完成了一次底线处的负角度投篮得分。

以上案例充分说明了 Matplotlib 库的特点，即广泛支持各种基础的可视化图表类型，以及对这些图表拥有高度灵活的定制功能。作为学习 Matplotlib 库需要掌握的前置语言，Python 语言由于其高度集成的指令、广泛的社区支持，相较于其他编程语言对初学者而言更易上手。Matplotlib 库与 Python 生态系统则无缝集成，例如案例中所涉及的 Python 数据处理库 NumPy 和 Pandas，使得数据的存储、计算和可视化更加便捷、快速，成为 Matplotlib 库的最突出的优势。感兴趣的读者可以仿照本节给出的案例设计其他可视化任务，例如按照某支球队或某场比赛筛选数据，实现投篮可视化。或更进一步，利用 Matplotlib 库或以其为基础的进阶函数库，如 Seaborn 库，绘制投篮区域的热力图。

5.7　R 语言可视化编程案例

R 语言作为数据分析和可视化的重要工具，拥有丰富的功能和资源，为用户提供了便捷、高效的编程环境。从数据处理到统计分析，再到图形绘制和报告生成，R 语言能够满足各种领域的需求，为用户呈现了多样化的选择和应用场景。R 语言程序包（简称 R 包）是由 R 语言社区的开发者编写的一组函数、数据集、预编译代码、文档、示例和测试数据的集合。它们通过提供额外的功能和工具扩展 R 语言的功能，是 R 语言生态系统中的重要组成部分。用户需要安装和加载 R 包，从而访问和使用这些包中提供的函数和数据集，以此编写相应的 R 代码。

（1）R 包来源平台　　目前，R 包主要来源于三个平台：

1）CRAN（Comprehensive R Archive Network）。CRAN 是存储 R 最新版本代码和文档的服务器，访问地址为 https：//cran.r-project.org/。

2）Bioconductor。这是一个专注于生物信息学领域的平台，提供的 R 包主要是用于基因组数据分析和注释工具，访问地址为 https：//bioconductor.org/。

3）GitHub。这是一个面向开源及私有软件的第三方平台。许多 R 包作者更愿意将其 R 包存储在此平台，因此很多时候需要从 GitHub 上下载 R 包，访问地址为 https：//github.com/。

由于经常需要从 GitHub 等版本控制平台上下载代码库，以获取最新的功能或修复，因此使用 GitHub 平台安装 R 包是常见的做法。为了实现这一点，需要使用到 R 语言中的 devtool 包的 install_github 函数。

（2）安装 R 包的步骤　　下面对使用 GitHub 平台安装 R 包的步骤进行介绍。

首先，从官网 https：//www.r-project.org/ 下载并安装 R 语言 base 环境，注意在 CRAN Mirrors 界面选择中国的镜像网站。完成安装后打开 RGui 软件，进入控制台界面。在控制台中输入并运行以下命令来安装和加载 devtools 包：

```
# 安装 devtools 包和依赖包 stringi, 注意镜像站点的选择
install.packages("devtools")
install.packages("stringi")
# 加载 devtools 包
library(devtools)
```

install_github("username/packagename") #GitHub 上的作者名和包名

此外，有作者开发了 githubinstall 包，该包提供了简化从 GitHub 安装 R 包的功能。与 CRAN 的安装方式一致，安装时仅需输入包的名称，即可完成下载。

```
install.packages("githubinstall")
library("githubinstall")
githubinstall("packagename ")
```

在使用上述 R 包之前，需要了解如何加载它们。加载 R 包的方法有多种，包括使用 library（packagename）和 require（packagename）函数，包名 packagename 用双引号括起来。使用 pacman 包中的 p_load（）函数可以加载多个 R 包。即使某些已安装的 R 包与当前 R 版本不兼容，该函数仍能够对其进行重新安装。对于 pacman 包中的大部分函数，括号内的包名不需要使用引号。

```
# 正常加载程序包的方法
library()
require()
# 一次性加载多个程序包的方法
if(!require("pacman"))install.packages("pacman")# 下载 pacman 包
library("pacman")#library 加载 pacman 包
p_load(ggplot2,ggthemes,dplyr,readr,showtext,export)#p_load 需要 pacman 包才能运行
```

此外，还有一些方法可以查看已加载的 R 包、默认加载的 R 包以及所有已安装的 R 包，这些信息对于管理和维护 R 环境都是非常有用的。

不再需要某个 R 包时，可以使用相应的方法将其卸除，从而减少对系统资源的占用。

（3）绘制相关性热图　接下来将介绍一种常见且实用的数据可视化方法——相关性热图（也称为相关性图），如图 5-38 所示。相关性热图是一种用于展示两个变量之间关系的热图，是数据分析中经常使用的一种工具，用于样本相关性和特征相关性分析等领域。这种图形显示了两两变量之间的关联程度，不局限于传统的数值相关性分析，也适用于其他类型的关联分析，例如不同城市不同月份的空气湿度对比。

195

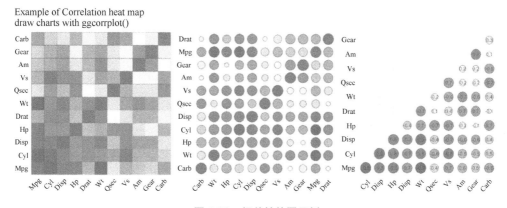

图 5-38　相关性热图示例

接下来介绍使用 ggcorrplot 包和随机生成的数据绘制相关性热图的方法。需使用 install.packages() 指 令 安 装 所 需 R 包 (ggcorrplot、ggtext、RColorBrewer、tidyverse、hrbrthemes)。代码如下：

```
##ggcorrplot 相关性热图可视化
# 导入 R 包 ( 需安装 )
library(ggcorrplot)
library(ggtext)
library(RColorBrewer)
library(tidyverse)
# 生成一个包含随机数据的示例数据集
set.seed(42)# 为了可重复性
num_vars<-11# 变量数
num_samples<-32# 样本数
# 随机生成数据
random_data<-data.frame(matrix(runif(num_samples*num_vars,min=0,max=50), nrow=num_samples, ncol=num_vars))
colnames(random_data)<-paste0("Q", 1:num_vars)
# 将变量的首字母转为大写
names(mtcars) = str_to_title(names(mtcars))
# 计算相关性矩阵
corr_data <-round(cor(mtcars), 1)
# 计算对应的 p 值
p_mat<-cor_pmat(mtcars)
```

1 ）基本相关性热图。基本相关性热图如图 5-39 所示。ggcorrplot 包画热图的核心函数是 ggcorrplot()，第一个参数需要传递一个相关性矩阵 (刚刚已经生成了)，可以通过参数 outline.color 来设置每个方块的边框颜色。

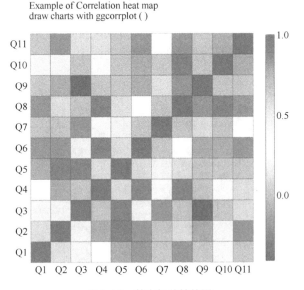

图 5-39　基本相关性热图

代码如下：

```
ggcorrplot(corr_data, outline.color = "black") +
scale_fill_gradientn(colors = RColorBrewer::brewer.pal(11, "Spectral"), name = NULL) +
labs(x = NULL, y = NULL,
    title = "Example of <span style='color:#c1281a'>Correlation heat map</span>",
    subtitle = "draw charts with <span style='color:#03329a'>ggcorrplot()</span>") +
hrbrthemes::theme_ipsum() +
theme( plot.title = element_markdown(color = "black", size = 18),
    plot.subtitle = element_markdown(hjust = 0, vjust = 0.5, size = 14),
    legend.key.height = unit(1, "null"),
    legend.key.width = unit(0.5, "cm"),
    legend.frame = element_rect(color = "black", linewidth = 0.25),
    plot.margin = margin(10, 10, 10, 10),
    plot.background = element_rect(fill = "white", color = "white"))
```

2）气泡相关性热图。气泡相关性热图如图 5-40 所示，通过设置参数 method="circle" 可以将方块转换为圆形，并且可以设置参数 hc.order=TRUE 使热图按照层次聚类结果显示。

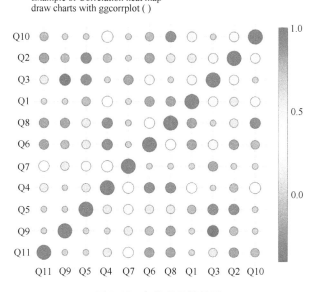

图 5-40 气泡相关性热图

代码如下：

```
ggcorrplot(corr_data, method = "circle", hc.order = TRUE, outline.color = "grey20") +
scale_fill_gradientn(colors = RColorBrewer::brewer.pal(11, "Spectral"), name = NULL) +
labs(x = NULL, y = NULL,
    title = "Example of <span style='color:#c1281a'>Correlation heat map</span>",
    subtitle = "draw charts with <span style='color:#03329a'>ggcorrplot()</span>") +
hrbrthemes::theme_ipsum() +
theme( plot.title = element_markdown(color = "black", size = 18),
```

197

```
plot.subtitle = element_markdown(hjust = 0, vjust = 0.5, size = 14),
legend.key.height = unit(1, "null"),
legend.key.width = unit(0.5, "cm"),
legend.frame = element_rect(color = "black", linewidth = 0.25),
plot.margin = margin(10, 10, 10, 10),
plot.background = element_rect(fill = "white", color = "white"))
```

3）仅显示右下角并叠加文字标注。通过设置 type="lower" 让图形仅显示右下角部分，如图 5-41 所示。通过 lab=TRUE 来显示相关性大小标签并通过 lab.size 和 lab.col 参数来调整标签的大小和颜色。

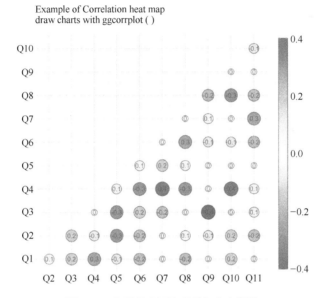

图 5-41　仅显示右下角并叠加文字标注

代码如下：

```
ggcorrplot(corr_data, method = "circle", type = "lower", lab = TRUE,
    lab_col = "grey20", lab_size = 3.5, outline.color = "grey20") +
scale_fill_gradientn(colors = RColorBrewer::brewer.pal(11, "Spectral"), name = NULL) +
labs(x = NULL, y = NULL,
    title = "Example of <span style='color:#c1281a'> Correlation heat map </span>",
    subtitle = "draw charts with <span style='color:#03329a'> ggcorrplot() </span>") +
hrbrthemes::theme_ipsum() +
theme( plot.title = element_markdown(color = "black", size = 18),
    plot.subtitle = element_markdown(hjust = 0, vjust = 0.5, size = 14),
    legend.key.height = unit(1, "null"),
    legend.key.width = unit(0.5, "cm"),
    legend.frame = element_rect(color = "black", linewidth = 0.25),
    plot.margin = margin(10, 10, 10, 10),
    plot.background = element_rect(fill = "white", color = "white"))
```

4）给不显著的相关性打叉。通过将 p.mat 参数传入上面生成的相关性矩阵，可以在相关性热图中用叉号标记不显著的变量，结果如图 5-42 所示。

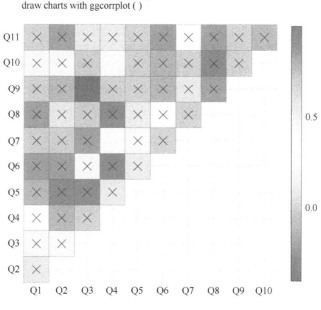

图 5-42　不显著相关性打叉图

199

代码如下：

```
ggcorrplot(corr_data, type = "upper", p.mat = p_mat, outline.color = "grey20") +
scale_fill_gradientn(colors = RColorBrewer::brewer.pal(11, "Spectral"), name = NULL) +
labs(x = NULL, y = NULL,
    title = "Example of <span style='color:#c1281a'>Correlation heat map</span>",
    subtitle = "draw charts with <span style='color:#03329a'>ggcorrplot()</span>") +
hrbrthemes::theme_ipsum() +
theme( plot.title = element_markdown(color = "black", size = 18),
    plot.subtitle = element_markdown(hjust = 0, vjust = 0.5, size = 14),
    legend.key.height = unit(1, "null"),
    legend.key.width = unit(0.5, "cm"),
    legend.frame = element_rect(color = "black", linewidth = 0.25),
    plot.margin = margin(10, 10, 10, 10),
    plot.background = element_rect(fill = "white", color = "white"))
```

可以看出，R 语言在数据可视化方面表现出色，具有丰富的包资源、强大的绘图功能和高度的自定义等特点，允许用户创建各种类型的图表并进行详细调整。同时，结合其强大的数据处理和统计分析功能，用户可以在同一环境中完成数据导入、清洗、分析和可视化。受益于开源和活跃的社区支持，R 语言成为数据分析和展示的强大工具。在数据挖掘分析相关的学术论文中，使用 R 语言可视化图表的比例非常高。

本章小结

本章对于数据可视化工具进行了全面而深入的介绍，涵盖了编程类和非编程类两大类。本章详细阐述了 Tableau 等非编程类可视化工具的便捷性和高效性，它们通过直观的操作界面和丰富的图表类型，使数据可视化变得简单易行。同时，本章也深入探讨了 ECharts、D3 这样的编程类可视化库，它们提供了强大的定制性和灵活性，可以满足各种复杂的数据可视化需求。此外，本章还介绍了 Python 和 R 语言在数据可视化方面的应用。这两种编程语言不仅拥有强大的数据处理能力，还配备了丰富的可视化库和工具，使得用户能够轻松创建各种美观且富有洞察力的数据可视化作品。通过本章的学习，读者不仅能够对可视化工具有更加全面和深入的了解，还能够初步掌握可视化编程的基本方法。

习题

一、选择题

1. 下列选项中，不属于编程类可视化工具的是（　　　）。

A. R 语言　　　　　　　　B. D3.js　　　　　　　　C. ECharts.js　　　　　　D. Excel

2.（　　　）描述了 D3.js 的主要特点。

A. D3.js 是一种用于构建网络应用程序的后端框架

B. D3.js 是一个用于实现交互式数据可视化的 JavaScript 库

C. D3.js 是一种用于编写服务器端代码的编程语言

D. D3.js 是一个用于处理数据库查询的数据库管理系统

3. 利用 matplotlib.patches 预设的函数绘图时，以下（　　　）指令不能得到一个半径为 1 的圆。

A. Arc（xy=（1，1），width=2，height=2，theta1=0，theta2=360）

B. Rectangle（xy=（1，1），width=1，height=1，fill=False）

C. Circle（xy=（1，1），radius=1，fill=False）

D. Ellipse（xy=（1，1），width=2，height=2，fill=False）

4. 在 R 语言中，（　　　）用于从 GitHub 上安装 R 包。

A. devtools　　　　　　　B. base　　　　　　　　C. ggplot2　　　　　　　D. dplyr

5. 在 ECharts 中，（　　　）可以用来创建一个带有动画效果的饼图。

A. series 对象中的 type 属性设置为 pie

B. animation 对象中设置 type 属性为 pie

C. pie 对象中设置 animation 属性为 true

D. 在 option 对象中设置 animation 属性为 true

二、简答题

1. 简述可视化工具的种类与名称。

2. 同样是编程类可视化工具，试比较 ECharts.js 和 D3.js 的优缺点。

3. 简要说明 Matplotlib 库绘制散点图函数 axs.scatter（）可自定义的各个参数。

4. 在使用 Tableau 进行数据连接时，有哪些常见的数据源类型？

第 6 章　数据可视化案例

导读

　　第 1 至第 5 章具体介绍了可视化各方面知识，如何把前面介绍的知识与方法和实际应用结合起来，完成一个完整的综合可视化系统是本章重点解决的问题。本章将通过面向科学文献同名消歧的可视化分析系统和面向学生校园大数据的可视化分析系统两个应用案例，从需求分析、可视化任务分析、整体框架、视图设计和案例分析等多个方面详细介绍可视化分析系统设计的整个过程。

本章知识点

- 数据可视化分析系统的完整设计流程
- 可视化案例的整体框架及视图设计
- 实际的可视化案例及分析过程

6.1　面向科学文献同名消歧的可视化分析系统

6.1.1　需求分析

　　当不同的人拥有同一个名字时，就会产生歧义。这是对学术论文进行查询和统计时常会遇到的问题。这种问题在中文环境中，尤其是两个字的中文名字中极其常见。因为很多中文字虽然拥有不同的含义、不同的写法，但是却有同样的发音，此时单一的姓名信息便难以起到区分不同作者的作用。例如，"王伟"和"王韦"的发音完全一样，这两位作者在发表英文论文时，他们名字的写法同为"Wang Wei"。

　　如何确保正确高效地区分有歧义的姓名，是学术检索系统以及各大高校科研管理部门面临的重要问题。线上的学术检索系统，如 ACM、DBLP、IEEE，由于算法的局限性，面临论文作者姓名模糊性以及论文分配错误的问题，这给科研人员的信息检索带来了很大的困扰。由于学术论文是反映高校整体学术水平和科研实力的重要指标，所以各大高校的科研管理部门要定期对本校教师发表的学术论文进行汇总统计。面对大量因校内教师发表论文而产生的同名问题，科研管理部门需要在短时间内给出准确度较高的消歧结果，这给相关工作人员带来了巨大的工作量。如何将论文快速准确地分配到对应作者名下，是线上学术检索系统及线下科研管理部门的工作人员亟待解决的难题。

针对同名消歧问题，已存在相关工作对同名作者进行区分。目前常用的一类算法是利用论文作者的姓名、论文引用网络等对网络上的公开数据集进行分类，此类算法虽然已经达到了一定的准确率，但依然需要进行人工筛查才能最终完成同名消歧工作。为了更好地进行人工筛查，相关工作便将可视化方法引入人工消歧中。已有的可视化系统将同名消歧算法与可视化方法结合，对学术论文进行消歧。但相关工作的可视化方法较为复杂，使用门槛较高，使用者需经过一定时间的培训才能上手，这无疑增加了论文消歧成本。

为了解决上述问题，本系统面向科研管理人员对论文作者的同名消歧工作，尝试将可视化分析方法与学术论文的消歧过程相结合，提出了面向科学文献同名消歧的可视化分析方法。以直观的可视化方法展示复杂的数据，帮助科研管理人员更高效、准确地完成基于学术论文的同名消歧工作。

6.1.2 可视化任务分析

1. 论文匹配和同名消歧工作的难题

为了更好地了解科研人员以及高校科研管理人员在论文匹配和同名消歧方面的需求，分别对两位科研管理人员进行了多次调研。这两位科研管理人员均从事科研管理工作多年。通过对调研内容的总结发现，论文匹配和同名消歧工作普遍存在以下难题：

1）如何从海量的论文库中，快速定位到需要进行同名消歧的论文作者。现有做法是聘请有经验的工作人员在论文库中搜索指定作者，但搜索结果只有文字显示，这种做法十分耗时。

2）如何区分同名作者。当找出包含特定名字作者的所有论文后，下一步要确定这些论文是否存在被工作人员或算法错误分配的问题。现有做法为首先根据论文名称来判断论文方向，其次分别查询同名作者中每个人的研究方向，最终确定待消歧论文属于哪位作者。这种做法对查询人员有较高的学科分类背景知识要求。

3）如何利用多维度信息来辅助使用者做出决策。论文数据集中包含的数据维度较多，包括论文发表的期刊、论文发表的年份、论文发表的级别、论文作者以往发表论文的方向以及合著者等内容。以上内容如果仅以文字形式表达，使用者很难发现同一团队中不同作者研究方向的共性。

2. 可视化任务

针对上述难题，设计了以下可视化任务，用来指导完成论文匹配和同名消歧。

任务 1：查询数据库中的数据。使用者可以对论文作者进行搜索或在由程序生成的待消歧论文作者中进行逐条检索。目的是选出需要进行同名消歧的作者，作为接下来任务的输入。

任务 2：探索论文作者的合作关系网络。将上一任务选出的作者及其合作作者关系以网络结构的形式表示。首先将所有与被选中作者有合作关系的作者以节点形式呈现在图中，然后根据论文作者之间是否存在合作发表论文的情况来确定节点之间是否有连线。通过合作网络可以初步了解相同发文团队中各个作者的合作关系。接下来通过关联程度图来确定每个节点和团队中其他节点的关联程度，关联程度低的作者可能为潜在的错误节点，也是使用者需要重点调查的对象。将合作关系图与发文期刊图进行组合设计，通过不同图之间的联动来交叉比对，使用者可以更好地探索团队中作者的发文相关性。

任务 3：引入基于多视图分类的方法对论文和论文作者分类，以达到对论文作者研究方向进行分析的目的。通过作者发表论文的方向、发表论文的关键词和发表论文的期刊等信息来对论文作者分类，并将分类结果层次化突出显示，从而确定个体与团队的研究方向。

任务 4：通过使用者手动修改信息和添加强联系来动态更新数据集。由于团队中作者之间存在多种合作关系，不同强度的合作关系在可视化界面中会有不同体现。当使用者把握了某些联系之后，可以手动添加作者之间的强联系或修改错误联系。在修改错误联系后，可视化方法提供科研指纹模块供使用者进行验证，确保修改信息正确。

3. 消歧准则

明确要实现的可视化任务后，考虑到拥有相同姓名的不同作者通常不属于同一科研团队，而不同科研团队之间在研究方向、发文习惯、发文期刊和发文时间上存在较大差异，依据此特点，通过调研及统计分析，得到了以下消歧准则。

消歧准则 1：同一团队中不同作者通常在较集中的几个期刊上发文，相同团队中不同作者发表期刊重合率高。

消歧准则 2：同一团队中不同作者通常研究方向相似。

消歧准则 3：同一团队中不同作者合作关系通常比较固定，不同作者之间依据合作次数可分为强合作关系和弱合作关系。

消歧准则 4：同一团队中不同作者通常会合作，很少会出现团队中某位作者只与整个团队中一人合作过的情况。

消歧准则 5：作者的研究方向通常不会发生较大变化。

消歧准则 6：同一团队中不同作者的发文时间通常较为相似。

6.1.3　整体框架

针对上述任务，可视化分析系统由两部分组成：数据处理部分和数据可视化部分。整体框架如图 6-1 所示。数据处理部分中，需要对论文原始数据进行数据清洗与降维，并利用深度学习模型进行论文与论文作者的分类，便于进一步结合数据可视化部分进行作者之间关系的探索。数据可视化部分包含四个可视化探索模块，分别为查询模块、关联程度模块、合作关系网络模块和基础信息模块。

（1）查询模块　使用者在查询模块中搜索到某作者的姓名后，所有包含被搜索作者的论文便会组成待消歧论文集，待消歧论文集中出现的全部作者则组成了可能包含错误节点的合作团队，此团队的相关信息会展示在可视化界面中。

（2）关联程度模块　使用者可以使用关联程度模块对搜索结果进行初步判断，与被搜索作者团队关联程度低同时发文数量高的节点则为可疑节点。

（3）合作关系网络模块　使用者随时可以通过合作关系网络模块与基础信息模块中信息的联动来辅助判断。在此基础上，使用者还可以增加节点之间的"强联系"。对节点的操作或增加强联系的操作会影响待消歧论文集。对每次操作和交互，系统便会动态地重新构建关联程度图。这种动态更新的过程有助于更准确地显示节点关系，从而帮助使用者更好地消歧。

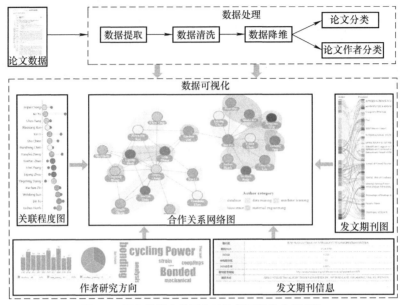

图 6-1　面向科学文献同名消歧的可视化分析系统

（4）基础信息模块　当出现对算法分类结果存疑或消歧结果需要验证的情况时，使用者可以通过基础信息模块进行确认。基础信息模块包含了未经处理的原始论文数据，通过原始可靠的信息辅助使用者进行消歧。

204

6.1.4　视图设计

本节将详细介绍各个视图的功能及设计方案。面向科学文献同名消歧的可视化分析系统界面如图 6-2 所示。

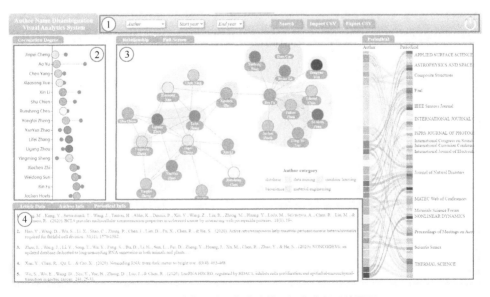

图 6-2　面向科学文献同名消歧的可视化分析系统界面

1. 查询模块

查询模块是整个可视化程序的入口和出口。从将数据以 CSV 格式的文件导入，查询某个特定姓名的论文作者，到最终将完成修改的数据导出为 CSV 格式的文件，都要使用此模块操作。查询模块如图 6-2 中虚线框①所示。具体操作过程为：

1）获取数据。使用者可以在知网、DBLP（数字文献库与图书馆项目）或任何公开学术检索工具中，将论文数据导出为 CSV 格式的文件，并将其作为本系统的输入。

2）导入 CSV 文件。使用者在进行搜索和消歧之前，需要按照系统指定的格式导入 CSV 文件。单击"导入 CSV"按钮，并选择准备好的 CSV 文件上传即可。上传文件应包含论文标题、发文年份、发文期刊、发文关键词和论文作者等信息。

3）搜索论文作者。此部分包含了需要查询的两部分内容，以论文作者作为节点的查询和时间范围的查询。在姓名框中输入论文作者的姓名后，在时间栏中可以选择希望查询的时间。例如在姓名框中输入"Wang Wei"，在时间栏中选择 2011 至 2020，选择完成后单击"搜索"按钮即可。系统会在已上传数据集中搜索被查询的作者姓名，而包含被查询姓名的所有论文都会从已上传的数据集中被检索出来，检索出的论文形成一个小型的待消歧数据集。论文作者同名消歧和其他模块中的可视化渲染都依据这个待消歧数据集进行。

4）导出 CSV 文件。在使用者消歧结束后，系统会自动保存消歧结果。此时单击"导出 CSV"按钮，并选择导出文件的存储位置，即可完成 CSV 格式文件的导出。

2. 关联程度模块

可视化分析系统将待消歧数据集中所有论文作者看作同一团队，此团队中的人数是不确定的，规模可能从数人到数十人。因为对团队中的每位成员均详细调查会耗费大量时间和精力，所以系统引入哑铃图来帮助使用者快速确定团队中的"可疑节点"，即最有可能被算法错误分配到团队中的论文作者，使用者只需要对可疑节点或与可疑节点相连的节点给予重点关注即可。

在关联程度模块中，使用哑铃图可以直观地看到每名作者与团队中其他作者之间的关联程度和此作者的发文数量，分别用大小不同的两种圆表示。图中纵坐标代表不同作者，每名作者都被赋予了一种独有的颜色，同一位作者在不同模块均使用同一种颜色，以增强相同作者在不同模块之间的识别度，保证使用者可以更快速、准确地区分不同作者。

大圆的颜色为作者独有的颜色，大圆横坐标代表此作者与整个团队的关联程度得分。关联程度得分情况由每名作者和团队中其他作者的合作发文数、发文方向重合度、连接中心性等数值综合得出。如图 6-2 中虚线框②所示，关联程度得分低，则大圆位置偏左，代表此作者与团队中其他作者关联程度更低，更"不合群"。关联程度得分高，则大圆位置偏右，代表此作者与团队中其他作者关联程度更高，更"合群"。

然而，仅仅使用关联程度得分这项指标，就会产生将刚加入科研团队的年轻教师误判为可疑节点的问题。刚加入某个科研团队的年轻教师，与团队中其他成员合作发文数量较少，如果仅考虑关联程度得分这项指标，那么可能误判年轻教师并不属于此科研团队。因此，在关联程度模块中引入了每位作者的发文数量得分，在图中以小圆表示。为了便于使用者对比，小圆的颜色统一指定为蓝色，小圆的横坐标代表了此作者发文数量得分。作者发文数量少，则得分少，小圆偏左；作者发文数量多，则小圆偏右。例如，图 6-2 中虚线框②最上面的教师"Jinpei Cheng"，从大圆位置可看出此节点与团队关联程度得分最低，但是从小圆位置可以看出此人发文数量得分较低，可能是新加入团队的年轻教师。排名第二位的教师"Ao Yu"，不但与团队关联程度得分较低，同时发文数量得分较高，由此可以判断"Ao Yu"节点更有可能是被错误分配到团队中的错误节点，需要使用者重点关注。

3. 合作关系网络模块

与已有的工作不同，本模块通过展示团队成员之间的合作关系以及团队成员的研究方向来辅助使用者进行论文消歧。将要观察的作者抽象为点，将两个作者之间的合作关系抽象为边，这就构成了基本的网络关系图。如果仅使用基础的网络关系图，则会显得杂乱，当节点数量较多时很难看出节点之间的不同特征。故本系统在网络关系图的基础上，使用力导向布局。力导向布局除了点与点之间的联系外，还使用了空间中节点的聚集程度这一指标，可以反映不同团队、不同节点分类之间的关系。力导向布局利用弹簧模型模拟了节点之间的引力和弹力，即当两节点距离过近时会彼此弹开，而两节点距离过远时会彼此吸引。这避免了图中包含较多节点所导致的不同节点之间相互覆盖从而产生视觉混乱问题。

充分了解团队中论文作者的研究方向对论文消歧有很大帮助，而如果要确定论文作者的研究方向，重要的参考标准之一便是作者投稿的期刊与会议。某位作者的投稿期刊与会议在某种程度上代表了此人的研究方向，也代表了团队的研究方向。例如，某团队中大部分作者都在化学类期刊发表过文章，而团队中只有一人在历史学相关期刊上发表过文章，那么就可以大致确定此人被错误划分到这个团队中，也为接下来的论文消歧提供了指引。于是此处需要一种可以清晰、明确展示不同作者发文期刊的图。桑基图由边、流量和节点组成，其中边代表了流动的数据，流量代表了流动的具体数值；边的宽度与流量成比例显示，边越宽，数值越大。系统使用桑基图来展示团队中作者的发文期刊情况。

使用者使用系统时，会默认进入合作关系网络模块中的普通模式，此时可以看到模块中包含了左侧的网络关系图和右侧的发文期刊图，如图 6-2 中虚线框③所示。

（1）网络关系图与发文期刊图　在图 6-2 虚线框③中，左侧网络关系图中的每个节点都代表一位作者，作者节点的颜色与之前提到过的关联程度模块相同。如果两名作者曾经合作发表过同一篇论文，两个节点之间便会产生连线。此处需要说明，因为本系统使用颜色作为区分不同节点的重要手段，为了保证团队中每个节点都有独一无二的颜色，同时当团队中节点较多时，也能通过颜色对不同节点产生较好的区分度，可以基于 RGB 色彩模式，利用欧氏距离来度量两个 RGB 颜色值的区分度，最后通过随机或贪心算法依次获得指定数量的颜色值。

如果分类算法将多个作者判断为同一研究方向，系统就会用同一颜色的色块将同一研究方向的节点包裹起来，达到更直观的效果。在图 6-2 虚线框③中，20 多名作者被算法分为几个不同的研究方向，系统用不同颜色将研究方向相同的作者包裹起来，直观地描绘出基于多视图分类的结果与不同作者的合作关系。

右侧的发文期刊图采用基于桑基图的呈现方式来展示论文作者的发文期刊。展示的信息分为两列，左列为团队中包含的所有论文作者的姓名，且作者姓名颜色与网络关系图中同一作者颜色一致，便于使用者直观地了解作者发文情况。右列为论文作者的发文期刊。如果作者曾在某个期刊发表文章，那么左列作者名和右列期刊名之间就会产生连线。为了避免使用者混淆，使用之前提到的方法给每名论文作者赋予了独一无二的颜色，而每个期刊并没有被赋予颜色，期刊颜色由在此期刊发表过论文的作者所决定。例如，红、蓝两名作者总计在期刊 A 中发表论文 10 篇，其中红色作者发表论文 9 篇，蓝色作者发表论文 1 篇，那么期刊 A 在发文期刊图中的面积便由 9/10 的红色和 1/10 的蓝色组成。

（2）网络关系图与发文期刊图的交叉分析　当使用者点击网络关系图中节点"Jinpei Cheng"时，节点会被高亮显示，如图 6-3a 所示。与此同时，发文期刊图中会自动隐去其他作者所发表的期刊，只显示被点击作者发表期刊情况，如图 6-3b 所示。此时图中显示的是正确情况，即被点击作者属于此团队的情况。然而使用者点击被错误划分到此团队的作者时，会看到可疑节点与其他节点不同，仅在一个期刊上发表过文章，如图 6-3c 所示。该作者可能并不属于此团队，是人工或算法对论文分配错误所致。如要验证猜想，可将鼠标移动到可疑作者发表期刊上。由于同一团队中作者通常都会在一个或几个期刊中发表论文，因此如果看到同一期刊中同时有多位团队中作者发表过文章，则代表此时数据分配正确，如图 6-3d 中的 *Fuel*。错误情况如图 6-3e 所示，此时可以看到发表在此期刊的作者只有两人，不符合消歧准则 1。

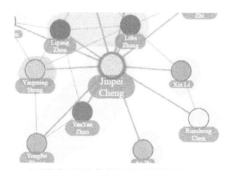

a) 网络关系图中作者节点被高亮显示

b) 正确作者发文期刊　　　　　　c) 错误作者发文期刊

图 6-3　网络关系图与发文期刊图的交叉分析

d) 正确期刊对应作者　　　　　　e) 错误期刊对应作者

图 6-3　网络关系图与发文期刊图的交叉分析（续）

（3）关联关系的修改　如果使用者需要进一步了解团队中作者之间的关系，可以点击网络关系图的全屏模式。全屏模式分为左侧的关联论文、中间的关系图和右侧的强联系三部分，整体情况如图 6-4a 所示。当使用者确定两个节点之间一定有合作关系时，便可点击两节点之间的线段，被点击的线段会高亮显示，如图 6-4b 所示。右侧强联系部分会出现两人已添加强联系的显示，如图 6-4c 所示，被添加强联系的作者会被认定一定有合作关系，此结果会被反馈到分类算法中，用来提升算法准确度。使用者还可以同时点击两个节点，如图 6-4d 所示，在两个节点高亮显示的同时，左侧也会同时显示出被点击的作者因为哪些论文而产生联系，如图 6-4e 所示。使用者可以通过此功能判断节点之间的联系是否正确。关联论文和强联系使用时界面如图 6-4f 所示。

a) 全屏模式

图 6-4　关联关系的修改

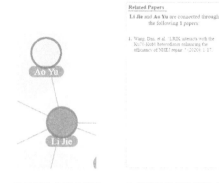

b) 节点间线段高亮显示　　　　　c) 添加强联系

d) 同时选中两名作者　　e) 查看作者间关联论文

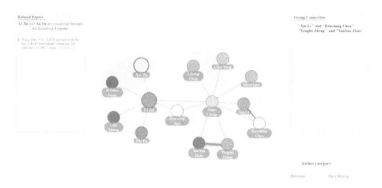

f) 关联论文和强联系使用时界面

图 6-4　关联关系的修改（续）

当使用者确定可疑节点为错误节点时，通过在错误节点上单击鼠标右键，在弹出窗口中点击添加或删除节点，便可对错误数据做出修改。

4. 基础信息模块

基础信息模块可以帮助使用者在使用关联程度和合作关系网络模块时，了解作者或期刊的详细信息。此模块包含了论文数据标签页、作者信息标签页和期刊信息标签页。

（1）论文数据标签页　　系统会默认进入论文数据标签页，此标签页中包含了待消歧数据集中所有论文数据，如图 6-5 所示，从中可以看到论文名、发文年份、发文期刊、发文作者和发文关键词的信息。论文数据标签页为使用者提供了最原始的论文数据，可作为参考。

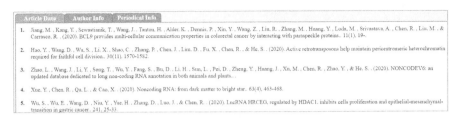

图 6-5　论文数据标签页

（2）作者信息标签页　当使用者在网络关系图中点击某个节点时，基础信息模块会自动显示被点击节点的相关信息，包括作者的发文数量、发文年份、发文关键词和发文方向。其中，发文方向是通过分类算法将作者发表的论文分类得到的结果，如图 6-6 所示。此标签页可以帮助使用者了解不同作者的研究方向，以便更好地进行同名消歧。

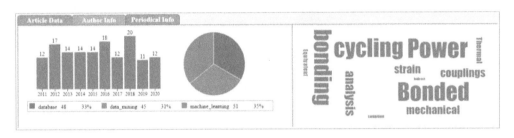

图 6-6　作者信息标签页

（3）期刊信息标签页　此标签页中包含了待消歧数据集中发文期刊的详细信息，包含期刊名、影响因子和期刊方向等信息，如图 6-7 所示。使用者可以通过点击发文期刊图中右侧的期刊名来进行切换。此标签页可以帮助缺乏经验的使用者快速了解不同期刊的研究方向，从而更准确地定位可疑节点。

Article Data	Author Info	Periodical Info
期刊名		IEEE TRANSACTIONS ON INTELLIGENT TRANSPORTATION SYSTEMS
期刊ISSN		1524-9050
2020IF		6.319
中科院分区		Q1
2020自引率		6.80%
期刊官方网站		http://ieeexplore.ieee.org/xpl/RecentIssue.jsp?punumber=6979
通讯方式		IEEE-INST ELECTRICAL ELECTRONICS ENGINEERS INC, 445 HOES LANE, PISCATAWAY, USA, NJ, 08855-4141

图 6-7　期刊信息标签页

6.1.5　案例分析

下面通过两个案例说明科学文献同名消歧可视化分析方法在分析团队合作关系方面的优势。相比已有的偏向展现数据集中宏观的同名情况的可视化系统，本系统更着重于展现微观的合作团队内的作者关系。通过合作关系网络模块，使用者可以直观地了解团队内的发文情况以及作者间的合作情况。两个案例分别代表两种常见错误。第一个案例用"Wang Wei"来演示多个发文团队中出现同名作者所导致的需要消歧的情况。第二个案例用"Li Jie"来展示不同团队中出现学生与教师同名而需要进行同名消歧的情况。为了便于验证同名消歧结果是否正确，以下案例的输入均来自某大学数据集。

1. 案例 1：不同研究方向教师同名

经过对某大学科研管理人员的采访，发现该大学中有多名教师姓名为"Wang Wei"，这给科研管理人员的论文与作者匹配工作带来极大困难。

首先在查询模块作者姓名框中输入"Wang Wei"，时间选择从 2011 至 2020。单击搜索按钮后，得到的结果如图 6-8 所示。通过网络关系图看到此团队分为三部分，且每一部分的研究方向均不相关。这是同名消歧中较为典型的情况，即多个不同研究方向的团队由于团队中均存在某个同名作者而被混在一起。此时可以依据算法对论文作者的分类结果以及合作关系网络模块右下角图例，初步推断待消歧论文集中包含了三个研究方向不相关的发文团队，而每个团队中均有一名作者的姓名为"Wang Wei"。此时目的为厘清三名"Wang Wei"所在发文团队，以及在不同团队中分别添加"Wang Wei 01""Wang Wei 02""Wang Wei 03"节点，以便日后科研人员统计或检索。

211

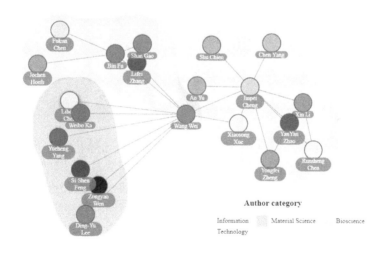

图 6-8　网络关系图

接下来，分别对网络关系图中每一个发文团队进行研究。可以看到浅黄色色块包裹的节点研究方向均为生物，浅粉色色块包裹的节点研究方向均为材料，而绿色色块包裹的节点研究方向为信息技术。逐个点击每个团队中的节点，并观察发文期刊图和基础信息模块中的内容，可以发现不同团队的发文期刊相互独立，相交节点均为"Wang Wei"。同时不同团队中的节点的发文关键词均有很强的独立性。点击发文期刊图右列期刊名，逐个了解每个期刊的研究领域后，可以确定三个团队的研究方向分别为生物、材料和信息技术。这验证了之前的猜想。

最后，需要添加节点，即把网络关系图中心的"Wang Wei"节点分为三个节点，分别对应每一个发文团队，如图 6-9 所示。右键单击"Wang Wei"节点，单击添加节点按钮，并分别标记"Wang Wei 01"为生物方向、"Wang Wei 02"为材料方向、"Wang Wei 03"为信息技术方向。当成功区分节点后，如果次年有信息技术方向的论文加入数据库中，系统就会自动将其分配到"Wang Wei 03"的节点下，避免每年重复对相同的姓名进行消歧。与相关学院科研管理人员确认得知，消歧结果正确。

图 6-9　不同研究方向教师同名消歧后网络关系图

2. 案例 2：相似研究方向教师与学生同名

经过对某大学科研管理人员的采访，发现该大学信息学部"Li Jie"老师反映，自己团队中教师的论文并没有正确分配。

首先，在查询模块作者姓名框中输入"Li Jie"，时间选择从 2011 至 2020。单击搜索按钮后，可以通过网络关系图看到所有节点均属于同一团队，并没有明显的边界，而且根据作者研究方向进行分类，结果同样较为相似，并不能通过色块代表的研究方向区分不同作者。

其次，观察关联程度模块，发现教师"Ao Yu"与团队中其他作者关联程度较低，同时发文数量较多，可以猜测教师"Ao Yu"被工作人员或算法错误地分配到了此团队。随后逐个点击节点，并观察作者信息标签页以及发文期刊图。在作者信息标签页中发现团队中其他教师的发文关键词均与计算机相关，而"Ao Yu"的发文关键词则属于自动化类。与此同时，在发文期刊图中，观察到除"Ao Yu"以外的教师的发文期刊均与团队中其他教师的发文期刊有重合且所发期刊丰富。只有教师"Ao Yu"的发文期刊单一，并且"Ao Yu"所发期刊只与教师"Li Jie"有交集，这不符合消歧准则 4。同时注意到，"Ao Yu"发文数量很多，但是却集中在 2015 年之前，如图 6-10 所示，不像团队中其他教师那样是逐年递增趋势，这不符合消歧准则 6。

接下来，点击全屏模式，并先后点击"Ao Yu"与"Li Jie"节点，发现虽然二人发文数量很多，但"Ao Yu"与"Li Jie"却只合作过一篇论文。由此可以推断，此论文是"Ao

Yu" 与学生合作，而学生名叫 "Li Jie"。

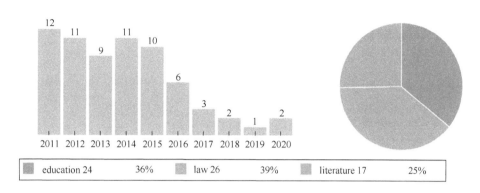

图 6-10　"Ao Yu" 发文方向

最后，在 "Li Jie" 节点上单击右键，标记计算机学院教师为 "Li Jie 01"，自动化学院学生为 "Li Jie 02"，如图 6-11 所示。与相关学院科研管理人员确认得知消歧结果正确。

213

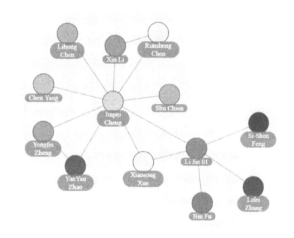

图 6-11　相似研究方向教师与学生同名消歧后网络关系图

6.1.6　总结

系统以提高科研管理人员绩效考核时的效率和优化科研人员检索科研论文的体验为出发点，分析了高校在进行绩效考核时对论文消歧的若干需求。提出了同名消歧可视化分析方法，并研发了同名消歧可视化分析系统。该系统可以帮助科研管理人员高效地完成论文作者同名消歧工作。

当然，这个同名消歧可视化分析方法也存在一些不足之处。一方面，现有的可视化分析系统对于数据的利用不够全面，仅仅包含论文作者的合作网络，导致面对高度模糊的消歧案例时表现欠佳。未来可以将可视化技术与更多数据挖掘和数据分析方法相结合，如论文参考文献构成的共被引网络等。另一方面，在使用关联程度模块时，使用者虽然能够以半自动的方式锁定与团队相关程度较低的潜在错误节点，但此模块占用的面积较大，同时传达的信息密度较低。未来可以考虑使用此模块表现更多可以帮助使用者做出决策的信息，最终做到帮助使用者更快速地探索不同作者研究方向之间的相关性。

6.2 面向学生校园大数据的可视化分析系统

6.2.1 需求分析

随着《促进大数据发展行动纲要》《国家教育事业发展"十三五"规划》《教育信息化2.0行动计划》等文件的陆续发布，教育大数据挖掘成为一个涉及教育学、统计学以及计算机科学等多个学科的热门交叉研究领域。相关政策和规划文件为教育大数据的发展提供了明确的指导和支持，促使更多研究人员和教育工作者投入这一领域。

在教育教学过程中，学生是整个系统的核心主体，分析学生的行为模式和社交关系对于提升教育质量具有至关重要的作用。研究表明，学生的社交关系与他们的心理健康和学业表现密切相关。通过深入分析学生的社交网络，可以挖掘出学生行为模式与学业成绩等教育目标的相关性，为教育工作者提供科学的依据和技术支撑。学生社交关系分析不仅能帮助教育工作者因材施教，还能提升人才培养质量和加强心理辅导。例如，通过识别社交孤立的学生，教育工作者可以及时介入，提供必要的心理支持和辅导，防止问题进一步恶化。再如，通过分析学生之间的合作学习关系，可以发现哪些学生在小组合作中表现突出，进而有针对性地应用有效的教学方法。此外，社交关系分析还可以用于识别潜在的校园欺凌事件，帮助教育管理者采取预防措施，营造健康和谐的校园环境。

近年来，随着信息技术的发展，校园中广泛应用的各种信息系统为有效挖掘学生间的互动提供了重要的数据支撑。学生在校园中的各种行为数据都被详细记录和存储下来，例如餐饮行为、购物行为、楼宇进出行为等。这些数据为研究学生的社交关系提供了丰富的信息。然而，已有的校园数据分析研究多采用单一数据源完成特定的数据挖掘任务，如贫困生识别、成绩预测等，没有充分利用校园大数据的潜力。要想更全面地了解学生的行为模式和社交关系，需要通过整合不同数据源，充分利用这些多源异构的学生行为数据，从地点、日期和时间三个维度挖掘学生间的共现状况。例如，通过分析学生在食堂的就餐数据，可以发现哪些学生经常一起就餐，而推测他们之间的社交关系。再通过楼宇进出数据，了解学生的日常活动轨迹，进一步验证和补充对社交关系的推断。

基于这些信息，教育工作者可以采取有针对性的措施，深入挖掘学生的社交关系，利用社交关系分析结果，教育工作者可以优化课堂分组策略，促进学生间的合作与交流；在心理辅导方面，可以针对社交孤立的学生制定个性化的辅导方案；在预防校园欺凌方面，可以通过监测异常社交行为及时发现和干预潜在问题，进而保障学生身心健康和提升教育教学质量。

6.2.2 可视化任务分析

学生之间存在复杂的高阶关联关系，现有的校园可视化数据挖掘系统都无法满足基于多源异构数据的学生间复杂关联关系分析的需求。为解决以上问题，本系统基于学生的校园时空行为数据构建了学生的社交关系网，并通过 Louvain 算法发现所构建的社交关系网的层级社区结构，然后利用四个联动的交互视图进行可视分析。主要任务如下：

任务 1：如何了解学生社交关系网由哪些社区构成？尽管传统的社交关系网可以表达任意两个学生间一对一的社交关系，但是学生的社交关系通常分布在一个同学圈内，圈内同学互相支持或影响，这构成了一个超越一对一社交关系的高阶社交关系团队，这个团队通常也被称为小组或社区。因此，对于教育管理者而言，了解学生社交关系网的社区构成是一个化繁为简、方便管理的主要任务。

任务 2：如何融合不同的学生社区以提升整个群体的凝聚力？相关研究表明，多样化的社交关系不仅可以扩展学生获取信息的渠道，而且有助于学生身心的健康发展。因此，教育管理者希望可以打破各个学生社区的边界限制，将多个不同的小社区融合形成一个更加包容的大社区，以促进不同社区的学生互相交流。

任务 3：如何理解社区的成员分布和行为特点？了解一个社区的成员分布以及行为特点对于理解社区的形成具有重要作用。例如，一个社区有几个男同学和几个女同学？社区成员住在几个宿舍？每个宿舍有几个人？社区成员中是否有学生干部？社区成员的行为特点如何？基于这些信息，教育管理者可以推测社区的形成原因，同时判断这个社区是否有利于学生成长。

任务 4：如何全面地了解单个学生的社交关系？学生个体的社交关系并不完全局限在某个社区中，因此有必要全面地了解学生个体的社交关系。例如了解某学生和哪些人交往，其中，哪些是关系非常紧密的朋友，哪些是普通朋友，哪些仅仅是普通同学。在此基础上，教育管理者可以精准地发现社交孤僻和社交活跃的学生，了解学生社交孤僻的原因并给予切实可行的改进意见，同时可以将社交活跃学生推荐为学生干部或意见领袖等。

任务 5：什么类型的社交关系或行为特征可以提升或影响学生的学业成绩？该问题一直是教育领域的研究热点。教育管理者期望通过探索社交关系以及行为特征与学业成绩的相关性，进而有的放矢地改善学生的社交关系，提升学业水平。

6.2.3 整体框架

本系统的整体可视化方案主要包括数据采集及预处理、社交关系挖掘、可视化分析模块和任务分析四个部分，整体框架如图 6-12 所示。

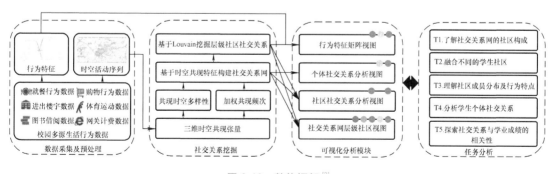

图 6-12 整体框架 [2]

（1）数据采集及预处理 为了挖掘学生的社交关系，本系统收集了校园内各种类型的生活行为数据，如消费行为数据、楼宇进出行为数据、网关登录行为数据等，从而构建了学生的时空活动序列。这些不同类型的数据以不同的格式分别存储在自己的数据库中，因此使用数据抽取、转换、装载（ETL）工具将所有数据聚合到一个数据仓库中，再以统一的格式对所有位置和时间戳进行编码。通过预处理后的数据，可以构建每个学生的校园活动轨迹，并提取其行为特征。除了行为数据，学生的基本信息（例如性别、宿舍、课程成绩等）也被收集。同时，通过计算每个学生的平均绩点，将成绩分为差、合格、中等、良好、优秀五个类别。

（2）社交关系挖掘　学生之间的关联关系可以从共现信息中推断出来，这些共现信息来自他们的时空活动序列。考虑到校园中空间位置相对有限的特点，本系统设计了一种新的三维张量来表示由位置、日期和时间组成的共现信息。基于三维张量，采用基于多样性和加权频次两个共现特征的线性回归算法计算两个学生之间的关联强度，从而构建学生之间的社交关系网络。此外，通过 Louvain 算法实现了学生层级社区关联关系检测。

（3）可视化分析模块　为了帮助学生管理相关工作人员直观地理解所挖掘的社交关系，共设计了四种可以联动的可视化视图。其中，社交关系网层级社区视图说明了社交结构和层级整合过程，社区社交关系分析视图显示社区成员在多个维度的分布和社区成员的活动时间分布，个体社交关系分析视图显示学生个体的社交特征，行为特征矩阵视图显示学生的行为特征和学业表现。

（4）分析任务　使用者通过与可视化视图的交互操作开展任务分析，两者的对应关系用颜色编码。例如，使用者通过与社交关系网层级社区视图的交互操作，可以理解社交关系网中的社区构成以及不同社区的逐层融合过程，以支撑学生团队建设；通过与社交关系网层级社区视图、社区社交关系分析视图以及行为特征矩阵视图的交互操作，可以理解每个社区的形成原因以及特点；通过与社交关系网层级社区视图、个体社交关系分析视图以及行为特征矩阵视图的交互操作，可以了解每个学生的社交特点以及行为特征；通过与全部视图的交互操作，可以探索社交关系、行为特征与学业成绩的相关性。

图 6-13 所示为可视化分析系统的整体界面，共包含五个功能区域，分别是位于页面顶部的查询模块、位于左侧的社交关系网层级社区视图、位于右中部的社区社交关系分析视图和个体社交关系分析视图，以及位于右侧底部的行为特征矩阵视图。使用者登录该系统后，可以通过查询模块选择待分析社交关系的学生群体和时间范围，如图 6-13 中①所示，单击"查询"按钮后，该学生群体在指定时间范围内的社交关系网就会显示在层级社区视图中，如图 6-13 中②所示。对于社交关系网，使用者可以继续利用图 6-13 ③中的社交强度过滤器以及图 6-13 ④中的各类复选框开展进一步分析。使用者选中"社区划分"或者"社区层级融合"复选框后，图 6-13 ②中会展示社交关系网的层级社区，同时会显示图 6-13 ⑤中的社区图标。使用者点击某个社区图标时，该社区的多维度成员分布会以柱状堆叠图的形式显示在社区社交关系分析视图中，如图 6-13 ⑥所示。同时，这个社区全部成员的行为时间分布会以极坐标散点图的形式进行显示，如图 6-13 ⑦所示。使用者在社交关系网中点击某个学生节点时，该节点及其关联边会高亮显示，同时该学生的社交成员分布和行为时间分布采用与社区社交关系分析视图一样的可视化组件展示在个体社交关系分析视图中，分别如图 6-13 ⑧和图 6-13 ⑨所示。行为特征矩阵视图默认显示群体内所有学生的行为特征和学业绩点，如图 6-13 ⑩所示，当使用者选择某个学生时，该学生的行为特征

会高亮显示。可以看出，本系统以社交关系网层级社区视图为核心，其他三个视图为辅，支持使用者灵活地分析学生的社交关系和行为特征，并探索两者与学业成绩的相关性。

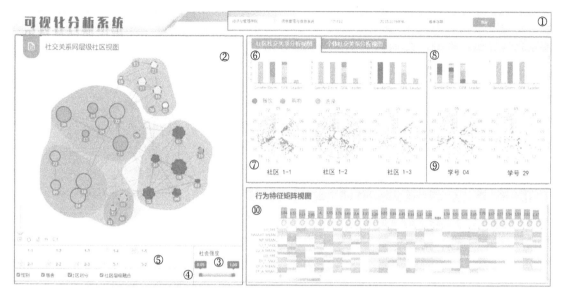

图 6-13　可视化分析系统的整体界面

6.2.4　视图设计

217

本节将详细介绍各个视图的功能及设计方案，并给出视图结果，具体阐述每个视图在整个可视化分析系统中的作用。

1. 社交关系网层级社区视图

社交关系网层级社区视图作为可视化分析系统的核心，包含了层级超图可视化组件、社交强度过滤器以及"性别""宿舍""社区划分""社区层级融合"系列复选框。通过这些可视化组件，使用者可以通过可视交互的方式分析学生的社交关系。

（1）社交关系网　节点 – 边图结构是常用的社交关系表达方式，为了解决随着节点的增加，这种表达结构愈加混乱无序的问题，Fruchterman 等人提出了力引导布局算法，该算法采用力引导布局和弹力能量算子将节点自动分布，在斥力和引力的相互作用下不断地迭代，使得整个网络达到一个平衡的状态，以减少布局中边的交叉。鉴于该算法的优势，本系统采用力引导布局展示学生的社交关系网，如图 6-14a 所示。其中，节点表示学生，节点旁边的数字表示学号，节点大小表示学生在社交关系网中的重要程度，边的粗细表示学生间社交关系的强弱。通常可以采用度中心度、中介中心度或者接近中心度计算节点的大小，考虑到中介中心度可以衡量学生在社交关系网中的桥梁作用，本系统采用中介中心度衡量节点大小。为了进一步丰富社交关系网中的信息，层级社区视图支持采用节点轮廓表达学生性别，以及采用节点颜色表示学生的宿舍信息：当用户勾选"性别"复选框后，具有光滑圆形轮廓的节点代表男性，具有虚线轮廓的节点表示女性，如图 6-14b 所示；当用户勾选"宿舍"复选框后，节点则会被涂上不同的颜色，每种颜色代表一个宿舍，如

图 6-14c 所示。当鼠标单击某个节点时，该节点以及关联边会在社交关系网中高亮显示，其社交成员分布以及行为时间分布会在个人社交关系分析视图中展示；同时，该节点的行为特征会在行为特征矩阵视图中高亮显示。除此之外，用户可以拖动社交强度过滤器滑动条自主设定社交强度阈值区间，当边的社交强度值不在阈值区间时，它就会在社交关系网中消失。通过联合性别和宿舍信息，使用者就可以挖掘更多的信息，例如情侣、同宿舍好友以及同宿舍的"陌生人"等。

a) 传统社交网络图　　　　　　　　b) 包含性别信息　　　　　　　　c) 包含性别和宿舍信息

图 6-14　学生社交网络力引导布局图

（2）层级社区结构　为了使用者可以直观地观察社交关系网的社区构成以及社区间的关联，本系统设计了一个层级超图可视化组件，支持用户在力引导布局网络结构的基础上以交互拖拽的方式分析社区结构。当使用者勾选"社区划分"复选框后，社交关系网中属于同一社区的学生节点会被赋予相同的底色色块，如图 6-15a 所示，不同的底色代表不同的社区。同时，社区图标会出现在层级超图可视化组件的底部，如图 6-13 ⑤所示，社区图标的编号规则"i-j"代表第 i 层的第 j 个社区。为了便于观察，使用者可以通过拖拽的方式将属于同一个社区的学生节点拉近，则这些节点的底色色块会自动合并为一个更大的色块，如图 6-15b 所示。通过该图可以清晰地了解整个学生社交关系网被划分为几个社区，每个社区包含哪些学生。当单击社区编号时，该社区在层级超图中会高亮显示，同时该社区的成员分布以及行为时间分布会显示在社区社交关系分析视图中。

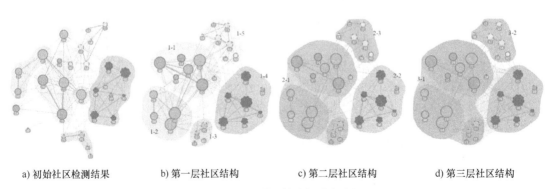

a) 初始社区检测结果　　　b) 第一层社区结构　　　c) 第二层社区结构　　　d) 第三层社区结构

图 6-15　不同社区的层级融合过程

使用者勾选"社区层级融合"复选框后，整个网络的层级社区结构会显示在层级超图可视化组件中，同时该层级社区结构中所有社区的编号也会显示在层级超图可视化组件的底部。通过该图，使用者可以清晰地观察到整个层级结构中共有多少层，每层包含几个社区，每个社区包含哪些节点，以及不同的社区如何融合形成一个更大的社区。例如，图 6-15 展示了一个包含 20 多个学生节点的社交关系网的三层社区结构，图 6-15b 展示了共包含五个社区的第一层社区结构，社区编号均已"1-"作为前缀。图 6-15c 展示了包含三个社区的第二层社区结构，社区编号以"2-"作为前缀，通过观察可以发现，社区"2-1"由第一层的社区"1-1""1-2"以及"1-3"合并而成，社区"2-2"和"2-3"分别与第一层的社区"1-4"和"1-5"保持一致。图 6-15d 展示了包含两个社区的第三层社区结构，社区编号以"3-"作为前缀，其中，社区"3-1"由社区"2-1"和"2-2"合并而成，社区"3-2"与社区"2-3"保持一致。

2. 社区社交关系分析视图

本系统利用柱状堆叠图、极坐标散点图分别展示了学生社区的成员组成分布以及成员的行为时间分布。使用者单击图 6-13 ⑤中的社区图标后，就可以在该视图中直观地了解社区的相关特点。

（1）社区成员组成分布　学生社区的成员组成分布可以为管理工作提供非常有价值的信息，包括理解社区的形成原因以及如何改善社区社交关系等。例如，一个社区完全由住在同一个宿舍的学生构成，这表明该宿舍同学间的社交关系融洽，每个学生都可以获得来自亲密室友的社会支持，这为他们的身心健康和学习生活创造了良好的氛围。但是，辅导员也应鼓励他们积极与其他社区的同学交流，以获取更多的学习资源或信息。相反，如果一个社区由来自不同宿舍的学生构成时，该社区不仅可以作为信息传播的主要渠道，而且可以作为提升群体凝聚力的主要介质。利用柱状堆叠图从性别、宿舍、成绩以及学生干部四个维度展示社区的成员分布，如图 6-13 ⑥所示，该图中每个柱体代表一个维度，柱体中不同的色块代表该维度下不同的类别。其中，性别维度的绿色色块和蓝色色块分别表示男性和女性；宿舍维度的不同色块代表不同的宿舍；成绩维度的绿色、蓝色、浅蓝色、橙色以及红色分别表示优秀、良好、中等、及格以及较差的学业等级；学生干部维度的绿色代表学生干部。同时，各个色块上的数字表示属于该类别的成员数量。通过观察该图，使用者可以清晰地了解社区成员在各个维度的分布情况。例如，社区"1-2"由住在同一个宿舍的四个男生组成，他们的学业等级分别是优秀、中等、及格以及较差，而且有一名学生干部。基于这些信息，使用者可以衡量社区成员的多样性，分析社区形成的原因，以及判断一个社区是否有利于学生成长等。

（2）社区成员行为时间分布　除了社区成员分布，教育管理者也非常关心社区成员的行为时间分布是否符合学校的作息安排，为此，采用极坐标散点图展示社区内所有成员各种行为的时间分布，如图 6-13 ⑦所示。图中的圆圈表示校历日期，最里面的圆圈表示学期的第一天，依次类推，最外面的圆圈表示学期的最后一天；极坐标轴表示具体时间，由于学生在凌晨 0：00 至 5：00 之间的行为数据非常稀疏，为了充分利用空间，该图的时间范围设定为 5：00 至 24：00；图中每个点都代表一个社区成员的一次行为记录，不同颜色的点代表不同的行为，例如蓝色点表示就餐行为，橙色点表示购物行为，绿色点表示淋浴行为等。根据行为日期、时间以及行为类型在极坐标散点图中展示社区内所有成员的行为记录，使用者则可以通过该图观察社区成员各种行为的时间分布情况，进而了解某种行为的频次以及是否规律等特征。

3. 个人社交关系分析视图

本视图采用与社区社交关系分析视图一样的可视化组件，协助使用者分析学生个体的社交关系和行为特征，即利用柱状堆叠图从多维度展示学生个体的社交成员分布，如图 6-13 ⑧所示，利用极坐标散点图展示学生个体的行为时间分布，如图 6-13 ⑨所示。当使用者在社交关系网中单击学生节点时，该学生的社交成员以及行为时间分布就会展示在该视图中，学生个体的社交成员不再局限于所在社区，而是扩展至整个社交关系网，而且可以通过动态地调整社交强度阈值观察社交成员的变化情况。例如，使用者可以将社交强度阈值范围设置为 $[\tau_1,1]$，那么只有与该学生的社交强度值在阈值范围内的成员才会被统计展示在柱状堆叠图中，然后可以将 τ_1 增加至 τ_2，以观察社交成员的分布变化。通过观察学生个体的社交成员分布，使用者可以快速地发现社交异常或者社交活跃的学生个体。同时，通过观察极坐标散点图，使用者可以了解学生各种行为的时间分布，以此判断该学生的生活是否规律、学习是否勤奋等。使用者在层级社区视图中单击多个学生节点，就可以据此对比分析不同学生的差异。

4. 行为特征矩阵视图

为了使用者可以更加深入、综合地理解学生的行为特征，本系统设计了一个行为特征矩阵视图，如图 6-16 所示。该视图采用人们熟悉的表格样式，可以在有限的空间中展示丰富的信息，矩阵单元格用颜色编码，较深的颜色代表较大的值。在矩阵图中，列和行分别表示学生和行为特征，每列代表一个学生，每行代表一个行为特征，行左侧的符号代表行为特征，例如："SH_FRE"表示购物频次，"NMINT_MEAN"表示每天登录网关最早时间的平均值；单元格表示学生行为特征值，当用户将鼠标悬停到单元格时，则会弹出详细信息，包含学号、特征名称以及特征值。

由于不同特征值的数量级存在差异，以及不同学生在同一特征上的值也存在较大差异，因此首先采用 Min-Max 方法对各个特征值进行归一化，然后将转化后的值映射到相应的颜色，颜色越深表示特征值越高。在一些应用场景中，教育管理者更加关注行为特征值在某个范围内的学生，例如吃早餐次数很少的学生。为此，该矩阵视图还提供了一个特征值过滤器，使用者通过拖动滑动条可以设定特征值范围，只有在该范围内的单元格保留原来的颜色，其他单元格的颜色都显示空白，以此增强视觉对比，方便观察。使用者可以根据应用需求灵活地调整特征的阈值范围，以观察在该范围内的学生分布。同时，当使用者在社交关系网中单击学生节点时，该学生在矩阵视图中对应的列会被高亮显示，使用者可以清晰地了解该学生的学业成绩、行为特征，以及他与其他学生间差异。除此之外，为了探索行为特征与学业成绩的相关性，该视图支持以交互方式将学生按学业成绩或行为特征值排序，图 6-16 展示的是按学业成绩降序排列的结果。使用者一方面可以纵向对比具有不同学业成绩的学生在行为特征上的差异，以分析影响个体学生成绩好坏的潜在原因；另一方面可以横向观察每个行为特征随着成绩下降而呈现的变化趋势，以从宏观上探索行为特

220

征和学业成绩的相关性。类似地，单击单个行为特征，则可以将所有学生根据特征值进行降序或升序排列，进而横向观察学业成绩随着特征值变化而呈现的趋势，以进一步探索行为特征和学业成绩的相关性。

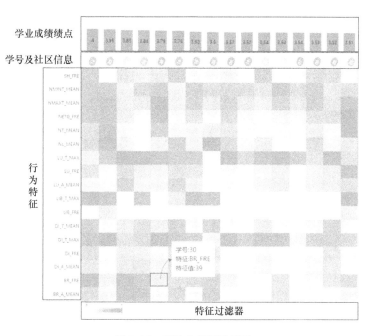

图 6-16　行为特征矩阵视图

6.2.5　案例分析

为了验证可视化分析系统的有效性，邀请了某学校某班级 29 名学生作为志愿者，从班集体建设和社交异常检测两个方面分析他们在大一春季学期的社交关系。

1. 案例 1：班级凝聚力建设

对于班主任和辅导员而言，了解班级社交关系网的整体情况、社区构成、社区特点以及社区融合过程，对于班级管理具有非常重要的作用。下面将从社区挖掘和社区融合两个方面阐述了使用可视化分析系统分析学生社交关系的具体过程。

（1）社区挖掘　使用者首先在查询模块中依次选择学院、专业、班级以及学年和学期，单击查询按钮后，可以在层级超图可视化组件中看到该班级整体的社交关系网，该图默认包含了性别和宿舍信息，如图 6-14c 所示。接下来，使用者勾选"社区划分"复选框，再通过简单的拖拽操作就可以清晰地看到该班级共包含五个基本社区，如图 6-15b 所示。通过提高社交强度阈值，可以清晰地发现每个小团体内部成员具有紧密的社交关系，而团体间成员的社交关系较为稀疏。

使用者单击层级超图可视化组件底部的社区编号，则在社区社交关系分析视图中会显示该社区的成员分布以及行为时间分布。图 6-17 展示了该班级五个社区的详细信息，通过观察该图可以了解每个社区的特点：社区"1-1"由住在两个宿舍的 7 名男同学组成，其中 5 名同学住在同一个宿舍，其他两名住在另外一个宿舍，5 名学生成绩较差，他们的三餐行为时间分布相对集中且有规律；社区"1-2"由住在同一宿舍的 4 名男同学组成，学业成绩差异较大，且就餐行为时间散乱，例如早餐时间从 6：30 持续到 9：30 左右，这说明这 4 名同学的行为并不规律，或者可能每个同学都有各自的生活行为；社区"1-3"由住在同一个宿舍的 4 名女同学构成，两名同学成绩中等，两名同学成绩较差，三餐行为较少，早餐行为集中且比较规律，午餐和晚餐行为则比较分散；社区"1-4"由 7 名女同学组成，其中 6 名同学住一个宿舍，另外 1 名同学住在其他宿舍，1 名同学成绩优异，其余 6 名同学成绩中等以下，行为时间分布比较散乱；社区"1-5"由 7 名同学组成，包含 6 名女同学和 1 名男同学，分别住在三个宿舍，除了两名同学成绩不理想之外，其余学生的成绩都属于良好以上，该社区成员的行为时间分布非常集中且规律，早餐时间多在 8：00 之前，午餐时间集中在 11：40 左右，晚餐时间在 17 点左右，非常符合学校的作息时间安排。除此之外，每个社区都有 1 名学生干部。

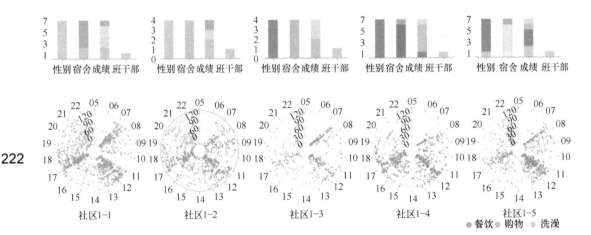

图 6-17　1102 班级各个社区的成员分布以及行为时间分布

基于上述社区特点，关于该班级内社区形成的原因可以得到以下结论：

1）性别同质，除了社区"1-5"之外，其他社区都是由同性别的学生组成的。

2）宿舍同质，五个社区基本上都是由同一个宿舍的成员构成的。

3）成绩异质，每个社区学生的成绩并没有呈现出明显的同质特性，甚至有些社区中呈现了较大的差异，例如社区"1-2"，这说明该班级学生不是根据学业成绩建立社交关系的。

除此之外，可以发现行为特征与学业成绩的相关性存在很大的性别差异，对于该班级的女同学而言，规律的生活作息通常可以带来良好的成绩，然而，这种相关性对于男同学并不明显。通过和教育管理者的沟通发现，该班级的结论非常符合大一学生的社交特点，即大一学生通常以宿舍为单位构建社交关系。

（2）社区融合　使用者在层级超图可视化组件中勾选"社区层级融合"复选框，就可以直观地查看班级社区的逐层融合过程，如图 6-15 所示。通过观察不同层级中社区成员的分布情况，可以得到以下关于社区融合的结论：

1）跨宿舍特征：男同学更愿意跨宿舍开展社交，社区"2-1"基本包含了住在不同宿舍的所有男生；相反，女同学进行跨宿舍社交的意愿较低，例如包含 7 名女同学的社区"1-4"在第二层并没有被融合，包含 6 名女同学的社区"1-5"则在整个层级结构中始终保持独立。

2）跨性别特征：社区"2-1"包含了 11 名男同学和 4 名女同学，社区"3-2"则包含了 11 名男同学和 11 名女同学，这说明男女同学随着社区的逐渐融合可以增强交流。

3）同成绩特征：尽管该班级中的社区并没有呈现出明显的"同成绩特征"，即同一社区的同学成绩非常趋同，但是也发现了一个有趣的现象，社区"1-5"同学的学业成绩明显好于其他社区，该社区在融合过程中始终保持独立。这可能是因为该社区同学的成绩优秀，而且在社区内部已经可以获得足够的情感支持，因此与其他同学社交的意愿就很低。这也提醒班主任应该鼓励该社区的同学积极与其他同学沟通交流，充分发挥他们在学习方面的优势，带动同学们一起进步。

上述可视化分析表明，本系统可以高效地辅助教育管理者理解学生社交关系网的社区构成、每个社区的特征、社区的层级融合过程以及影响融合的因素。

2. 案例 2：社交关系异常学生预警

本案例介绍了如何快速发现社交异常的学生，了解其社交异常的原因，以及给出具体的改进措施。

（1）社交异常学生识别　为了快速识别社交异常的学生，使用者可以首先在社交关系网中观察学生节点的大小以及关联边的粗细，然后单击可疑节点，在个人社交关系分析视图中观察社交成员的具体情况，对于社交成员少且社交强度非常弱的学生，则可以将其视为社交异常学生。例如，通过观察社交关系网可以发现 29 号学生的节点小，而且与其他同学的社交关联非常弱，属于潜在的社交异常学生。班主任可以单击该节点，在个体社交关系分析视图中进一步观察该学生的具体情况，通过拖拽社交强度滑动条，可以动态地观察29 号学生在不同社交强度下的好友分布情况，如图 6-18a ~ d 所示。当社交强度阈值是 0.00时，29 号学生共有 13 位社交成员，然而随着社交强度阈值的增加，该学生的社交成员迅速减少；当社交强度阈值是 0.05 时，29 号学生仅剩下 1 个社交成员；当社交强度阈值是 0.10时，该学生已经没有任何社交成员。这说明 29 号学生不仅社交成员少而且社交强度弱。为了进一步对比验证该结论，随机选择了社交活跃的 04 号学生进行对比，如图 6-18e ~ h所示，在社交强度阈值等于 0.00 时，04 号学生共有 28 位社交成员，这表示 04 号学生和全班同学都存在社交关联关系；即使在社交强度阈值是 0.15 时，04 号学生仍然有 5 位社交成员。通过对比可以发现，29 号学生属于社交异常的学生，他几乎不与同学们交流，辅导员需要重点关注。

（2）原因分析　对于社交异常的学生，需要分析原因并给出具体的改进建议。图 6-19a展示了 04 号和 29 号学生的行为时间分布图。观察该图可以发现，29 号学生在校园内的活动记录非常稀少，基本没有在食堂吃早餐的行为，考虑到早上定外卖的可能性很小，这说明该学生很少吃早饭。由于绝大多数学生会在 11∶30 下课后直接到食堂就餐，而该学生的午餐时间在 13∶00 之后，这大概率说明 29 号学生上午没有上课。同时，该学生的午餐时间和晚餐时间混为一体，这些都表明他的生活非常不规律，存在逃课现象，而且进入考试复习阶段后基本不在学校学习。相反，04 号学生从学期伊始至学期结束在校园内一直有

223

大量活动记录，这表明该学生一直在学校学习，而且其校园生活行为非常有规律，例如早餐时间分布在 8 点左右，午餐时间分布在 11：30 左右，晚餐时间则分布在 17：00 至 18：00之间。同时，图 6-19b 在行为特征矩阵视图中高亮显示了 04 号和 29 号学生的行为特征，可以对比查看他们在每个具体特征上的差异，包括一日三餐的频次、就餐时间规律程度、进入图书馆次数、上网流量以及上网时长等行为特征，例如 04 号学生有 59 次早餐行为，29 号学生仅有 3 次。不同于行为时间分布图，行为特征矩阵视图从数值的角度表达学生的行为特征。

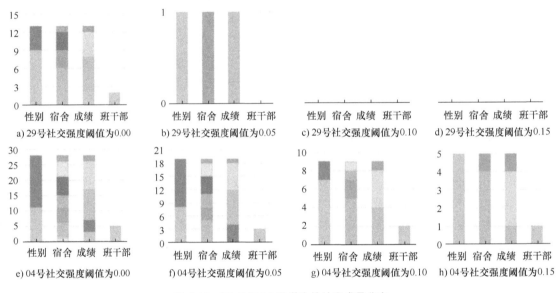

图 6-18　29 号和 04 号学生的社交成员分布

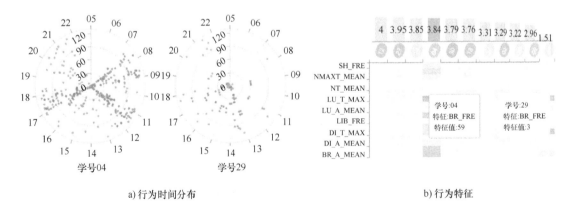

a) 行为时间分布　　　　　　　　　　　　b) 行为特征

图 6-19　04 号学生和 29 号学生的行为模式对比

　　上述结论表明，29 号学生经常缺席学校的教学活动，而且生活不规律，这在一定程度上也是该学生成绩差的原因。辅导员应该要求该学生根据学校的时间表按时作息，按时上课，积极主动与同宿舍或者同性别的学生交流，期末阶段在校内认真复习。

6.2.6 总结

面向学生校园大数据的可视化分析系统基于校园内学生多源生活行为数据，采用时空共现信息构建社交关系网，为了深入分析，采用 Louvain 算法来发现社交网络的层级社区结构。本系统设计了四个联动视图，并实现了搜索、过滤、点击、查看、排序、突出重点等功能，使发现结果可视化，以此帮助教育管理者直观地探索学生之间的高阶社区社交关系，了解他们的社交特征，并提出有针对性的改进建议。本系统不仅能为教育管理者提供有力的工具来优化学生管理和教育策略，还能为研究者提供深入了解学生社交动态的宝贵资源。

案例研究和专家评估表明，本系统可以大大提高学生社交关系分析的效率，并提供有价值的学生管理信息。为了在未来的工作中进一步完善本系统，可尝试收集更多类型的行为数据，分析学习关系、娱乐关系、消费关系等更多类型的社交关系，并引入更多视觉交互组件，以增强用户体验和分析效果。通过不断改进和扩展，本系统有望在教育领域发挥更大的作用，推动教育质量和学生福祉的全面提升。

本章小结

本章以面向科学文献同名消歧的可视化分析系统和面向学生校园大数据的可视化分析系统为例，通过对它们的需求分析、可视化任务分析、整体框架、视图设计和案例分析等各个方面的详细介绍，向读者详细、完整地展示了数据可视化系统的设计流程，以及相关可视化方法的特点。

习题

请选择一个感兴趣的领域（如商业数据展示分析、媒体新闻数据可视化、气候气象数据可视化、金融数据可视化、医疗卫生数据可视化等），明确其可视化应用需求，并参考本章中的数据可视化综合应用案例，利用第 4 章与第 5 章的相关内容，完成一件综合的数据可视化应用作品。

225

参 考 文 献

[1] BILIC P, CHRIST P, LI H B, et al. The liver tumor segmentation benchmark (lits)[J]. Medical Image Analysis, 2023, 84: 102680.

[2] LI X Y, CHENG H M, AN S F, et al. ViSSR: a visual analytics system for student high-order social relationships at campus[J]. Intelligent Data Analysis, 2024.

[3] ZHAO X, ZHANG Y, HU Y, et al. Interactive visual exploration of human mobility correlation based on smart card data[J]. IEEE Transactions on Intelligent Transportation Systems, 2020, 22(8): 4825-4837.

[4] CHEN Q, YUE X, PLANTAZ X, et al. Viseq: visual analytics of learning sequence in massive open online courses[J]. IEEE Transactions on Visualization and Computer Graphics, 2018, 26(3): 1622-1636.

[5] ALI W H, MIRHI M H, GUPTA A, et al. Seavizkit: interactive maps for ocean visualization[C]//OCEANS 2019 MTS/IEEE SEATTLE. Seattle: IEEE, 2019: 1-10.

[6] YU C. Research of time series air quality data based on exploratory data analysis and representation[C]// 2016 Fifth International Conference on Agro-Geoinformatics. Tianjin: IEEE, 2016: 1-5.

[7] KEIM D, KOHLHAMMER J, ELLIS G, et al. Mastering the information age solving problems with visual analytics[M]. Eindhoven: Eurographics Association, 2010.

[8] PAIVIO A. Mental representations: a dual coding approach[M]. Oxford:Oxford University Press, 1986.

[9] WARE C. Information visualization: perception for design[M]. Burlington: Morgan Kaufmann, 2004.

[10] STARR C, CHRISTINE A E, LISA S. Biology: concepts & applications[M]. Stamford: Cengage Learning, 2006.

[11] WARD M O, GRINSTEIN G, KEIM D. Interactive data visualization: foundations, techniques, and applications[M]. Boca Raton: AK Peters/CRC Press, 2010.

[12] LEVINE, MARTIN D. Vision in man and machine[M]. New York: Megraw-HillCollege, 1985.

[13] GLASSNER A S. Principles of digital image synthesis[M]. Amsterdam: Elsevier, 2014.

[14] OVERINGTON I. Computer vision: a unified, biologically-inspired approach[M]. Amsterdam: Elsevier Science Inc., 1992.

[15] HEER J, ROBERTSON G. Animated transitions in statistical data graphics[J]. IEEE Transactions on Visualization and Computer Graphics, 2007, 13(6): 1240-1247.

[16] COLLINS C, CARPENDALE S, PENN G. Docuburst: visualizing document content using language structure[J]. Computer Graphics Forum, 2009, 28(3): 1039-1046.

[17] LIU S, ZHOU M X, PAN S, et al. Interactive, topic-based visual text summarization and analysis[J]. ACM Transactions on Intelligent Systems and Technology, 2012, 3(2): 1-28.

[18] GENG Z, LARAMEE R S, CHEESMAN T, et al. Visualizing translation variation of Othello: a survey of text visualization and analysis tools[EB/OL].[2024-09-24]. https://www.researchgate. net/publication/228750837_Visualizing_Translation_Variation_Othello_A_Survey_of_Text_Visualization_and_Analysis_Tools.

[19] WATTENBERG M, VIÉGAS F B. The word tree, an interactive visual concordance[J]. IEEE Transactions on Visualization and Computer Graphics, 2008, 14(6): 1221-1228.

[20] GREGORY M L, PAYNE D A, MCCOLGIN D, et al. Visual analysis of weblog content[R]. Richland, WA (United States): Pacific Northwest National Lab(PNNL), 2007.

[21] LIU G. Visualization of patents and papers in terahertz technology: a comparative study[J]. Scientometrics,

2013, 94: 1037-1056.

[22] SUN Y, CHEN T, YIN H. Spatial-temporal meta-path guided explainable crime prediction[J]. World Wide Web, 2023, 26(4): 2237-2263.

[23] 庞瑞秋, 赵梓渝, 王唯, 等. 住房制度改革以来长春市新建住宅的空间布局研究 [J]. 地理科学, 2013, 33(4): 435-442.

[24] MA J, WANG C, SHENE C K, et al. A graph-based interface for visualanalytics of 3D streamlines and pathlines[J]. IEEE Transactions on Visualization and Computer Graphics, 2013, 20(8): 1127-1140.

[25] FORISTER J G, STILP C. A spatial analysis of physician assistant programs[J]. The Journal of Physician Assistant Education, 2017, 28(2): 64-71.

[26] SPINNEY L. History as science[J]. Nature, 2012, 487(7409): 24.

[27] GOTZ D, STAVROPOULOS H. Decisionflow: visual analytics for high-dimensional temporal event sequence data[J]. IEEE Transactions on Visualization and Computer Graphics, 2014, 20(12): 1783-1792.

[28] TANAHASHI Y, MA K L. Design considerations for optimizing storyline visualizations[J]. IEEE Transactions on Visualization and Computer Graphics, 2012, 18(12): 2679-2688.

[29] VAN DEN ELZEN S, HOLTEN D, BLAAS J, et al. Reducing snapshots to points: a visual analytics approach to dynamic network exploration[J]. IEEE Transactions on Visualization and Computer Graphics, 2016, 22(1): 1-10.

[30] MORVILLE P. Ambient findability: what we find changes who we become[M]. Sebastopol: O'Reilly Media, Inc., 2005.

[31] HU Y, KOREN Y. Extending the spring-electrical model to overcome warping effects[C]//2009 IEEE Pacific Visualization Symposium. Beijing: IEEE, 2009: 129-136.

[32] JÜRGENSMANN S, SCHULZ H J. A visual survey of tree visualization[EB/OL]. [2024-09-24]. https://cs.au.dk/~hjschulz/pdfs/treevispa. pdf.

[33] SMITH W H. Graphic statistics in management[M]. New York: McGraw-Hill, 1924.

[34] TEE TEOHS, KWAN-LIU M. RINGS: a technique for visualizing large hierarchies[C]//International Symposium on Graph Drawing. Berlin: Springer-Derlag, 2002: 268-275.

[35] ROBERTSON G G, MACKINLAY J D, CARD S K. Cone trees: animated 3D visualizations of hierarchical information[C]//ACM SIGCHI Conference on Human Factors in Computing Systems: Reaching through Technology. New York: Association for Computing Machinery, 1991: 189-194.

[36] BRIAN J, BEN S. Tree-maps: a space filling approach to the visualization of hierarchical information structures[C]//IEEE Visualization. San Diego: IEEE, 1991: 284-291.

[37] GÖRTLER J, SCHULZ C, WEISKOPF D, et al. Bubble treemaps for uncertainty visualization[J]. IEEE Transactions on Visualization and Computer Graphics, 2018, 24(1): 719-728.

[38] D'ÍAZ J, PETIT J, SERNA M. A survey of graph layout problems[J]. ACM Computing Surveys (CSUR), 2002, 34(3): 313-356.

[39] EADES P. A heuristic for graph drawing[J]. Congressus Numerantium, 1984, 42(11): 149-160.

[40] FRUCHTERMAN T M J, REINGOLD E M. Graph drawing by force-directed placement[J]. Software: Practice and experience, 1991, 21(11): 1129-1164.

[41] Waßmann H. Systematik zur entwicklung von visualisierungstechniken für die visuelle analyse fortgeschrittener mechatronischer systeme in VR-anwendungen[M]. Paderborn: Heinz-Nixdorf-Inst., 2013.

[42] GANSNER E R, HU Y, NORTH S. A maxent-stress model for graph layout[J]. IEEE Transactions on Visualization and Computer Graphics, 2012, 19(6): 927-940.

[43] GHONIEM M, FEKETE J D, CASTAGLIOLA P. A comparison of the readability of graphs using node-link

and matrix-based representations[C]// IEEE Symposium on Information Visualization. [s.l.]: IEEE, 2004: 17-24.

[44] HENRY N, FEKETE J D. Matrixexplorer: a dual-representation system to explore social networks[J]. IEEE Transactions on Visualization and Computer Graphics, 2006, 12(5): 677-684.

[45] HENRY N, FEKETE J D. Matlink: enhanced matrix visualization for analyzing social networks[C]//Human-Computer Interaction—INTERACT 2007: 11th IFIP TC 13 International Conference. Berlin: Springer, 2007: 288-302.

[46] ABELLO J, VAN HAM F. Matrix zoom: a visual interface to semi-external graphs[C]//IEEE Symposium on Information Visualization. Austin: IEEE, 2004: 183-190.

[47] HOLTEN D. Hierarchical edge bundles: Visualization of adjacency relations in hierarchical data[J]. IEEE Transactions on Visualization and computer graphics, 2006, 12(5): 741-748.

[48] GANSNER E R, HU Y, NORTH S, et al. Multilevel agglomerative edge bundling for visualizing large graphs[C]//2011 IEEE Pacific Visualization Symposium. Hong Kong: IEEE, 2011: 187-194.

[49] HURTER C, ERSOY O, TELEA A. Graph bundling by kernel density estimation[C]//Computer Graphics Forum. Oxford: Blackwell Publishing Ltd, 2012, 31(3pt1): 865-874.

[50] ERSOY O, HURTER C, PAULOVICH F, et al. Skeleton-based edge bundling for graph visualization[J]. IEEE Transactions on Visualization and Computer Graphics, 2011, 17(12): 2364-2373.

[51] PEYSAKHOVICH V, HURTER C, TELEA A. Attribute-driven edge bundling for general graphs with applications in trail analysis[C]//2015 IEEE Pacific Visualization Symposium (PacificVis). Hangzhou: IEEE, 2015: 39-46.

[52] LHUILLIER A, HURTER C, TELEA A. FFTEB: edge bundling of huge graphs by the fast fourier transform[C]//2017 IEEE Pacific Visualization Symposium (PacificVis). Seoul: IEEE, 2017: 190-199.

[53] KURZHALS K, HLAWATSCH M, HEIMERL F, et al. Gaze stripes: image-based visualization of eye tracking data[J]. IEEE Transactions on Visualization and Computer Graphics, 2016, 22(1): 1005-1014.

[54] CRAMPES M, DE OLIVEIRA-KUMAR J, RANWEZ S, et al. Visualizing social photos on a hasse diagram for eliciting relations and indexing new photos[J]. IEEE Transactions on Visualization and Computer Graphics, 2009, 15(6): 985-992.

[55] KIM G, XING E P. Reconstructing storyline graphs for image recommendation from web community photos[C]//IEEE Conference on Computer Vision and Pattern Recognition. Columbus: IEEE, 2014: 3882-3889.

[56] DANIEL G, CHEN M. Video visualization[M]. Piscataway: IEEE, 2003.

[57] ROMERO M, SUMMET J, STASKO J, et al. Viz-A-Vis: toward visualizing video through computer vision[J]. IEEE Transactions on Visualization and Computer Graphics, 2008, 14(6): 1261-1268.

[58] STEIN M, JANETZKO H, LAMPRECHT A, et al. Bring it to the pitch: combining video and movement data to enhance team sport analysis[J]. IEEE Transactions on Visualization and Computer Graphics, 2018, 24(1): 13-22.

[59] PLUMMER B A, BROWN M, LAZEBNIK S. Enhancing video summarization via vision-language embedding[C]//IEEE Conference on Computer Vision and Pattern Recognition. Honolulu: IEEE, 2017: 5781-5789.

[60] WATTENBERG M. Arc diagrams: visualizing structure in strings[C]//IEEE Symposium on Information Visualization. Boston: IEEE, 2002: 110.

[61] BERGSTROM T, KARAHALIOS K, HART J C. Isochords: visualizing structure in music[C]//Graphics Interface 2007. Mississauga: Canadian Information Processing Society, 2007: 297-304.

[62] EVANS B. The graphic design of musical structure: scores for listeners[C]//Electroacoustic Music Studies Conf erence. Graz: [s.n.], 2005.

[63] SEAN M. SMITH, GLEN N. WILLIAMS. A visualization of music[C]//IEEE Visualization. Piscataway: IEEE, 1997: 499.

[64] CHAN W Y, QU H, MAK W H. Visualizing the semantic structure in classical music works[J]. IEEE Transactions on Visualization and Computer Graphics, 2009, 16(1): 161-173.

[65] KONONENKO O, KONONENKO I. Machine learning and finite element method for physical systems modeling[J]. arXiv preprint arXiv:1801.07337, 2018.

[66] PALKE D, LIN Z, CHEN G, et al. Asymmetric tensor field visualization for surfaces[J]. IEEE Transactions on Visualization and Computer Graphics, 2011, 17(12): 1979-1988.

[67] HUANG J, TONG Y, WEI H, et al. Boundary aligned smooth 3D cross-frame field[J]. ACM Transactions on Graphics (TOG), 2011, 30(6): 1-8.

[68] 张鹏宇, 张勇, 崔言杰, 等. 面向科学文献同名消歧的可视化分析方法 [J]. 计算机辅助设计与图形学学报, 2022, 34(11): 1659-1672.

[69] ZHAO X, ZHANG Y, HU Y, et al. Interactive visual exploration of human mobility correlation based on smart card data[J]. IEEE Transactions on Intelligent Transportation Systems, 2020, 22(8): 4825-4837.

[70] FRUCHTERMAN T M J, REINGOLD E M. Graph drawing by force-directed placement[J]. Software: Practice and experience, 1991, 21(11): 1129-1164.

229